# Das Weltall

## Bis an die Grenzen von Raum und Zeit

# Das Weltall

## Bis an die Grenzen von Raum und Zeit

Heather Couper und Nigel Henbest

*Illustriert von Luciano Corbella*

DORLING KINDERSLEY

LONDON · NEW YORK · MÜNCHEN · PARIS

## DORLING KINDERSLEY

Die Deutsche Bibliothek – CIP-Einheitsaufnahme

Ein Titeldatensatz für diese Publikation ist bei
Der Deutschen Bibliothek erhältlich.

Titel der englischen Originalausgabe:
To the Ends of the Universe

In neuer Rechtschreibung

**Übersetzung** Ariane Kahl, Cornelia Panzacchi (Einleitungstexte)
**Fachliche Beratung** Wolfram Knapp
**Umschlaggestaltung** Verena Salm, Dorling Kindersley Verlag GmbH, München

**Druck und Bindung** L.E.G.O., Italien

ISBN 3-8310-0237-1

Besuchen Sie uns im Internet
**www.dk.com**

# Inhalt

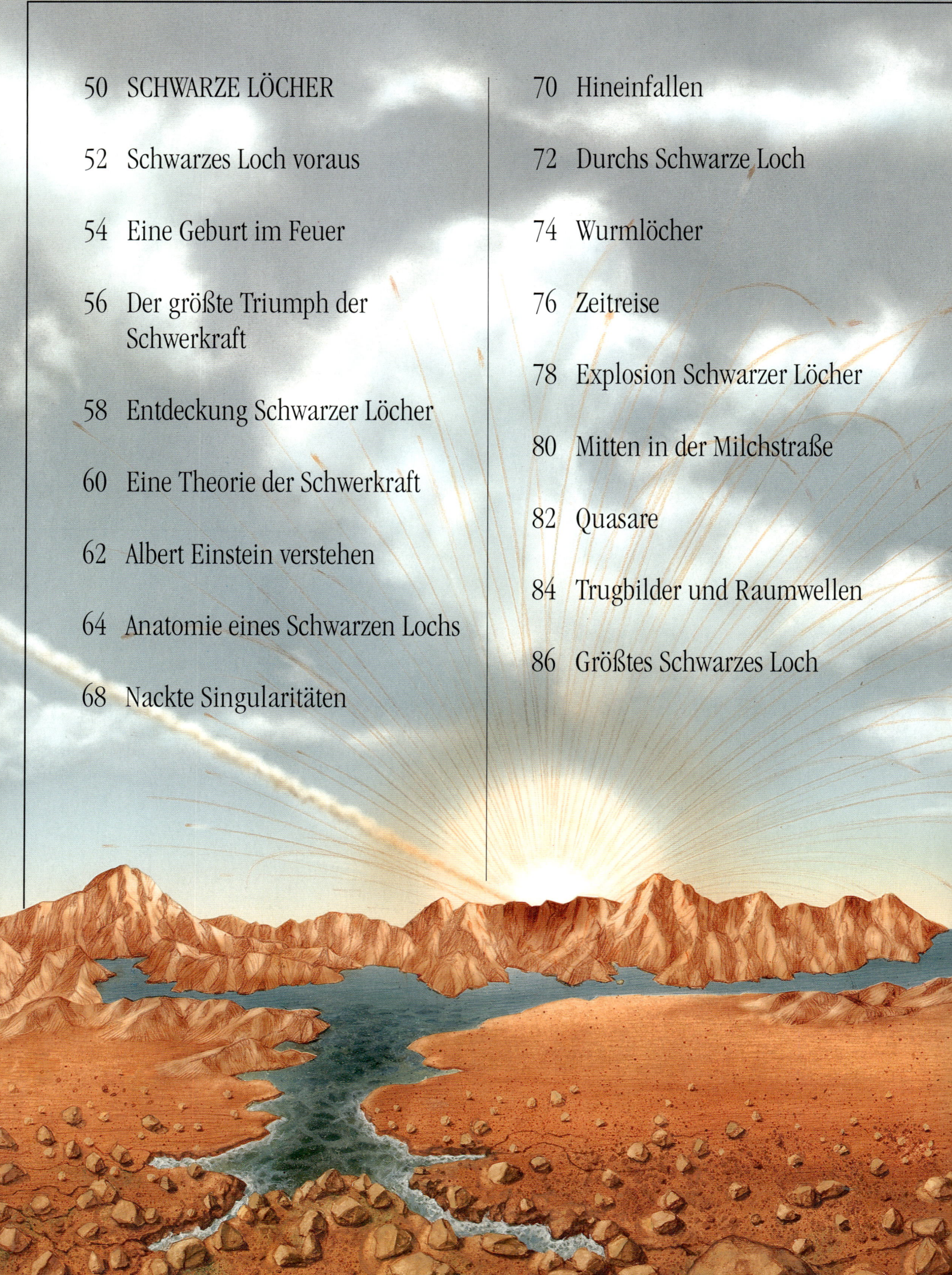

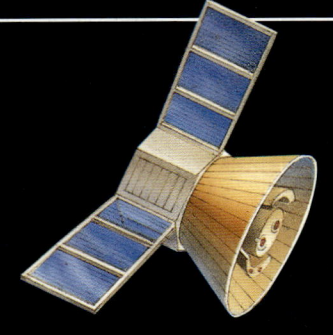

# Einführung

„HIER LEBEN DRACHEN..." Die mittelalterlichen Kartographen schrieben auf ihren Weltkarten diese Worte über die unerforschten Gebiete im Inneren Afrikas und Asiens. Inzwischen glauben wir nicht mehr an derartige Ungeheuer und haben die meisten Rätsel der Welt gelöst. Der Himmel über uns stellt jedoch eine neue Grenze dar, einen Bereich, in dem wir immer noch dem Unerwarteten, dem Ungewöhnlichen und dem Erstaunlichen begegnen können.

Schwarze Löcher, der Urknall, die Geburt von Planeten wie der Erde, die Existenz von Außerirdischen... Dies sind die Ungeheuer und die Geheimnisse, denen sich die Astronomen und Wissenschaftler unserer Tage gegenübersehen. Diese haben sich die Aufgabe gestellt, nicht nur einen kleinen Planeten, sondern ein ganzes Universum zu verstehen.

### Die Suche nach Wissen

Wir brauchen nur unter dem Nachthimmel zu stehen, um uns auch heute noch angesichts seiner Unermesslichkeit klein und unbedeutend zu fühlen.

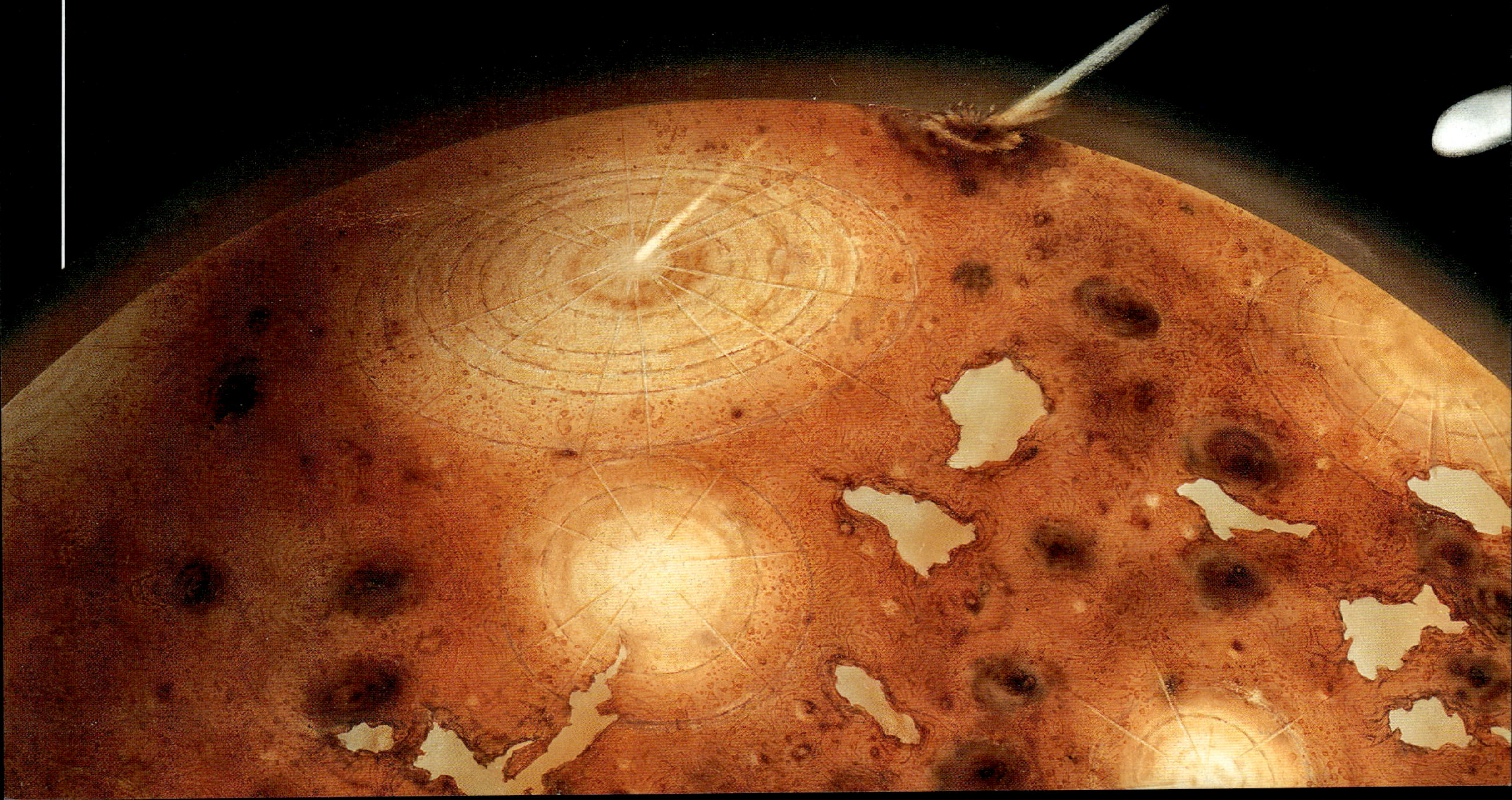

Die Forscher von heute behaupten, den Kosmos zu verstehen. Und obwohl sie ihn nicht beherrschen können, verleiht ihnen ihr Wissen zweifellos Macht. Astronomen können in die tiefsten Abgründe der Natur schauen, die Schwarzen Löcher, und Vorhersagen über unsere Nachbarn im Kosmos wagen. Sie haben sogar begonnen, die Geheimnisse der Schöpfung zu entschlüsseln. Dies ist bei weitem keine Sciencefiction mehr: Die großen Antworten auf die Rätsel des Universums sind nun, nach Jahrhunderten des Fragens und Forschens, endlich in unsere Reichweite gerückt.

**Erste Eindrücke**

Die Suche nach dem Wissen begann bereits in der fernen Vorgeschichte. Die Ausrichtung der Megalithen von Stonehenge auf den Sonnenaufgang am Tag der Sommersonnenwende und die Anordnung der Pyramiden nach den Himmelsrichtungen zeigen, wie lange der Mensch schon über den Himmel nachdenkt. Von Anfang an waren große Geister von dem Firmament fasziniert, das unsere Welt aus Erde, Wasser und Luft umgibt. Vorstellungen von einem Himmel entstanden, der ganz anders war, als die Welt. Überall auf dem Erdball finden wir Schöpfungsmythen, in denen sich Himmel und Erde, beide Wohnstätten von Göttern, voneinander trennen. Die ägyptische Himmelsgöttin Nut musste ihren Körper über den liegenden Leib ihres Bruders und einstigen Liebhabers, des Erdgottes Geb, wölben. Von den Myriaden von Sternen am Nachthimmel verzaubert, glaubten die Griechen der Antike, die Nacht habe Tausende von Augen, die auf den Mantel des himmlischen Nachtwächters Argos aufgenäht seien. Rund um die Ägäis aber wurde auch eine einsichtsvollere Deutung geboren. Philosophen neuerer Richtungen — der erste uns bekannte war Thales von Milet — vollbrachten einen gewaltigen Schritt in der menschlichen Ideengeschichte, indem sie annahmen, dass der Himmel nicht grundlegend von der Erde verschieden sei.

Im 4. Jahrhundert v. Chr. mutmaßte Eudoxos von Knidos, dass die Planeten nicht von den Göttern gelenkt im Himmel kreisten, sondern auf sich drehenden Kristallkugeln saßen. Im Italien der Renaissance verkündete Galileo Galilei, dass die Sterne am Himmel weitere Sonnen seien, deren Licht durch die enorme Entfernung zwischen uns und ihnen gedämpft werde. Sein Landsmann Giordano Bruno sagte, jeder dieser Himmelskörper sei von fremden Lebewesen bevölkert — und wurde wegen seiner Anschauungen verbrannt. Im England des 18. Jahrhunderts meinte William Herschel, dass alle Sterne bewohnte Welten seien, auch der Mond und der Saturn, und selbst die feurige Sonne.

### Die Suche geht weiter

Die Wissenschaft ging mit der Idee bewohnter Welten nicht gerade zimperlich um. Mit Ausnahme möglicher — und inzwischen versteinerter — Bakterien auf dem Mars und von Wesen, die nach Ansicht einiger Forscher unter der Eiskruste des Jupitermonds Europa schwimmen sollen, besteht wenig Hoffnung, dass es im Sonnensystem weiteres Leben gibt. Doch Astronomen haben inzwischen Brunos Theorie von Planeten, die um andere Sterne kreisen, bestätigt; außerhalb des Sonnensystems gibt es noch unzählige andere Planeten. Biologen arbeiten mit Astronomen zusammen, um auf die Frage nach der Entstehung von Leben auf anderen Planeten Antworten zu finden. Und die Suche nach Funksignalen von anderen Zivilisationen „dort draußen" wird fortgesetzt. Auch eine Vorhersage aus Herschels Zeit fand ihre Bestätigung. John Michell, ein Pfarrer aus Yorkshire, zog logische Schlüsse aus Isaac Newtons Theorie der Schwerkraft.

Es sei möglich, behauptete er, „Sterne" zu finden, deren Anziehungskraft so stark ist, dass nicht einmal Licht entweichen kann. Zweihundert Jahre später entdeckten Astronomen diese unüberwindlichen und unsichtbaren Fallen: Schwarze Löcher.

## Abenteuer Zukunft

In den letzten Jahrzehnten lösten die Wissenschaftler auch das größte aller Rätsel: Wie fing alles an? Bis zum 20. Jahrhundert beschäftigten sich überwiegend Theologen und Philosophen mit dieser Frage. Wissenschaftler behandelten sie mit ebenso viel Zurückhaltung wie die Frage nach der Beschaffenheit der menschlichen Seele. Nun aber kennen wir die Antwort. Die gesamte im Universum existierende Materie entstand gemeinsam mit Raum und Zeit bei einer gigantischen Explosion, dem Urknall. Mit jedem Jahr gibt es mehr Beweise dafür: Galaxien streben mit rasender Geschwindigkeit auseinander; in der Materie selbst gibt es Hinweise darauf, dass sie in einem Billionen von Grad heißen „Ofen" gebacken wurde; das Universum ist noch vom warmen Nachglühen des alles erzeugenden Feuerballs erfüllt... Einige Details müssen noch herausgefunden werden, u.a. der Zeitpunkt der Entstehung. Dass der Urknall wirklich stattfand, ist inzwischen so unumstößlich wie die Existenz der Atome oder der DNS. Am Beginn des dritten Millenniums sind wir den Antworten auf die großen Fragen der Menschheit sehr nahe gekommen: nach dem Geheimnis des Lebens, der Zerstörungskraft Schwarzer Löcher, den Vorgängen der Schöpfung. Wir werden bald Reisen antreten, die uns die Mysterien der Länder der kosmischen Drachen und die Grenzen des Universums enthüllen werden.

# Urknall

## WIE BEGANN DAS WELTALL?

Früher galt dies als das größte aller Geheimnisse; inzwischen geht man davon aus, dass es durch die Auswirkung schier unvorstellbarer Kräfte entstand: Wir sprechen vom Urknall, einem Ereignis, das nicht nur das Weltall schuf, sondern auch Raum und Zeit.

*Der Urknall* führt auf eine Entdeckungsreise durch die Lebensgeschichte des Kosmos, von der Kindheit und bewegten Jugend des Universums bis in die heutige Zeit, und in seinen Lebensabend hinein – der erst in Trillionen und Abertrillionen von Jahren eintreten wird. Hier geht es auch um viele der Fragen, die man sich im Angesicht des Weltalls stellen kann. Was war vor dem Urknall? Was löste den Urknall aus? Wie alt ist das Universum? Wie groß ist es? Könnte es weitere Universen geben?

Dieser Abschnitt des Buches beschäftigt sich mit den neuesten Forschungsergebnissen der Kosmologie, einem Teilbereich der Astronomie. Er erklärt, warum der noch junge Feuerball die Materie entstehen ließ, die uns heute umgibt und woher die vier Naturkräfte kommen. Er untersucht die seltsamen Teilchen, die den jungen Kosmos bevölkerten, zeigt die neuesten Beweise für den Urknall und lauscht dem Echo des Urknalls, das immer noch widerhallt.

Moderne Kosmologen interessieren sich auch für die Zukunft des Universums. Wird unser sich ständig ausdehnendes Universum immer größer und zu einer unaufhörlich weiterwachsenden Leere werden? Oder wird es eines Tages an seine Grenzen stoßen, in sich zusammenbrechen und sich dabei vielleicht extrem verdichten? Könnte dieser Zusammenbruch einen neuen Urknall auslösen, der ein vollkommen anderes Universum entstehen lässt?

# Als alles begann

AM ANFANG WAR NICHTS. Dieses „Nichts" war so total, dass es sich jeder menschlichen Vorstellungskraft entzieht. Heute können wir uns die leersten Teile des Universums – weit draußen in den kalten Bereichen zwischen den fernen Galaxien – als „Nichtsgebiete" vorstellen. Doch selbst sie enthalten noch dünn verteilte Atome, und dazwischen eine schwache Lichtstrahlung. In der Grundidee werden die heute leersten Regionen von der unsichtbaren Struktur des Raums getragen und horchen auf den unhörbaren Schlag der Zeit. Vor langer, langer Zeit gab es weder Materie noch Strahlung. Und was noch wichtiger ist: Es gab noch keinen Raum; Zeit verging nicht. Unsere Geschichte beginnt mit „Es war einmal" – als es keinen Raum, als es keine Zeit gab.

**Keine Zeit**

Zeit ist kein stetiges Vergehen, das von ewig in der Vergangenheit bis ewig in die Zukunft dauert. Der Ablauf der Zeit ist aufs engste mit dem Raum – und mit der Materie und der Schwerkraft – verbunden. Wir können nicht sagen, was vor dem Urknall geschah, weil die Zeit selbst damals noch nicht existierte.

### Kein Raum

Bevor es den Raum gab, konnte nichts existieren;
es konnte nirgendwo existieren. Unser Universum
entstand also vermutlich nicht nur aus dem
Nichts, sondern auch aus dem Nirgendwo.

### Warum?

Die Wissenschaft kann die Frage, warum das
Universum entstand, nicht beantworten. Warum
blieb das ursprüngliche „Nichts" nicht so, wie es
war? Philosophen und Theologen haben ihre
eigenen Antworten, die wahrscheinlich nie in der
einen oder anderen Weise bewiesen werden
können. Alles, was wir wissen, ist nicht, warum,
sondern dass etwas geschah.

# Zeit T gleich Null

AUS DEM NICHTS erschien ein winziger Punkt hellen Lichts. Es war fast unendlich heiß. In diesem Feuerball befand sich aller Raum. Die Schaffung des Raums war zugleich die Geburt der Zeit: Die große kosmische Uhr begann zu ticken, vor rund 15 Milliarden Jahren. Die Energie in dem Feuerball war dermaßen konzentriert, dass spontan Materie entstand: Ein ferner Vorfahr der Materie, die später der Baustoff für Sterne, Planeten und Galaxien werden sollte. Das junge Weltall explodierte förmlich. Kaum war der Feuerball erschienen, begann er sich auszudehnen – nicht in irgendetwas hinein, sondern überall hin, denn das Universum war und ist alles und überall. In der hier dargestellten ersten einen Billionstel Billionstel Billionstel Sekunde wurde das Universum hundert Millionen Mal größer, während seine Temperatur von fast unendlich heiß auf 10 000 Billionen Billionen Grad fiel.

## ANBEGINN DER ZEIT

Es gab kein „vor" dem Urknall, weil mit ihm erst die Zeit zu laufen begann. Als es keinen Raum und keine Materie gab, gab es auch so etwas wie die Zeit nicht. Kosmologen glauben, dass Raum und Zeit unauflöslich miteinander verbunden sind. Erst als die Zeit entstand, konnte auch der entstandene Raum beginnen, sich auszudehnen; als der Raum geschaffen war, konnte auch die Zeit vergehen.

*Der Urknall fand vor etwa 15 Milliarden Jahren statt.*

## URSPRUNG DES RAUMS

Der Urknall war keine Explosion in einen vorhandenen Raum *hinein* – er geschah überall: Es gab keinen umgebenden leeren Raum. Der Raum selbst entstand im Moment des Urknalls. Astronomen sehen die Nachwirkungen der Schöpfung noch heute – in der fortdauernden Expansion des Weltalls. Die Galaxien – „Sternenstädte" – scheinen sich mit hohen Geschwindigkeiten voneinander zu entfernen. Doch in Wirklichkeit dehnt sich der gesamte Raum zwischen ihnen aus und vergrößert dadurch den Abstand zwischen ihnen, ohne dass sie sich aktiv im Raum bewegen.

*Ein kleiner Teil des Universums beginnt sich auszudehnen.*

*Das Universum dehnt sich aus und kühlt ab, ändert seine Farbe und wird dunkler.*

*In Wirklichkeit ist die Temperatur des frühen Universums so hoch, dass es während dieser Phase immer gleißend hell ist.*

## WIE MAN DIE URKNALLTHEORIE ÜBERPRÜFT

Wenn Wissenschaftler sich mit der Entstehung des Weltalls beschäftigen, benutzen sie nicht etwa Teleskope, sondern Teilchenbeschleuniger. Am nächsten kommen sie an den allerfrühesten Zustand des Universums heran, wenn sie die extrem heißen Bedingungen in Hochenergie-Beschleunigern nachstellen, wo starke elektrische Felder Teilchen wie Elektronen so beschleunigen, dass sie sich fast mit Lichtgeschwindigkeit bewegen. Wenn diese Teilchen in einem Energieblitz von unvorstellbarer Stärke aufeinanderprallen, erscheint flüchtig eine exotische Gesellschaft von subatomaren Teilchen, die in Sekundenbruchteilen wieder verschwinden. Solche Teilchen gab es kurz nach dem Urknall häufig.

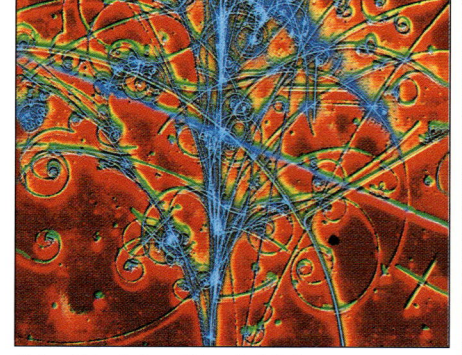

Urknall im Labor: Dies sind Bahnen von Teilchen, die in einem Beschleuniger erzeugt wurden. Im heutigen Universum kommen sie nur noch selten vor.

*Während der Raum expandiert, nimmt die Dichte ab. Sie beginnt mit unvorstellbaren zehn Milliarden Billionen Billionen Billionen Billionen Billionen Gramm pro Kubikzentimeter.*

*Selbst die ausgefeiltesten Theorien können uns nicht sagen, was exakt zum Zeitpunkt der Schöpfung geschah. Der früheste Zeitpunkt, zu dem wir die Uhr zurückdrehen können, ist eine Zehnmillionstel Billionstel Billionstel Sekunde nach der Schöpfung.*

## Das tosende Inferno

Das junge Universum war unvorstellbar heiß und brodelte nur so vor energiereicher Strahlung. Albert Einsteins berühmte Gleichung $E = mc^2$ besagt, dass Masse und Energie austauschbar sind: Das eine kann in das andere umgewandelt werden. Im frühen Universum war die Energie der Strahlung so intensiv, dass sie sich spontan in „Klumpen" von Materie verwandelte. Diese nahmen die Form von subatomaren Teilchen, wie Elektronen, und ihren Antiteilchen, den Positronen, an. Antimaterie hat genau die entgegengesetzten Eigenschaften von Materie, und wenn beide aufeinandertreffen, vernichten sie sich gegenseitig. Die Teilchen und Antiteilchen währten nur Bruchteile einer Sekunde, bevor sie sich in einem Energieblitz gegenseitig auflösten, der sie wieder in Strahlung zurückverwandelte – die dann weitere Materie-Antimaterie-Paare schuf.

*Zeit und Raum führten nun ein selbst-ständiges Dasein. Damit wurde die Entwicklung und Expansion des Universums möglich.*

### EINE KLEINE SCHÖPFUNGSAFFÄRE

Der Kosmos begann vermutlich nicht mit einem großen, sondern mit einem eher kleinen, um nicht zu sagen, schwachen Knall: Die für die Expansion nötige Energie war eher belanglos. In Materie umgewandelt, würde sie nur etwa 1 kg ergeben, so viel wie eine Tüte Zucker.

*Das Jung-Universum enthält keine Materie, wie wir sie kennen, oder bekannte Kräfte wie die Schwer-kraft. Vielmehr sind Materie, Strahlung und Kräfte in einer völlig abartigen Einheit zusammen-gepfercht.*

### MIKROSKOPISCHER KESSEL

Könnte man das frühe Universum in einem Mikroskop betrachten, würde es wie ein schäu-mender Kessel voll Strahlung und unablässig entstehenden und verschwindenden subatoma-ren Teilchen aussehen.

*Teilchen können aus einer momentanen Energiekonzentration entstehen – sich buchstäblich materialisieren. Das Ergebnis ist ein Paar subatomarer Teilchen, von denen das eine aus Materie, das andere aus Antimaterie besteht.*

*Die Teilchen und Antiteilchen versuchen auseinander-zufliegen, treffen in dem dichten Feuerball aber schnell wieder aufeinander.*

*Beim Zusammenstoss vernichten sich die Teilchen und Antiteilchen gegenseitig paarweise in einem Strahlungsblitz. Diese Energie geht in einem ununterbrochenen Zyklus von Schöpfung und Vernichtung an den gleißenden Strahlungspool im Feuerball zurück.*

### GEISTERTEILCHEN

Selbst in einem Vakuum können Materie und Antimaterie spontan aus dem Nichts ins Dasein treten. Ein Teilchen/Anti-teilchen-Paar kann plötzlich da sein, indem es sich für seine Existenz Energie von dem Vakuum „borgt". Man nennt sie virtuelle Teilchen, denn sie müssen sich sofort wieder gegenseitig vernichten und die geborgte Ener-gie zurückgeben.

### KLEIN UND LEBLOS

Hätte das Universum sich weiter so wie am Anfang ausgedehnt, wäre es schließlich klein und leblos geblieben. Aber etwas Erstaunliches geschah …

# Aufblähung des Kosmos

PLÖTZLICH BLÄHTE SICH DAS UNIVERSUM AUF! Buchstäblich im Nu wurde es hundert Billionen Billionen Billionen Billionen Mal größer. Und seine zuvor extrem heiße Temperatur sank auf fast Null. Dieses phänomenale Wachstum heißt „kosmische Inflation" – nach dem englischen Wort inflate für „aufblasen". Im Vergleich dazu war der Urknall in etwa so spektakulär wie die Explosion einer Handgranate in einem Atomkrieg. So schnell wie sie begonnen hatte, endete die Inflation auch wieder. Nun schoss die Temperatur wieder in die Höhe, und Materie- und Antimaterie-Teilchen erschienen. Die Inflationstheorie löst viele Probleme, die die herkömmliche Urknalltheorie nicht beantworten kann. Sie erklärt, warum das Universum so groß und gleichförmig ist, warum heute verschiedene Kräfte in ihm wirken und woher die gewaltige Materiemenge stammt.

### ERFINDER DER INFLATION

Im Jahr 1979 untersuchte Alan Guth, Teilchenphysiker am Stanford Linear Accelerator Center in Kalifornien, wie die Naturkräfte vereinigt werden können – die „Große Vereinheitlichte Theorie" (GUT). Seine Berechnungen führten zur Vorstellung der Inflation, des kosmischen Aufblasvorgangs. Seither hat Guths Inflationstheorie mehr Fragen nach dem Universum beantwortet als ursprünglich beabsichtigt.

Alan Guth war erst 32 Jahre alt, als er seine Inflationstheorie vorlegte.

## Die kosmische Inflation

Das junge Universum enthielt mehr Energie, als es brauchen konnte, und trat nun in eine Phase der Instabilität ein. Das führte zu einer extrem beschleunigten Expansion. Zwischen zehn Billionstel Billionstel Billionstel Sekunden und zehn Milliardstel Billionstel Billionstel Sekunden (üblicherweise als $10^{-35}$ und $10^{-32}$ Sekunden bezeichnet – siehe Glossar) nach dem Urknall trat das Universum in eine inflationäre Phase ein. Das Endresultat war nicht nur ein 100 Billionen Billionen Billionen Mal größeres Weltall, sondern auch die Schöpfung der riesigen Materiemengen, die das Universum heute füllen.

*Im Moment nach der Schöpfung ist das Weltall fast unendlich heiß und dehnt sich nur langsam aus.*

*Der hier gezeigte Teil enthält gerade genug Energie, um 1 kg Materie zu schaffen und ist mit $10^{-23}$ cm Durchmesser viel kleiner als ein Atom.*

*Wäre es nicht zur Inflation gekommen, wäre das Universum vielleicht wieder in sich zusammengestürzt und hätte sich selbst zerstört – nachdem es nur einen Sekundenbruchteil bestanden hatte.*

*Während seiner Ausdehnung kühlt das junge Universum ab.*

*Vor der Inflation beträgt die Temperatur des Universums $10^{28}$ oder 10 000 Billionen Billionen Grad.*

*Die Temperatur sinkt unter $10^{28}$ Grad und das Universum bläht sich extrem schnell auf. Es verdoppelt alle $10^{-34}$ Sekunden seine Größe und kühlt dabei rasch ab.*

---

## Warum unser Universum so gleichförmig ist

*Hätte die Inflation nicht stattgefunden, würde das heute sichtbare Universum (in der Kugel) wie eine Patchwork-Decke mit unterschiedlichen Bereichen aussehen. Stattdessen ist das Universum sehr gleichförmig.*

*Eine Folge aus der Inflation war es, dass sich alle Bereiche des frühen Universums ausdehnten und unermesslich groß wurden. Wir befinden uns im Innern einer dieser Regionen, darum wirkt unsere Umgebung gleichförmig.*

Heute ist das Universum unglaublich gleichförmig: Wohin Astronomen auch im Universum blicken, überall sehen sie die gleichen Arten von Galaxien und messen die gleiche Hintergrundtemperatur. Das ist ein Problem für Kosmologen, die vorhersagen, dass verschiedene Bereiche des Weltraums im Urknall etwas unterschiedliche Temperaturen und Dichten gehabt haben müssen. Sie müssen ein Patchwork unterschiedlicher Regionen im Universum bilden. Die Inflationstheorie bietet dafür eine Lösung. Jeder ursprüngliche Bereich des Urknalls ist ungeheuer viel größer geworden als das sichtbare Universum; darum liegt unser gesamtes beobachtbares Weltall in nur einer dieser Regionen.

*Die wenigen vorhandenen Teilchen und Antiteilchen sind weit verstreut, so dass das enorm ausgedehnte Weltall ein fast vollkommenes Vakuum ist.*

*Obwohl das Universum eigentlich ein Vakuum ist, ist es mit virtuellen Teilchen-Paaren erfüllt, die ständig entstehen und wieder verschwinden.*

*Am Ende der Inflation – $10^{-32}$ Sekunden nach dem Urknall – ist die Temperatur auf fast absolut Null (0 Kelvin oder – 273°C) gesunken.*

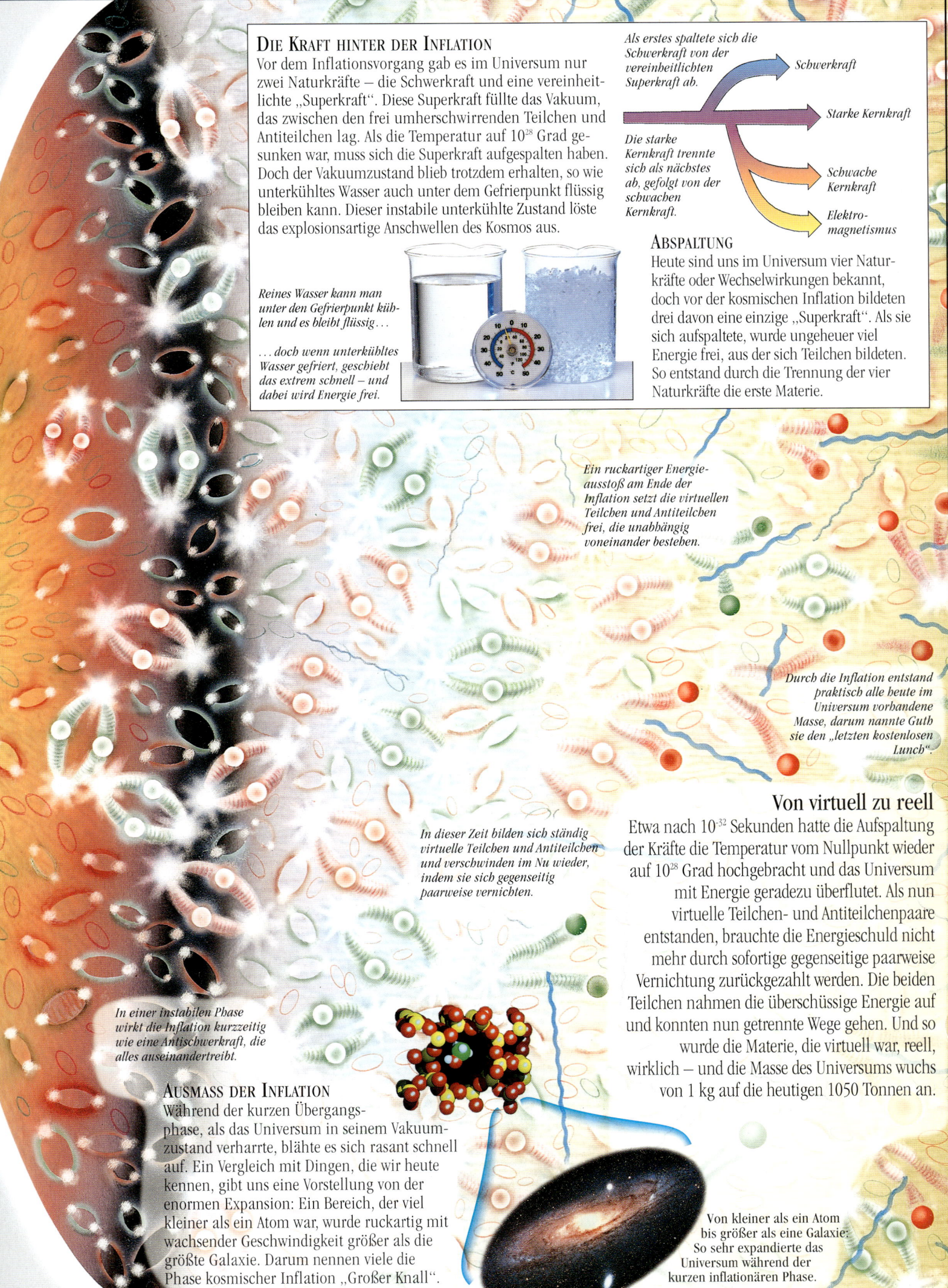

### DIE KRAFT HINTER DER INFLATION

Vor dem Inflationsvorgang gab es im Universum nur zwei Naturkräfte – die Schwerkraft und eine vereinheitlichte „Superkraft". Diese Superkraft füllte das Vakuum, das zwischen den frei umherschwirrenden Teilchen und Antiteilchen lag. Als die Temperatur auf $10^{28}$ Grad gesunken war, muss sich die Superkraft aufgespalten haben. Doch der Vakuumzustand blieb trotzdem erhalten, so wie unterkühltes Wasser auch unter dem Gefrierpunkt flüssig bleiben kann. Dieser instabile unterkühlte Zustand löste das explosionsartige Anschwellen des Kosmos aus.

*Reines Wasser kann man unter den Gefrierpunkt kühlen und es bleibt flüssig …*

*…doch wenn unterkühltes Wasser gefriert, geschieht das extrem schnell – und dabei wird Energie frei.*

*Als erstes spaltete sich die Schwerkraft von der vereinheitlichten Superkraft ab.*

Schwerkraft

Starke Kernkraft

*Die starke Kernkraft trennte sich als nächstes ab, gefolgt von der schwachen Kernkraft.*

Schwache Kernkraft

Elektromagnetismus

### ABSPALTUNG

Heute sind uns im Universum vier Naturkräfte oder Wechselwirkungen bekannt, doch vor der kosmischen Inflation bildeten drei davon eine einzige „Superkraft". Als sie sich aufspaltete, wurde ungeheuer viel Energie frei, aus der sich Teilchen bildeten. So entstand durch die Trennung der vier Naturkräfte die erste Materie.

*Ein ruckartiger Energieausstoß am Ende der Inflation setzt die virtuellen Teilchen und Antiteilchen frei, die unabhängig voneinander bestehen.*

*Durch die Inflation entstand praktisch alle heute im Universum vorhandene Masse, darum nannte Guth sie den „letzten kostenlosen Lunch".*

*In dieser Zeit bilden sich ständig virtuelle Teilchen und Antiteilchen und verschwinden im Nu wieder, indem sie sich gegenseitig paarweise vernichten.*

### Von virtuell zu reell

Etwa nach $10^{-32}$ Sekunden hatte die Aufspaltung der Kräfte die Temperatur vom Nullpunkt wieder auf $10^{28}$ Grad hochgebracht und das Universum mit Energie geradezu überflutet. Als nun virtuelle Teilchen- und Antiteilchenpaare entstanden, brauchte die Energieschuld nicht mehr durch sofortige gegenseitige paarweise Vernichtung zurückgezahlt werden. Die beiden Teilchen nahmen die überschüssige Energie auf und konnten nun getrennte Wege gehen. Und so wurde die Materie, die virtuell war, reell, wirklich – und die Masse des Universums wuchs von 1 kg auf die heutigen 1050 Tonnen an.

*In einer instabilen Phase wirkt die Inflation kurzzeitig wie eine Antischwerkraft, die alles auseinandertreibt.*

### AUSMASS DER INFLATION

Während der kurzen Übergangsphase, als das Universum in seinem Vakuumzustand verharrte, blähte es sich rasant schnell auf. Ein Vergleich mit Dingen, die wir heute kennen, gibt uns eine Vorstellung von der enormen Expansion: Ein Bereich, der viel kleiner als ein Atom war, wurde ruckartig mit wachsender Geschwindigkeit größer als die größte Galaxie. Darum nennen viele die Phase kosmischer Inflation „Großer Knall".

*Von kleiner als ein Atom bis größer als eine Galaxie: So sehr expandierte das Universum während der kurzen inflationären Phase.*

# Teilchensuppe

UNMITTELBAR NACH SEINER EXPLOSIONSARTIGEN AUFBLÄHUNG begann im Universum die stürmischste Phase seiner ganzen Entstehungsgeschichte. Angetrieben vom enormen Anstieg der freigesetzten Energie stürzte es sich in eine wahre Orgie der Materieschöpfung. Viele der in diesem Inferno geschmiedeten Teilchen existieren nicht mehr. In dieser frühen Phase, als es gerade zehn Milliardstel Billionstel Billionstel ($10^{-32}$) Sekunden alt war, experimentierte das Universum mit exotischen Schöpfungen, die schnell wieder zerfielen oder sich in andere Teilchen umwandelten. In dieser Phase herrschte ein totales Chaos. Das Szenario muss ausgesehen haben wie bei einem Blick durch ein zerbrochenes Kaleidoskop oder wie in einem mit Zeitraffer aufgenommenen Film von Fischen, die in einem Korallenriff umherschwimmen.

## Schnappschuss einer subatomaren Welt

Eine enorm stark vergrößerte Momentaufnahme des Universums würde eine extrem heiße „Suppe" aus wimmelnden subatomaren Teilchen und Anti-teilchen (dargestellt als feste bzw. halbfeste Kugeln) zeigen. Einige sind heute noch vorhanden, während andere verschwunden sind. Quarks, Leptonen, WIMPs; kosmische Fäden oder primordiale Schwarze Löcher sausten wie kleine Billardbälle frei durch den Raum. Gluonen, W- und Z-Bosonen und Gravitonen – die heute hauptsächlich als Boten-teilchen, die die Kräfte übertragen, vorkommen – existierten damals als wirkliche Teilchen.

**Magnetischer Mono-Pol:** *schweres Teilchen mit nur einem magnetischen Pol (herkömmliche Magneten haben zwei Pole) von der Großen Vereinheitlichten Theorie vorhergesagt. Man nimmt an, dass es die elektrische Ladung anderer Teilchen wie Quarks und Elektronen bestimmt.*

**Leptonen:** *leichte Teilchen wie Elektronen, die auf die schwache Kernkraft reagieren.*

**WIMPs:** *massereiche Teilchen mit schwacher Wechselwirkung, die vielleicht Bestandteil der dunklen Materie sind, aus der 90 Prozent des heutigen Universums bestehen.*

**Quarks:** *Heute sind sie die Bausteine von Protonen und Neutronen in Atom-kernen. Es gibt sechs als „Flavors" bekannte Quark-Typen.*

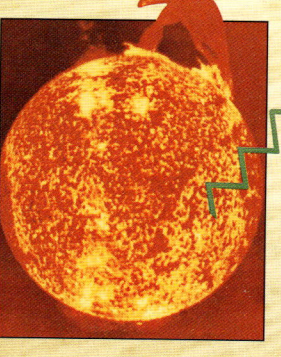

*W- oder Z-Boson*

Die schwache Kernkraft, die die W- und Z-Bosonen vermitteln, ist verantwortlich für die Energie der Sonne.

## DIE VIER KRÄFTE

Die vier fundamentalen Naturkräfte, die wir heute kennen, haben ganz unterschiedliche Stärken und wirken auf andere Teilchen. Der Schwerkraft, der schwächsten, sind alle Teilchen unterworfen, während die stärkste, die starke Kernkraft, nur in Atomkernen wirkt. Bei hohen Energien wird die starke Kernkraft schwächer, die elektromagnetische Kraft und die schwache Kernkraft nehmen an Stärke zu. Physiker glauben, dass sie einst alle eine einzige Kraft (ohne die Schwerkraft) bildeten: die Große Vereinheit-lichte Theorie, die die Existenz von X-Bosonen und kosmischen Fäden, vorhersagt.

*Gluon*

Die starke Kernkraft, deren Träger Gluonen sind, lässt Atombomben explodieren.

**W- und Z-Bosone:** *Teilchen, ähnlich wie das Photon, doch mit Masse, die die schwache Kernkraft übermitteln.*

**Graviton:** *das Teil-chen, von dem man annimmt, dass es die Schwerkraft übermittelt, obwohl es noch nicht nachgewiesen ist.*

*Photon*

Von der elektromagnetischen Kraft übermittelte Photonen sind die Basis für die Kommunikation.

*Graviton*

Die Schwerkraft, die mutmaßlich von Gravitonen übertragen wird, zieht Fallschirmspringer zur Erde.

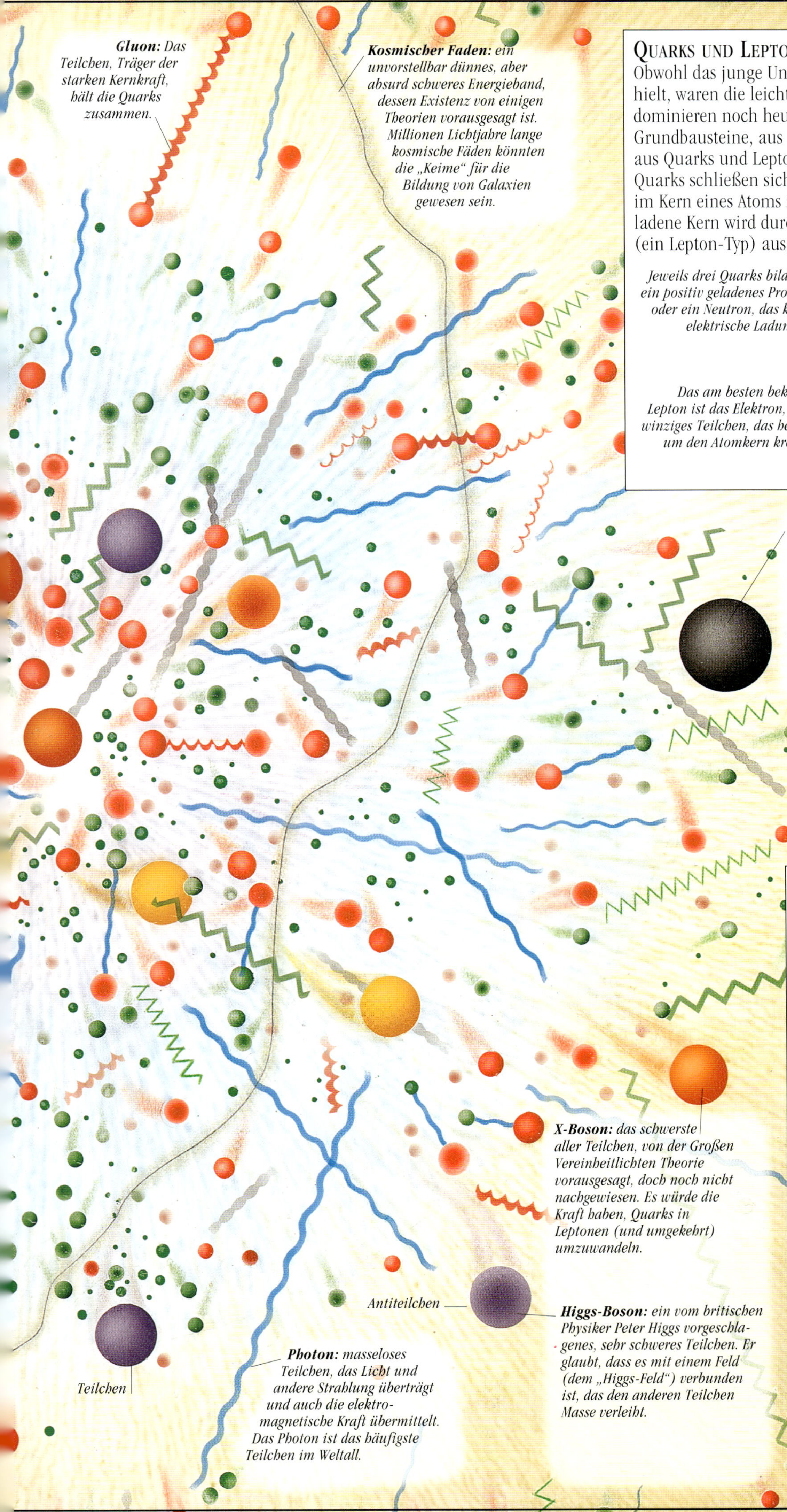

**Gluon:** *Das Teilchen, Träger der starken Kernkraft, hält die Quarks zusammen.*

**Kosmischer Faden:** *ein unvorstellbar dünnes, aber absurd schweres Energieband, dessen Existenz von einigen Theorien vorausgesagt ist. Millionen Lichtjahre lange kosmische Fäden könnten die „Keime" für die Bildung von Galaxien gewesen sein.*

## QUARKS UND LEPTONEN: DIE ÜBERLEBENDEN

Obwohl das junge Universum viele massereiche Teilchen enthielt, waren die leichten Teilchen die Überlebenden und dominieren noch heute unsere Umgebung. Atome – die Grundbausteine, aus denen alle Materie besteht – setzen sich aus Quarks und Leptonen zusammen. Jeweils drei einzelne Quarks schließen sich zu einem Proton und einem Neutron im Kern eines Atoms zusammen. Der elektrisch positiv geladene Kern wird durch die negativ geladenen Elektronen (ein Lepton-Typ) ausgeglichen, die ihn umkreisen.

*Jeweils drei Quarks bilden ein positiv geladenes Proton oder ein Neutron, das keine elektrische Ladung hat.*

*Ein Antiquark besteht aus Antimaterie und hat die entgegengesetzten Eigenschaften eines Quarks. Beim Zusammenprall vernichten sie sich gegenseitig.*

*Das am besten bekannte Lepton ist das Elektron, ein winziges Teilchen, das heute um den Atomkern kreist.*

*Antileptonen sind die Antiteilchen von Leptonen. Das Antiteilchen eines Elektrons ist ein Positron.*

**Primordiales Schwarzes Loch:** *ein Schwarzes Mini-Loch, so groß wie ein Atom, aber so schwer wie ein Gebirge. Der britische Physiker Stephen Hawking vermutet, dass viele im frühen Universum entstanden sind, aber bisher wurde keines gefunden.*

**Neutrino:** *das zweithäufigste Teilchen im Weltall. Neutrinos sind Leptonen und kommen in drei Typen vor. Sie sind so leicht, dass noch nicht sicher ist, ob sie überhaupt eine Masse haben. Haben sie auch nur eine winzige Masse, könnte die dunkle Materie im Universum aus ihnen bestehen.*

## NEUTRINO-ASTRONOMIE

Jede Sekunde durchdringen dich hundert Milliarden Neutrinos aus dem Urknall. Sie haben seit den Zeiten der „Teilchensuppe" unverändert überlebt. Ihre Erforschung machte es Wissenschaftlern möglich, ihre Theorien von den frühesten Augenblicken des Universums zu überprüfen. Leider sind Neutrinos nur schwer einzufangen. Physiker haben bisher noch keines aus dem Urknall entdeckt.

**X-Boson:** *das schwerste aller Teilchen, von der Großen Vereinheitlichten Theorie vorausgesagt, doch noch nicht nachgewiesen. Es würde die Kraft haben, Quarks in Leptonen (und umgekehrt) umzuwandeln.*

**Antiteilchen**

**Higgs-Boson:** *ein vom britischen Physiker Peter Higgs vorgeschlagenes, sehr schweres Teilchen. Er glaubt, dass es mit einem Feld (dem „Higgs-Feld") verbunden ist, das den anderen Teilchen Masse verleiht.*

**Teilchen**

**Photon:** *masseloses Teilchen, das Licht und andere Strahlung überträgt und auch die elektromagnetische Kraft übermittelt. Das Photon ist das häufigste Teilchen im Weltall.*

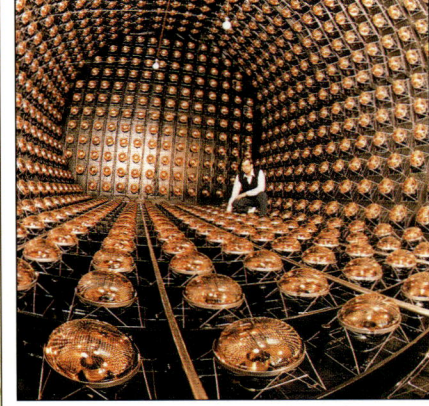

In einem „Neutrino-Teleskop" in New Mexico, USA.

21

# Schöpfung der Materie

**D**AS UNIVERSUM WURDE ZU EINEM SCHLACHTFELD, als es in seine nächste Phase eintrat. Es brodelte geradezu vor subatomaren Teilchen aller Art, die um die Übermacht kämpften, und dazu kam ein ständiger Kampf zwischen gleichgroßen Bataillonen von Materie und Antimaterie. Teilchen und ihre Antiteilchen prallten unweigerlich aufeinander und vernichteten sich gegenseitig. Die bei diesen Gefechten erzeugte Strahlung heizte den Vorgang noch an und lieferte die Energie für die Bildung von noch mehr Teilchen-Antiteilchen-Paaren. Doch als das Universum eine Sekunde alt wurde, war alles ruhig: Die Antimaterie war besiegt, die Materie herrschte.

## ABKÜHLUNG

Das Universum änderte sich drastisch zwischen $10^{-32}$ und 1 Sekunde. Die Ausdehnung schritt unaufhaltsam fort, und das Universum kühlte sich dabei ab. In den heißen, frühen Phasen kamen massereiche Teilchen und Antiteilchen häufig vor. Am Ende der Ära, als die Temperatur auf 10 Milliarden Grad sank, waren die meisten massereichen Teilchen nicht mehr da, Antimaterie war fast völlig verschwunden und Quarks verbanden sich zu Kernteilchen, um die Materie, wie wir sie heute kennen, zu schaffen.

*Das X-Boson und sein Gegenstück, das Anti-X-Boson, verschwinden bald. Die Temperatur wird schnell zu niedrig, um diese schweren Teilchen hervorzubringen. Die vorhandenen X-Bosonen und Anti-X-Bosonen sind instabil und zerfallen in Schauer von Leptonen, Quarks und ihren Antiteilchen.*

## PERIODE DER VERÄNDERUNG

Während dieser Periode herrschte im Universum ein wirres Durcheinander von Vernichtung, Zerfall und der Schöpfung neuer Materie-Antimaterie-Teilchen. Hier zeigen wir nur einige der wichtigsten Meilensteine.

*W- und Z-Bosonen zerfallen in leichtere Teilchen. Von nun an sind sie nur Botenteilchen, die die schwache Kernkraft zwischen Quarks und Leptonen vermitteln. Wissenschaftler entdeckten 1983 W- und Z-Bosonen am CERN-Teilchenbeschleuniger in der Schweiz.*

*Die anfänglich dicke, exotische Teilchensuppe verwandelte sich schnell in einen dünnen Brei aus einfacheren Teilchen, als sich das Universum weiter ausdehnte und dabei abkühlte.*

## EIN HANG ZUR MATERIE

Die inflationäre Kraft schuf genau gleiche Mengen Materie und Antimaterie. Warum haben sie sich also nicht gegenseitig ausgerottet? Die Antwort könnte zwischen dem massereichen X-Boson und seinem Antiteilchen, dem Anti-X-Boson, liegen. Als das Universum abkühlte, zerfielen die X- und Anti-X-Teilchen in leichtere Teilchen und Antiteilchen (Quarks und Leptonen). Doch beider Zerfall begünstigte die Materie ein wenig: Auf je 100 000 000 Quarks und Leptonen kamen nur 99 999 999 Antiquarks und Antileptonen. Aus diesem winzigen Materieüberschuss bildeten sich alle Sterne, Planeten und Galaxien, die heute das Universum bevölkern.

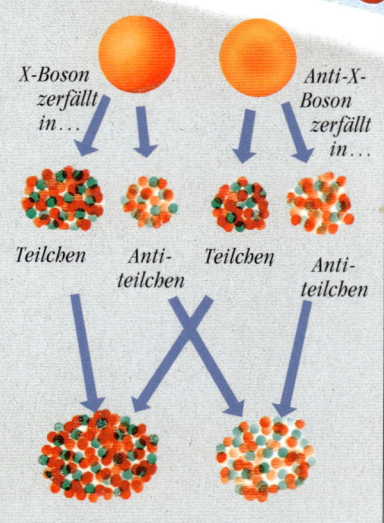

X-Boson zerfällt in …

Anti-X-Boson zerfällt in …

Teilchen — Antiteilchen — Teilchen — Antiteilchen

*Doch es gibt geringfügig mehr Teilchen als Antiteilchen.*

## DIE SUCHE NACH ANTIMATERIE

Woher wissen wir, dass einige Objekte im Universum *nicht* aus Antimaterie bestehen? Die Antwort ist, dass jeder Teil des Raums in Berührung mit seinem Nachbarbereich steht. Wenn irgendwo ein Antimaterie-Bereich existieren würde, müssten die Astronomen Strahlungsblitze an seinem Randbereich, wo die Anti-Atome mit normalen Atomen in der benachbarten Region zusammentreffen, erkennen können. Astronomen haben bisher ohne Erfolg nach dieser verheißungsvollen Strahlung gesucht.

*Eine aus Antimaterie bestehende Adromeda-Galaxie würde genauso aussehen wie eine aus Materie. Dasselbe gilt für Menschen – aber man sollte besser nicht seinem Antimaterie-Gegenüber die Hand schütteln!*

## Vernichtung und Zerfall

Teilchen verschwanden unaufhörlich: Sie wurden entweder beim Zusammenprall mit ihren Antiteilchen zerstört oder zerfielen zu leichteren Teilchen. Inzwischen wurden durch die starke Strahlung in der Umgebung neue Teilchen-Antiteilchen-Paare erzeugt. Aber als das Universum abkühlte, reichte die Energie der gleichfalls abgekühlten Strahlung nicht mehr aus, die schwersten Teilchen-Antiteilchen-Paare neu hervorzubringen, und es gab sie nicht mehr.

*Eine Millionstel Sekunde nach dem Urknall sinkt die Temperatur so weit ab, dass die Strahlung keine Quark-Antiquark-Paare mehr erzeugen kann. Die noch übriggebliebenen Antiquarks vernichten sich beim Zusammenstoß mit den zahlreichen Quarks, so dass ein kleiner Quark-Überschuss bleibt.*

### EINE QUARK-FAMILIE

Die Quark-Familie verdankt ihren Namen einem Zitat in James Joyce' Buch *Finnegans Wake* „Drei Quarks für Mr. Mark!" Es gibt sechs Quarks (drei Paare): Vom schwersten zum leichtesten heißen sie Top und Bottom, Charm und Strange, Up und Down. Alle Quarks tragen eine elektrische Ladung: Einige sind positiv (wie die Up-Quarks) und einige negativ geladen (wie die Down-Quarks). Nur die zwei leichtesten Quarks sind stabil – die anderen zerfallen in Down- und Up-Quarks.

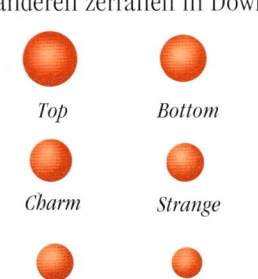

Top     Bottom

Charm   Strange

Down    Up

*Heute kommen Quarks zu zweit oder dritt vor. Diese Up-Down-Up-Kombination ist ein positiv geladenes Proton.*

*Die etwas schwerere Down-Up-Down-Kombination ist ein Neutron. Die Quarks werden durch Gluonen zusammengehalten.*

*Die leichtesten Antiteilchen, die Antileptonen, überleben länger als jede andere Art von Antimaterie. Die übriggebliebenen Antileptonen vernichten sich paarweise mit den zahlreichen Leptonen, so dass ein kleiner Leptonen-Überschuss bleibt.*

*Die ersten vollständigen Teilchen aus drei von Gluonen zusammengehaltenen Quarks entstehen eine Zehntausendstel Sekunde nach dem Urknall. Diese zusammengesetzten Teilchen sind Protonen und Neutronen, die später die Kerne der heutigen Atome bilden.*

*Obwohl die Neutrinos und WIMPs nie Atome, Planeten oder Sterne bilden werden, werden sie eine entscheidende Rolle im Universum spielen. Aus WIMPs oder Neutrinos – oder beiden – besteht vielleicht die dunkle Materie, deren Schwerkraft die Bewegungen von Galaxien steuert und letztendlich über das Schicksal des Weltalls bestimmt.*

### DAS LEICHTESTE WÄHRT AM LÄNGSTEN

Leptonen sind leichte Teilchen (Lepton ist dem griechischen Wort für „leicht" entlehnt). Es gibt sechs Leptonen-Typen: das Tau, das Myon und das Elektron sowie ihre dazugehörigen Neutrinos. Leptonen können eine elektrische Ladung haben (wie zum Beispiel das Elektron) oder keine. Tau- und Myon-Leptonen sind nicht beständig und zerfallen zu Elektronen und Neutrinos. Alle drei Neutrino-Arten sind stabil.

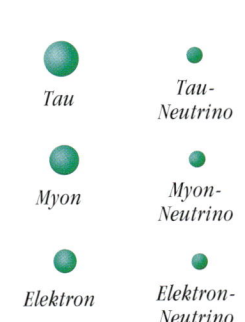

Tau       Tau-
          Neutrino

Myon      Myon-
          Neutrino

Elektron  Elektron-
          Neutrino

## Die Überlebenden

Die Bausteine der Materie heute – Protonen, Neutronen und Elektronen – spielten im eine Sekunde alten Universum keine große Rolle. Überall wimmelte es von Neutrinos. Zwischen diesen leichten Teilchen können massereiche Überbleibsel der Vergangenheit überlebt haben: WIMPs, magnetische Mono-Pole, kosmische Fäden und primordiale Schwarze Löcher. Doch vor allem gab es Licht. Photonen (Teilchen von Licht und anderer Strahlung, wie zum Beispiel Gammastrahlen) waren mit 100 Millionen zu eins in der Überzahl.

# Erste Elemente

VERGLICHEN MIT EINEM MOMENT davor, war das erst eine Sekunde alte Universum ein Vorbild an Zurückhaltung. Dennoch brodelte es geradezu vor Aktivität – es war mehr los als zu irgendeiner Zeit in den nächsten paar hunderttausend Jahren. Photonen, Neutrinos und WIMPs wirbelten bei Temperaturen von zehn Milliarden Grad durcheinander, doch es gab auch eine winzige Anzahl von Protonen, Neutronen und Elektronen. In den nächsten drei Minuten kühlte das Universum zu einem Wert ab, bei dem die Entwicklung kosmischer Strukturen beginnen konnte. Am Ende der dritten Minute hatten die Grundbausteine – die Protonen und Neutronen – die Art von Materie geschaffen, die uns heute noch vertraut ist, die ersten drei Elemente.

## Kosmischer Ofen

Das junge Universum hatte bei der Bildung der Elemente den Wasserstoff bevorzugt: Viele seiner Protonen wurden Kerne dieses einfachsten der Elemente. Doch es hatte nur ganz kurz Zeit, etwas Komplexeres zu schaffen. Vor der ersten Sekunde der Weltzeit waren die Bedingungen einfach zu energiereich: Starke Strahlung trennte fragile Partnerschaften zwischen Protonen und Neutronen. Und nach drei Minuten trieb die unerbittliche Expansion des Universums zueinander strebende Teilchen auseinander. Zwischen diesen Extremen herrschten kurzzeitig die richtigen Bedingungen, bei denen sich die Kerne der Elemente Helium und Lithium bilden konnten.

*Proton*

*Neutron*

**1 SCHWERER WASSERSTOFF**
Ein Proton und ein Neutron verschmelzen zu einem Kern des „schweren Wasserstoffs", Wasserstoff-2 oder Deuterium. Einige Deuteriumkerne entkommen weiteren Reaktionen und sind noch heute im Universum auszumachen.

*Neutron mit zwei Down-Quarks und einem Up-Quark*

## Neutronenzerfall

Als die erste Materie erzeugt wurde, waren Protonen und Neutronen, bestehend aus jeweils drei Quarks, in gleichen Mengen vorhanden. Das Neutron mit zwei Down-Quarks und einem Up-Quark ist etwas schwerer als das Proton mit einem Down-Quark und zwei Up-Quarks, und es ist instabil. Eines der Down-Quarks des Neutrons zerfällt zu einem Up-Quark und setzt dabei ein negativ geladenes Elektron und ein neutrales Antineutron (hier nicht gezeigt) frei. Als Folge davon wandelt sich das Neutron in ein Proton um.

*Proton mit zwei Up-Quarks und einem Down-Quark*

*Elektron*

## PROTONEN AUF DEM VORMARSCH

Am Ende der ersten Sekunde begannen Neutronen, zu Protonen zu zerfallen. Die Anzahl der Protonen nahm rasant zu, und als sich die ersten Elemente bildeten – die Temperatur war auf etwa 900 Millionen °C gesunken –, kamen sieben Protonen auf je ein Neutron.

*Neutron*

### MEISTER DES KOSMOS

Für den russisch-amerikanischen Physiker George Gamow – der den englischen Begriff „Big Bang", Großer Knall, für den Urknall prägte – war das frühe Weltall ein fulminantes Urfeuer. In den späten 1940er Jahren schlugen er und seine Fachkollegen vor, dass die Elemente während einer sehr frühen Phase des expandierenden Weltalls entstanden seien. Sie vermuteten, dass auch heute noch ein „Nachglühen" aus dieser heißen Frühphase bestehe, von dem das ganze Universum erfüllt sei. Diese Vorhersage geriet in Vergessenheit, doch etwa 20 Jahre später wurde das Nachglühen nachgewiesen.

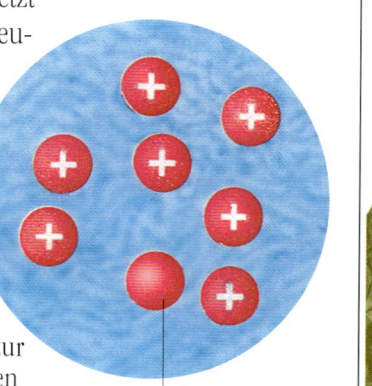

*George Gamow (1904–1968) war ein großer Populärwissenschaftler, schrieb Gedichte und forschte auch auf dem Gebiet der Genetik.*

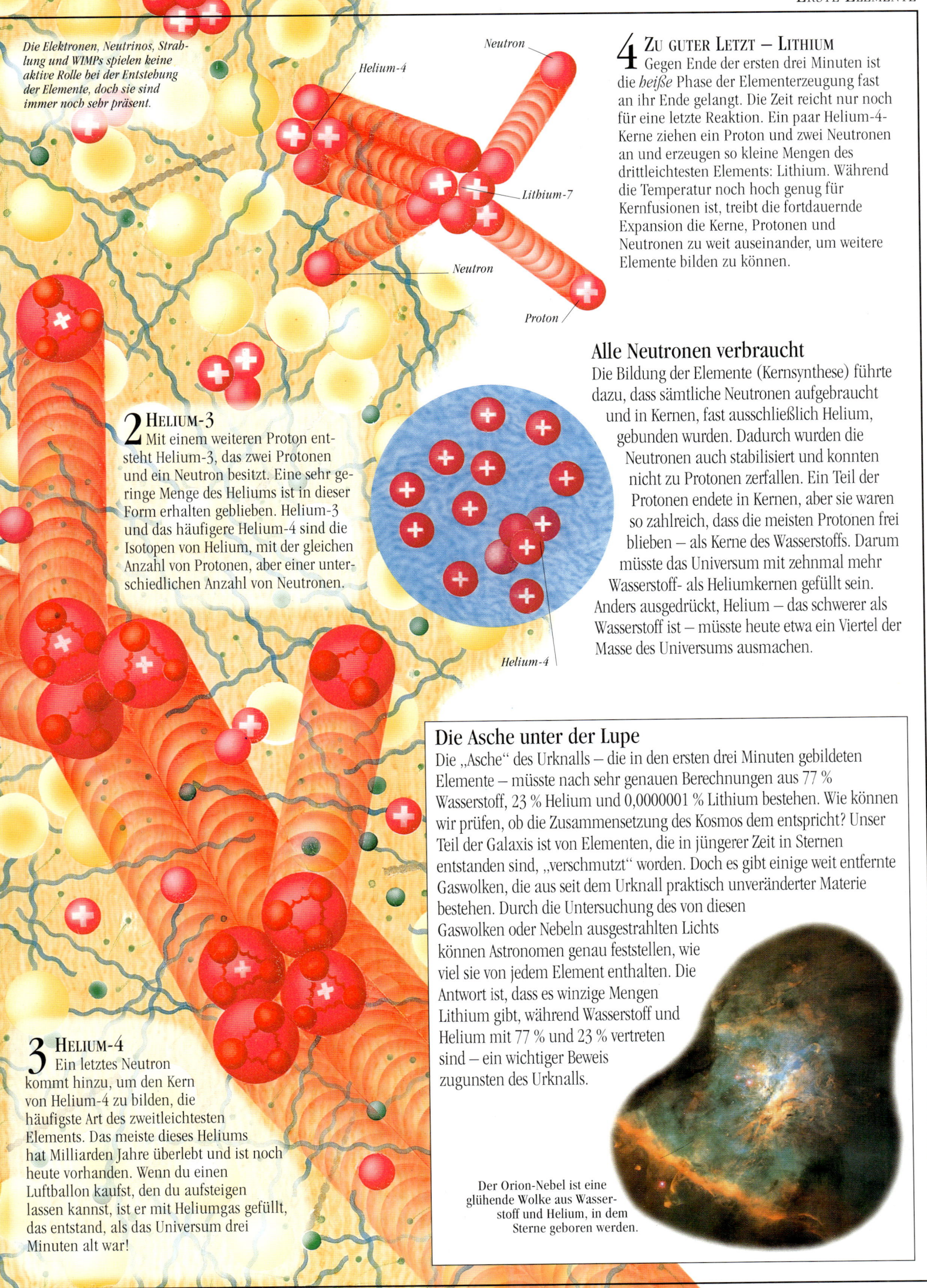

*Die Elektronen, Neutrinos, Strahlung und WIMPs spielen keine aktive Rolle bei der Entstehung der Elemente, doch sie sind immer noch sehr präsent.*

Neutron

Helium-4

Lithium-7

Neutron

Proton

## 4 ZU GUTER LETZT — LITHIUM

Gegen Ende der ersten drei Minuten ist die *heiße* Phase der Elementerzeugung fast an ihr Ende gelangt. Die Zeit reicht nur noch für eine letzte Reaktion. Ein paar Helium-4-Kerne ziehen ein Proton und zwei Neutronen an und erzeugen so kleine Mengen des drittleichtesten Elements: Lithium. Während die Temperatur noch hoch genug für Kernfusionen ist, treibt die fortdauernde Expansion die Kerne, Protonen und Neutronen zu weit auseinander, um weitere Elemente bilden zu können.

## 2 HELIUM-3

Mit einem weiteren Proton entsteht Helium-3, das zwei Protonen und ein Neutron besitzt. Eine sehr geringe Menge des Heliums ist in dieser Form erhalten geblieben. Helium-3 und das häufigere Helium-4 sind die Isotopen von Helium, mit der gleichen Anzahl von Protonen, aber einer unterschiedlichen Anzahl von Neutronen.

## Alle Neutronen verbraucht

Die Bildung der Elemente (Kernsynthese) führte dazu, dass sämtliche Neutronen aufgebraucht und in Kernen, fast ausschließlich Helium, gebunden wurden. Dadurch wurden die Neutronen auch stabilisiert und konnten nicht zu Protonen zerfallen. Ein Teil der Protonen endete in Kernen, aber sie waren so zahlreich, dass die meisten Protonen frei blieben — als Kerne des Wasserstoffs. Darum müsste das Universum mit zehnmal mehr Wasserstoff- als Heliumkernen gefüllt sein. Anders ausgedrückt, Helium — das schwerer als Wasserstoff ist — müsste heute etwa ein Viertel der Masse des Universums ausmachen.

Helium-4

## 3 HELIUM-4

Ein letztes Neutron kommt hinzu, um den Kern von Helium-4 zu bilden, die häufigste Art des zweitleichtesten Elements. Das meiste dieses Heliums hat Milliarden Jahre überlebt und ist noch heute vorhanden. Wenn du einen Luftballon kaufst, den du aufsteigen lassen kannst, ist er mit Heliumgas gefüllt, das entstand, als das Universum drei Minuten alt war!

## Die Asche unter der Lupe

Die „Asche" des Urknalls — die in den ersten drei Minuten gebildeten Elemente — müsste nach sehr genauen Berechnungen aus 77 % Wasserstoff, 23 % Helium und 0,0000001 % Lithium bestehen. Wie können wir prüfen, ob die Zusammensetzung des Kosmos dem entspricht? Unser Teil der Galaxis ist von Elementen, die in jüngerer Zeit in Sternen entstanden sind, „verschmutzt" worden. Doch es gibt einige weit entfernte Gaswolken, die aus seit dem Urknall praktisch unveränderter Materie bestehen. Durch die Untersuchung des von diesen Gaswolken oder Nebeln ausgestrahlten Lichts können Astronomen genau feststellen, wie viel sie von jedem Element enthalten. Die Antwort ist, dass es winzige Mengen Lithium gibt, während Wasserstoff und Helium mit 77 % und 23 % vertreten sind — ein wichtiger Beweis zugunsten des Urknalls.

*Der Orion-Nebel ist eine glühende Wolke aus Wasserstoff und Helium, in dem Sterne geboren werden.*

# Echo des Urknalls

NACH DEN ERSTEN DREI STÜRMISCHEN MINUTEN, als Teilchen entstanden und vergingen und die ersten Elemente zusammengebraut wurden, begann für das Universum eine wesentlich ruhigere Periode. Sie dauerte über eine Viertelmillion Jahre. Die Bestandteile des Kosmos blieben die gleichen, nur waren sie immer dünner verteilt, je mehr das Universum sich ausdehnte. Der Hauptbestandteil war Strahlung, die beständig von den Materieteilchen abprallte und darum einen undurchsichtigen leuchtenden Nebel schuf. Doch eines Tages klarte der Nebel plötzlich auf. Das Echo dieses folgenschweren Ereignisses überlebt bis heute als Hintergrundstrahlung, die den Kosmos erfüllt. Sie wurde zum wichtigsten Beweis dafür, dass der Urknall tatsächlich stattfand.

## Das Universum wird durchsichtig

Dreihunderttausend Jahre nach dem Urknall wandelte sich das Universum plötzlich aus einem lichtundurchlässigen Feuerball in den klaren, durchsichtigen Kosmos, in dem wir leben. Der Schlüssel für die Veränderung war Wärme – oder besser, der Mangel an Wärme in dem sich ständig weiter ausdehnenden und auskühlenden Weltall. Als die Temperatur auf etwa 3000 °C – etwa die Hälfte der an der Oberfläche der Sonne herrschenden Temperatur – gesunken war, lagerten sich die Materieteilchen zu Atomen zusammen, die die Strahlung nicht mehr behinderten.

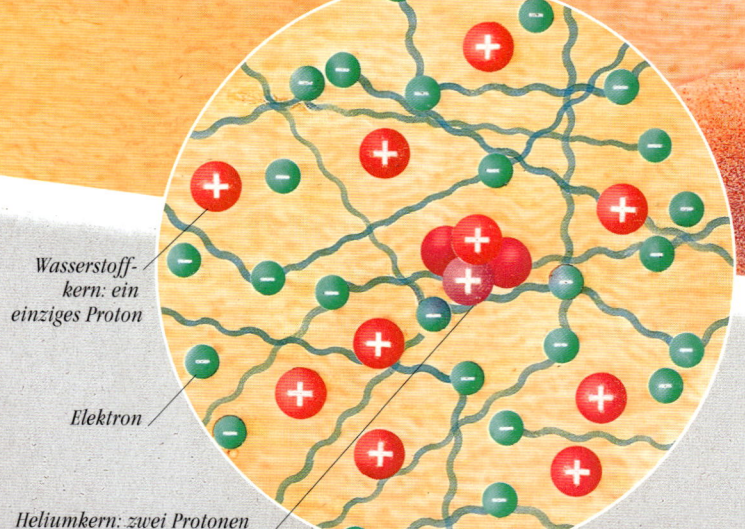

*In den dunkleren Regionen beginnt dunkle Materie sich zusammenzuklumpen.*

### BEHERRSCHT VON STRAHLUNG

Ein Schnitt durch das junge Weltall zeigt einen gleichförmigen Strahlungsnebel. Zunächst bestand er überwiegend aus energiereicher Gammastrahlung; als der Kosmos abkühlte, verwandelte sie sich in Röntgenstrahlen und schließlich in Licht und Wärme (infrarote Strahlung). Weil die Strahlung die Elektronen daran hinderte, sich mit Protonen und Heliumkernen zu Atomen zu vereinigen, spricht man von der „strahlungsdominierten Ära". Dunkle Materie aus WIMPs und/oder Neutrinos blieb von der Strahlung unbetroffen und begann, sich unter der Schwerkraft zusammenzuklumpen.

### DER UNDURCHSICHTIGE KOSMOS

Im kleinsten Maßstab gesehen war das heiße, frühe Universum ein Gemisch aus dunkler Materie, Strahlung, Atomkernen und Elektronen. Vor allem Elektronen und Photonen waren ständig im Clinch und behinderten sich gegenseitig. Photonen prallen von einem Elektron ab, kollidieren mit dem nächsten und so weiter. Weil Licht von Photonen getragen wird, konnte es sich nie in gerader Linie fortpflanzen – darum war das Weltall undurchsichtig.

*Wasserstoffkern: ein einziges Proton*

*Elektron*

*Heliumkern: zwei Protonen und zwei Neutronen*

*Photonen können sich nicht gradlinig fortbewegen, darum könnte man nicht weiter als einen Millimeterbruchteil sehen.*

*Der Rand der sichtbaren Welt: die „Wand", die das undurchsichtige vom durchsichtigen Weltall trennt.*

Photonen und Elektronen kollidierten bei den nach dem Urknall herrschenden hohen Temperaturen ständig miteinander. 300 000 Jahre lang war das Weltall milchig trüb.

## PLÖTZLICHE KLARE SICHT

Das Universum war schließlich so weit abgekühlt, dass sich die Elektronen langsamer bewegten und der positiven elektrischen Ladung der Protonen und anderer Kerne immer schwerer entkommen konnten. Als die Temperatur auf 3000 °C gefallen war, wurden sie in Kreisbahnen um die Kerne gezogen und bildeten die ersten Atome von Wasserstoff, Helium und Lithium. Die in Atomen gefangenen Elektronen konnten nicht mehr mit den vorbeifliegenden Photonen kollidieren. Das Licht hatte freie Bahn – und der Raum wurde durchsichtig.

*Die ersten Atome entstehen: Wasserstoff (ein Proton und ein Elektron) und Helium (zwei Protonen, zwei Neutronen und zwei Elektronen).*

*Licht (blaue Wellenlinien) wird von den gebundenen Elektronen nicht mehr aufgehalten und pflanzt sich ungehindert durch den Raum fort.*

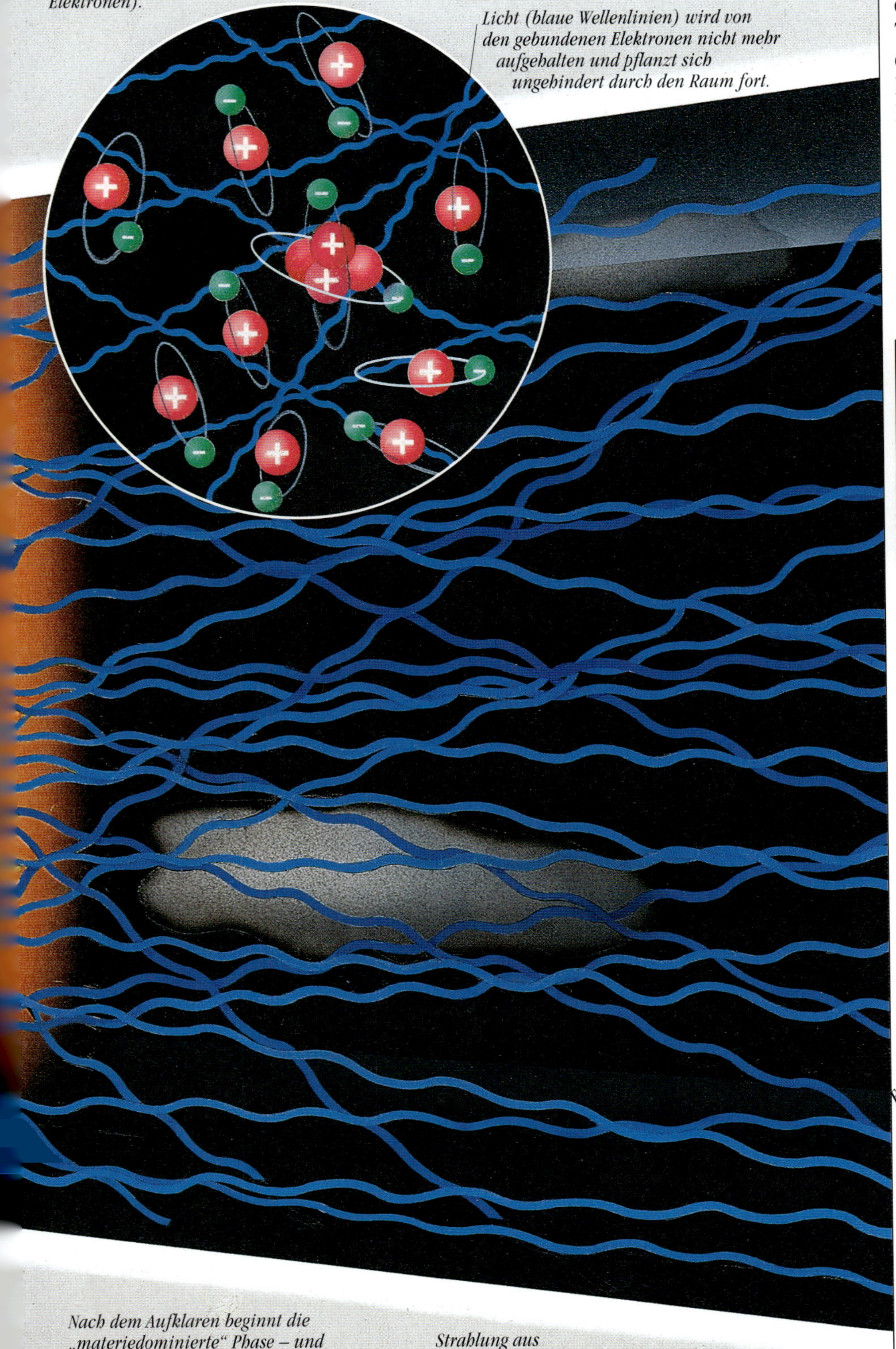

*Nach dem Aufklaren beginnt die „materiedominierte" Phase – und dauert bis heute an. Klumpen dunkler Materie ziehen das Wasserstoff-Helium-Gas aus ihrer Umgebung an und bilden gewaltige Wolken, die sich später zu Galaxien zusammenballten.*

*Strahlung aus der fernen Feuerwand reicht weit in die Zukunft hinein. Während das Universum sich ausdehnt, kühlt die Strahlung ab und aus Wärme und Licht werden Radiowellen.*

## DAS NACHGLÜHEN WIRD GEFUNDEN

In den frühen 1960er Jahren begannen die Physiker Arno Penzias und Robert Wilson, nach schwachen Radiowellen, sogenannten Mikrowellen, aus den Außenbereichen unserer Galaxis zu suchen. Dafür setzten sie ein besonders empfindliches Radioteleskop ein, eine 6-Meter-Antenne, in Holmdel, New Jersey. Doch sie wurden ständig durch ein unerklärliches Geräusch gestört, das den ganzen Raum erfüllte und einer Strahlung bei einer Temperatur von −270 °C zu entsprechen schien. Sie glaubten, das Geräusch rühre von Taubendreck her, der in ihr Teleskop fiel, doch Fachkollegen erkannten, dass dieser „Mikrowellenhintergrund" das heiße Nachglühen des Urknalls war, das durch die Expansion des Raums bis heute so weit abgekühlt war. Die kosmische Hintergrundstrahlung wurde eine starke Stütze für den Urknall.

Penzias und Wilson neben der Antenne, mit der sie die Hintergrundstrahlung entdeckten.

## IN ALLEN HIMMELSRICHTUNGEN GLEICH

Wo immer man sich auf der Erde befindet, blickt man nach außen in den Raum und zurück in die Zeit. Denn alle Strahlung, auch Licht- und Radiowellen, braucht Zeit, um uns zu erreichen. Blickt man nicht weit in den Raum, ist man von nur ein paar Lichtjahre entfernten nahen Sternen umgeben. Ein größeres Teleskop macht Galaxien ausfindig, wie sie vor Jahrmillionen waren, und ein noch größeres kann Milliarden Lichtjahre entfernte Quasare entdecken. Die am weitesten entfernte Strahlung, die ein Teleskop ausmachen kann, kommt von der fernen Feuerwand, wo die Wärmestrahlung aus dem frühen Nebel entkommt. In welche Richtung das Teleskop auch schaut, es kann nur bis zu dieser „Wand" in die Vergangenheit zurückblicken. Aus diesem Grund trifft die Hintergrundstrahlung aus allen Himmelsrichtungen mit gleicher Stärke bei uns ein.

*Mit der Entdeckung der Mikrowellenstrahlung, die den ganzen Raum erfüllt, blicken wir bis 300 000 Jahre nach dem Urknall zurück. Weiter zurück können wir nicht sehen, denn davor war das Weltall undurchsichtig.*

# Gekräusel im Raum

ALS DER KOSMISCHE NEBEL nach etwa 300 000 Jahren aufklarte, war der Weg für eine große Veränderung bereitet. Strahlung war noch in reichlichen Mengen vorhanden, aber sie beherrschte nicht mehr die Szene. Materie bestimmte nun unter ihrer eigenen Schwerkraft selbst ihren Werdegang. Atome von Wasserstoff und Helium zogen sich gegenseitig an und beide spürten die Anziehungskraft der dunklen Materie (WIMPs und/oder Neutrinos). Im Lauf von vielen hundert Millionen Jahren ballten sich die Gasmengen zu Wolken zusammen, wie wenn Milch zu Käse gerinnt. Diese Ereignisse können wir mit einem schwachen Wellenmuster in der heißen Hintergrundstrahlung belegen.

Der Satellit COBE *(Cosmic Background Explorer)* ist mit drei Teleskopen bestückt, mit denen die vom Urknall hinterlassene Wärmestrahlung gemessen wird.

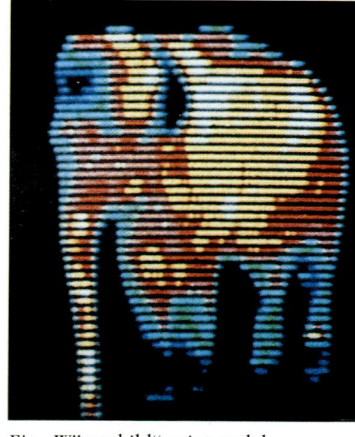

Ein „Wärmebild" zeigt, welche Bereiche des Elefantenkörpers ein paar Grad kälter oder wärmer sind. COBE maß millionenmal feinere Temperaturunterschiede.

## Kosmisches Thermometer

Wäre die Materie im jungen, sich ausdehnenden Universum überall von gleicher Dichte und Temperatur gewesen, hätte sich das Gas noch dünner verteilt, und das Universum würde heute nur aus starkverdünntem Gas bestehen. Es enthält aber Galaxien, Sterne und Planeten. Die „Samenkörner" für die Materieklumpen müssen im dichten Urnebel gesät worden sein und dabei in der Wärmestrahlung aus dieser Ära ein Muster kühlerer Stellen geschaffen haben. Seit Mitte der 1960er Jahre suchten Astronomen vergebens nach diesen schwer nach-zuweisenden Wellen. Der Erfolg kam 1992 mit dem COBE-Satelliten. Es war das empfindlichste Thermo-meter der Welt, das speziell dafür gebaut worden war, die eisigen Temperaturen in den Tiefen des Raums zu messen.

### IN DER HITZE DER NACHT

Auf COBEs Wärmekarte des gesamten Himmels verrät das farbige Gekräusel Bereiche, die nur einige millionstel Grad heißer (rosa) oder kälter (blau) als der Durchschnitt sind. Die dichteren Stellen erscheinen blau, weil die Strahlung abkühlt, wenn sie der größeren Schwerkraft entkommt.

*Dichtere Gasbereiche (blau auf der COBE-Karte) ziehen sich unter ihrer eigenen Schwerkraft zusammen. Dazwischen dehnen sich Bereiche mit geringerer Dichte (rosa) zu riesigen Leer-räumen aus.*

*Die von COBE entdeckten Gasmassen sind so weit entfernt, dass sie das Weltall so zeigen, wie es vor fast 15 Milliarden Jahren, knapp 300 000 Jahre nach dem Urknall, gewesen war.*

*Die warmen und kühleren Flecken zeigen, wie Gas aus dem Urfeuerball sich zu dichteren Bereichen zusammenballte.*

## Ein Bild von der Ausdehnung

Dies ist die Geschichte einer Region des Weltalls, von ihrer Abbildung auf der COBE-Karte bis zu den Gasklumpen, die lange, Filamente genannte, Flächen bildeten, in denen sich die ersten Galaxien verdichteten. Dazwischen liegen riesige Leerräume, manche davon mit einem Durchmesser von mehr als hundert Millionen Lichtjahren.

## LEERRÄUME UND FILAMENTE WACHSEN

Dreihundert Millionen Jahre nach dem Urknall glich das Universum einem Stück Schweizer Käse. Galaxienhaufen hatten sich aus den dichteren Gasklumpen gebildet. Sie sind in langen Filamenten um die Leerräume herum angeordnet. Wo Filamente aufeinandertreffen, ballen sich die Galaxien zu dichteren Ansammlungen, den Super- haufen, zusammen. Von da an dehnte sich das Universum nur noch aus und die Galaxien verteilten sich so, wie wir sie heute sehen.

*COBE hat herausgefunden, warum Galaxien heute als Filamente um Leerräume herum angeordnet sind.*

*Die längsten Filamente heißen Galaxien-„Wände".*

*Die Leerräume enthalten wenige Galaxien.*

*Die Punkte zeigen die Verteilung der Gase Wasserstoff und Helium, die zu Galaxien werden.*

*Manche Astronomen vermuten, dass die Gaswolken durch die Schwerkraft kosmischer Fäden, die aus den frühesten Momenten des Universums überlebten, in Filamente zusammengedrängt wurden.*

## WO STECKT DIE DUNKLE MATERIE HEUTE?

Die Astronomen wissen nicht, wie die dunkle Materie jetzt verteilt ist. Sie könnte mit den Galaxien zusammengeklumpt sein oder auch gleichmäßiger zwischen den Filamenten und Leerräumen verteilt sein.

## Der Weg zur Galaxiengeburt

Es gibt zwei Theorien darüber, wie COBEs „geronnene" Gasklumpen zu in Haufen und Superhaufen zusammengefassten Galaxien wurden. In beiden Fällen sind die wichtigsten Bestandteile Wasserstoff und Helium aus dem Urknall, die sich unter dem Einfluss der Schwerkraft der dunklen Materie verdichten. Wenn die dunkle Materie überwiegend aus Neutrinos besteht, führt dies zur „Top-Down"-Theorie der Galaxienbildung; hatten WIMPs die Oberhand, gilt die „Bottom-Up"-Version.

### TOP-DOWN-THEORIE

Nach der „Top-Down"-Theorie spalteten sich riesige Gasfilamente in kleinere Wolken auf, die sich erneut teilten. Die Filamente bestimmen die Größe und Form der Superhaufen und Haufen, lange bevor sich die kleinen Gaswolken in Galaxien verwandeln.

### BOTTOM-UP-THEORIE

Nach der „Bottom-Up"- Theorie wurden ge- waltige Mengen von Galaxien sehr bald nach der von COBE ge- sehenen Phase geboren. Zu- nächst waren diese Galaxien ungeordnet im Raum verteilt, wurden dann jedoch von der Schwerkraft zusammen- gezogen und bildeten Haufen und Superhaufen.

## SUCHE NACH KLEINEREN KRÄUSELN

Diese Miniatur-Radioteleskope auf den Kanarischen Inseln suchen nach kleineren als den von COBE ent- deckten „Ripples", um noch genauere Informationen darüber zu erhalten, wie Galaxien, darunter unsere eigene Milchstraße, aus dem kos- mischen Feuerball geboren wurden. Zusammen mit anderen leistungs- fähigen Teleskopen an Standorten wie der Antarktis oder hochflie- gende Ballons sollen die Radio- antennen Flecken im Temperatur- Teppich entdecken, die so klein sind, dass sie die Keime von Galaxien gewesen sein könnten.

# Geburt der Milchstraße

ASTRONOMEN KÖNNEN ZWAR SAGEN, WANN DER URKNALL STATTFAND, aber nur vermuten, dass sich die Galaxien etwa eine halbe Milliarde Jahre später bildeten. Ihre Geräte sind nicht in der Lage, das komplizierte Zusammentreffen von Gaswolken, das zur Schöpfung von Milliarden Galaxien führte, zu erfassen. Junge Galaxien erleben heftige Ausbrüche, die fast im ganzen Weltall zu beobachten sind – doch danach beruhigen sie sich. Und das ist unser Glück, denn wir leben in einer solchen Galaxie. Dies ist die Geschichte unserer Milchstraße von ihrer Geburt bis zu dem Tag, an dem sie die Sonne und die Planeten schuf.

*Unsere Galaxis wird geboren, als zahllose warme Gaswolken unter der Schwerkraftwirkung zusammenkommen. Sterne werden geboren, wenn Gaswolken kollidieren.*

*Riesige Gasmengen sammeln sich im Zentrum der Galaxis an. Ihre Schwerkraft wird so groß, dass sich ein massereiches Schwarzes Loch bildet und wächst.*

*Gas und Sterne werden spiralförmig in das Schwarze Loch gesogen und bilden einen superheißen kosmischen Whirlpool, Akkretionsscheibe genannt. Diese leuchtende Scheibe ist ein Quasar.*

*Querschnitt durch die Akkretionsscheibe des Quasars und seiner superschnellen Jets.*

*Die Jets einer Radiogalaxie blähen sich zu riesigen Wolken auf.*

## Eine turbulente Jugend

In ihrer Jugend war das Zentrum unserer Galaxis wahrscheinlich ein Quasar. Ein Quasar ist der winzige, strahlende Kern einer sehr jungen und aktiven Galaxie. In seiner Mitte befindet sich ein supermassives Schwarzes Loch, das gierig Gasmassen verschlingt – und, was es nicht frisst, weit ins Weltall hinausschleudert. Astronomen haben Tausende von Quasaren gefunden, die meisten so weit entfernt, dass sie wie schwach leuchtende Sterne aussehen.

*Ein Quasar schießt zwei fast lichtschnelle Jets mit geladenen Teilchen ins All.*

*Der Quasar ist zu einer Radiogalaxie geworden.*

## DAS UNIVERSUM VERÄNDERT SICH

Wenn Astronomen in weit entfernte Regionen sehen, blicken sie in die Vergangenheit, in das Universum, wie es in seiner Jugend aussah. Sie stellen fest, dass viel mehr ferne als nahe Galaxien Quasare in ihrem Zentrum haben. Das bedeutet, dass das Universum sich mit der Zeit verändert, wie es die Urknalltheorie vorhersagt. Dies aber schließt Theorien aus, die annehmen, dass das Universum unendlich alt und unveränderlich ist.

*Quasar*

*Das frühe Universum (kleine Kugel) enthält viel mehr Quasare und Radiogalaxien als das heutige Universum (große Kugel).*

## MARTIN RYLE

In den späten 1950er Jahren suchte der britische Astronom Martin Ryle (1918–1984) mit einem Radioteleskop, das er und sein Team gebaut hatten, nach Galaxien in den fernen Bereichen des Weltalls. Er erbrachte den ersten Beweis, dass Galaxien in der Vergangenheit dichter beieinanderlagen und dass im jungen Universum Quasare vorherrschten.

## WENIGER HEFTIG

Die Quasar-Phase unserer Galaxis dauerte nur ein paar Millionen Jahre. Dann begann eine weniger heftige Phase als Radiogalaxie. Die Jets, die sie als Quasar ins All schleuderte, lösten sich zu zwei riesigen Wolken auf, die starke Radiowellen erzeugten. Immer noch waren Ausbrüche aus dem Kern möglich – dort lauerte das Schwarze Loch –, doch da das Gas für die Sternentstehung aufgebraucht war, wurde das Schwarze Loch allmählich ausgehungert.

*Die Jets senden Radiowellen aus und können über eine Million Lichtjahre lang sein.*

## RUHESTAND

Neun Milliarden Jahre nach ihrer stürmischen Geburt begann unsere Milchstraße sich zu beruhigen. Ein riesiges Schwarzes Loch, das drei Millionen Sternenmassen wog, lag noch in ihrem Kern auf Lauer; doch es verhielt sich ruhig, weil nicht mehr so viel Sternenfutter wie früher zur Verfügung stand. Die Galaxis hatte nun Milliarden von Sternen geboren, die sich in einer wunderschönen Spirale mit einem Durchmesser von 100 000 Lichtjahren anordneten. Doch es gab noch genügend Platz für mehr Sterne.

Säulen der Sternengeburt: Junge Sterne entstehen aus einer Staub- und Gassäule im Adler-Nebel, etwa 7000 Lichtjahre entfernt.

## EIN STERN WIRD GEBOREN

Vor etwa 4,6 Milliarden Jahren begann eine Staub- und Gaswolke in irgendeinem Vorort der Milchstraße zusammenzustürzen. Sie schrumpfte und dreht sich immer schneller, bis sie schließlich eine Scheibe wurde. In ihrer Mitte wurde sie heißer und dichter, bis im Kern der Fusionsreaktor zündete. Ein Stern, unsere Sonne, war geboren. Die von Kernfusionsreaktionen angefeuerte junge Sonne schüttete Licht und Energie über ihre neu entstehende Familie: die neun Planeten, die sich in der sie umgebenden Scheibe bildeten.

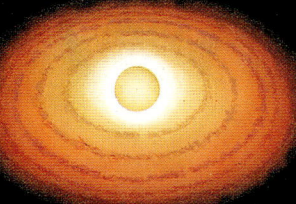

*Die junge Sonne entsteht in einer Scheibe aus Gas und Staub.*

*Aus dem Scheibenmaterial entstehen die Planeten, darunter die Erde.*

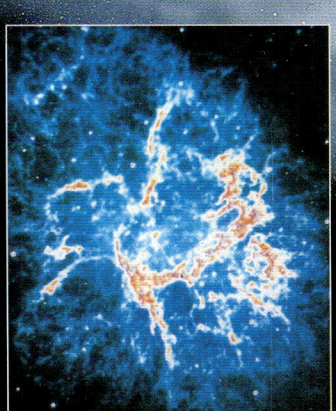

Crab-Nebel: Die Überreste eines sterbenden Sterns, der schwere Elemente in den Raum schleuderte.

## AM ANFANG WASSERSTOFF…

Alle Sterne können Wasserstoffkerne zu Helium verschmelzen, wobei Energie frei wird. Schwerere Sterne können auch drei Heliumkerne zu Kohlenstoff verschmelzen.

## Die schweren Jungs

George Gamow glaubte noch, dass alle Elemente im Urknall erzeugt wurden. Doch heute wissen wir, dass dabei nur die leichtesten entstanden sind – Wasserstoff, Helium und Lithium. Es zeigte sich, dass die anderen 89 Elemente, die gerade 1 % der gesamten Materie im Universum ausmachen, in den nuklearen Brennöfen der Sterne geschmiedet worden waren. Von Sternen, die in ihrem Todeskampf Materie ins All werfen, wurden sie dann im ganzen Raum verstreut.

## …AM ENDE EISEN

Massereiche Sterne können in ihren Zentren schwere Elemente bis zum Eisen bilden. Wenn sie versuchen, Eisen zu fusionieren, explodieren sie als Supernovae, die ihre äußeren Hüllen ins All schleudern. In der Hölle der Explosion können die schwereren Elemente bis zum Uran synthetisiert werden.

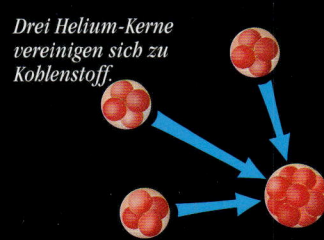

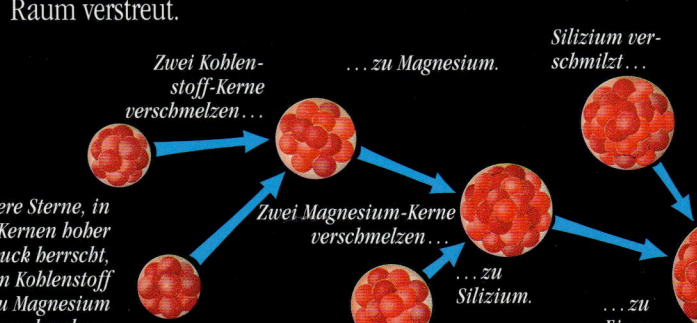

*Drei Helium-Kerne vereinigen sich zu Kohlenstoff.*

*Jeder Helium-Kern besteht aus zwei Protonen und zwei Neutronen.*

*Schwere Sterne, in deren Kernen hoher Druck herrscht, können Kohlenstoff zu Magnesium verschmelzen.*

*Zwei Kohlenstoff-Kerne verschmelzen…*

*…zu Magnesium.*

*Zwei Magnesium-Kerne verschmelzen…*

*…zu Silizium.*

*Silizium verschmilzt…*

*…zu Eisen.*

*Die schwersten Sterne können zwei Silizium-Kerne zu Eisen verschmelzen.*

## SCHÖPFUNG DER MATERIE

Die ungeheuren Massen von Teilchen begannen nun, gegeneinander zu kämpfen. Fast gleich große Armeen von Materie und Antimaterie vernichteten sich in Unmengen von Strahlung. Die überall im Raum vorhandene starke Strahlung schuf Verstärkung in Form neuer Materie-Antimaterie-Paare. Doch schließlich wurde die Strahlung zu schwach, um neue Paare erzeugen zu können, und ein winzige Überschuss an Materie blieb Sieger auf dem Schlachtfeld und überlebte.

## ERSTE ELEMENTE

Obwohl im jungen Universum noch hektische Aktivität herrschte, kühlte es rasant schnell ab. Das bedeutete, dass es nun mit der Entwicklung von Strukturen beginnen konnte. Gegen Ende der dritten Minute seiner Existenz waren Protonen und Neutronen zu Atomkernen der ersten Elemente verschmolzen – Wasserstoff, Helium und eine winzige Menge Lithium. Die Dichte war nun zehnmal höher als die von Wasser.

## ECHO DES URKNALLS

Nach der tumultreichen Jugend wurde das Universum ruhiger. Im Alter von 20 Minuten fiel seine Dichte unter die von Wasser. Die neblige, undurchsichtige Masse dehnte sich weiter aus und kühlte dabei ab. Dann, 300 000 Jahre nach seiner Geburt, wurde es durchsichtig. Hochempfindliche Radioteleskope können bis zu diesem Augenblick zurückblicken und sehen die Grenze – die undurchsichtige Wand des sterbenden Feuerballs aus dem Urknall.

(linke Spalte, teilweise abgeschnitten:)
... gleich nach der ... am meisten los. ... schoss in die ... gewaltige ... trieb die ... Teilchen und ... plosionsartig an. ... che Teilchen entreichen so merkwie Schwarze ... kosmische ... ppe war eine ... Billionen ... nen Billionen ... Wasser.

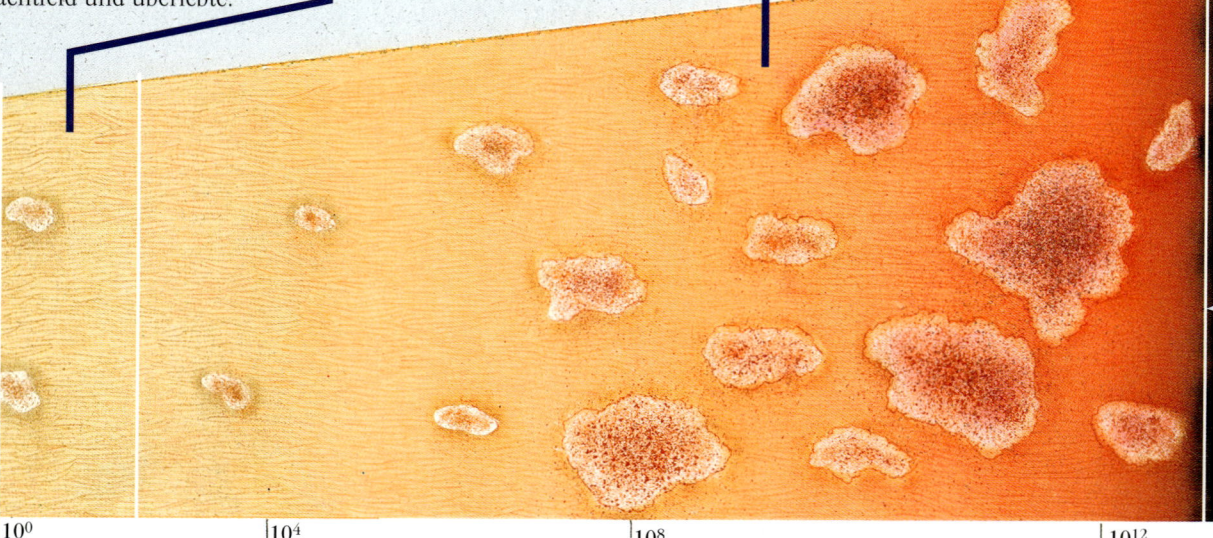

| $10^{-4}$ | $10^0$ | $10^4$ | $10^8$ | $10^{12}$ |
|---|---|---|---|---|
| 0.0001 Sekunde | 1 Sekunde | 3 Stunden | 3 Jahre | 30 000 Jahre |

*Der unterirdische Teilchenbeschleuniger (gelb eingezeichnet) des CERN-Forschungszentrums bei Genf, Schweiz, kann weiter ins All „sehen" als alle Teleskope. Hier werden die im Urknall herrschenden Bedingungen imitiert, indem man Teilchen aufeinander zujagt.*

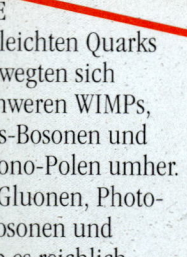

## SCHÖPFUNG DER MATERIE

Gegen Ende der Ära waren die Bausteine – Protonen, Neutronen, Elektronen und Neutrinos – vorhanden. Die Dichte war eine Million Mal größer als die Dichte des Wassers.

## ERSTE ELEMENTE

Anfangs waren Protonen und Neutronen in gleicher Häufigkeit vorhanden. Doch Neutronen war instabil und zerfielen in Protonen – so dass die Protonen die Oberhand erhielten. Dies zeigt sich im Verhältnis der Mengen der ersten Elemente: 77 % Wasserstoff zu 23 % Helium.

## ECHO DES URKNALLS

Im Nebel des Universums tat sich viel. Unsichtbare dunkle Materie ballte sich zu den Anfängen von Galaxien zusammen. Als die Temperatur auf 3000 °C gesunken war, verbanden sich plötzlich Elektronen mit Kernen und bildeten Atome. Das bis dahin von Elektronen behinderte Licht hatte freie Bahn – so klarte das Universum auf.

(linke Spalte, teilweise abgeschnitten:)
... leichten Quarks ... ewegten sich ... hweren WIMPs, ...-Bosonen und ... no-Polen umher. ... Gluonen, Photoosonen und ... b es reichlich.

... n Urknall kühlt sich das Universum ab. In der Inflations- ... so explosionsartig schnell, dass seine Temperatur auf ... Doch am Ende der Inflation war das Universum mit Energie ... rflutet, so dass die Temperatur wieder hochschoss. Wenn das Universum nicht geschlossen ist, wird es sich weiter unablässig abkühlen.

| $10^{-4}$ | $10^0$ | $10^4$ | Zeit (Sekunden) $10^8$ | $10^{12}$ |
|---|---|---|---|---|

# Geschichte des Kosmos

DIES IST EINE STARK VERKÜRZTE GESCHICHTE DER ZEIT. Die vier aufklappbaren Seiten schildern die Entwicklung unseres Universums, von der Schöpfung bis zum Untergang. Neue Technologien, Teleskope und Fortschritte in der Teilchenphysik haben alle zur Entschlüsselung des Geheimnisses beigetragen. Doch es gibt noch riesige weiße Flecken, die auf Klärung warten. Dank der irdischen Teilchenbeschleuniger wissen wir heute mehr über die ersten paar Sekunden des Universums als über die folgende halbe Milliarde Jahre. Was wir auch aus unserem heutigen Wissen zu schließen versuchen, zum Blick in die Zukunft wird immer etwas Hellseherei gehören.

## Vergangenheit, Gegenwart, Zukunft

Diese aufklappbare Darstellung der Vergangenheit und der Zukunft des Universums beginnt mit dem Urknall. Auch die Zeit beginnt mit dem Urknall und verläuft von links nach rechts. Damit alles hineinpaßt, ist die Zeitskala immer mehr zusammengedrängt, je weiter die Zeit voranschreitet. Jeder Abschnitt entspricht einer Doppelseite in diesem Buch und ist zweigeteilt: Im oberen Bereich sehen wir, wie das Universum sich im Großen entwickelt; unten ist gezeigt, welche Rolle die Teilchen spielen (sie sind auf Seite 20/21 einzeln beschrieben). Zum Schluß sind zwei Möglichkeiten dargestellt, wie das Universum enden könnte: mit dem „Großen Endknall" oder der ewigen Ausdehnung.

### ZEIT T GLEICH NULL

Der Urknall war der Anfang von Zeit und Raum. Er ist aus dem Nichts gekommen: Ein beinahe unendlich heißer Feuerball, der gleich nach seinem Erscheinen zu expandieren begann. Es gab kein „vor" dem Urknall, denn die Zeit begann erst, als die Schöpfung einsetzte.

### ZEIT T GLEICH NULL

Das junge Universum war ein brodelnder Ofen voller Strahlung. Es herrschten so hohe Energien, daß Materie und Antimaterie zwar spontan erschienen, doch in einem Energieausbruch, der die Temperatur weiter aufheizte, schnell wieder vernichtet wurden.

### AUFBLÄHUNG DES KOSMOS

Viele Astronomen glauben, daß der Urknall kein großer, sondern ein ziemlich kleiner Knall war – ähnlich wie er beim Platzen einer Zuckertüte entsteht. Sie nehmen an, daß sich das Universum Sekundenbruchteile nach der „Zündung" ruckartig ausdehnte. In dieser Periode kosmischer Inflation wurde es hundert Billionen Billionen Billionen Billionen Mal größer. Die Inflationstheorie erklärt, warum das Universum heute so groß und so gleichförmig ist.

### AUFBLÄHUNG DES KOSMOS

Wenn diese Theorie richtig ist, entstand fast alle Masse im Universum während des Inflationsvorgangs. Er erfüllte das Weltall mit Energie und wandelte virtuelle Teilchen in wirkliche Materie um.

### TEILCHENSU...

In der Period... Inflation wa... Die Tempera... Höhe, und de... Energieansti... Schöpfung v... Antiteilchen... Viele massere... standen, desg... würdige Geb... Minilöcher u... Fäden. Diese... Billion Billic... Billionen Bil... Mal dichter a...

### TEILCHENS...

Teilchen wie... und Lepton... zwischen de... X-Bosonen... magnetisch... Botenteilche... nen, W- un... Gravitonen

### DAS UNIVERSUM KÜHLT AB

Seit dem beinahe unendlich h... phase war sein Wach... fast Null sa...

$10^{-32}$
$10^{-36}$

| $10^{-28}$ | $10^{-24}$ | $10^{-20}$ | $10^{-16}$ | $10^{-12}$ | $10^{-}$ |
|---|---|---|---|---|---|

*Billonstel Billonstel Sekunde*     *Billonstel Sekunde*     0,0... Sek...

### VATER DES URKNALLS

Im Jahre 1917 legte Albert Einstein eine Beschreibung des Universums vor, die auf seiner neuen allgemeinen Relativitätstheorie beruhte. Sie regte viele andere Theoretiker zu weiteren Überlegungen an, darunter William de Sitter in Holland und Alexander Friedmann in Rußland. In Belgien trat Georges Lemaître (1894–1966) mit seinem neuen Modell an die Öffentlichkeit, als er von der Expansion des Universums hörte. Er machte einen Gedankensprung und behauptete, daß das Universum als „Ur-Atom" begann – etwas Heißes und Dichtes, das explodierte und die Expansion des Raums verursachte. So kann Lemaître mit Fug und Recht Vater des Urknalls genannt werden.

Georges Lemaître war Priester, bevor er Kosmologie studierte.

Temperatur (Grad)

$10^{28}$
$10^{26}$
$10^{24}$
$10^{22}$
$10^{20}$
$10^{16}$
$10^{12}$
$10^{8}$
$10^{4}$
0

| 0 | $10^{-36}$ | $10^{-32}$ | $10^{-28}$ | $10^{-24}$ | $10^{-20}$ | $10^{-16}$ | $10^{-12}$ | $10^{-8}$ |
|---|---|---|---|---|---|---|---|---|

# Schöpfungsmythen

ALS DAS UNIVERSUM ein Alter von 10 Milliarden Jahren erreicht hatte, wurde ein kleiner, unauffälliger Planet geboren. Zunächst war er heiß und unbewohnbar; doch als er abkühlte, entstand irgendwie das Leben und fasste Fuß auf dem Planeten. Erst erschienen Pflanzen, dann Tiere und schließlich die Menschen. Sie vermehrten sich rasch und entwickelten viele verschiedene Kulturen. Doch allen gemeinsam waren die Fragen: „Woher sind wir gekommen?" und „Wie hat alles begonnen?". Die ersten Schöpfungsideen reichten von den wildromantischen Mythen der Azteken zu der pragmatischen jüdisch-christlichen Anschauung.

*Die Erde entsteht aus einer Gas- und Staubwolke.*

*Meteoriten schlagen auf ihrer Oberfläche ein.*

*Wolken umhüllen die Erde und kondensieren zu Regen, der in tiefliegenden Gebieten Ozeane schafft.*

*Die einheitliche Landmasse Pangäa beginnt aufzubrechen, als Wärmeströme aus dem Erdinneren die Kruste zerbrechen.*

## ENTSTEHUNG DER ERDE

Die Erde wurde aus Millionen von Felsbrocken, die aus winzigen Staubteilchen aus dem Bereich der jungen Sonne stammten, geboren. Weitere Gesteinsbrocken, Meteoriten, bombardierten die Erde und erhitzen sie bis zum Glühen. Als die heiße und geschmolzene Oberfläche abkühlte, kondensierte Wasserdampf zu Wolken und füllte die Ozeane. Die dünne Gesteinskruste zerbrach in Kontinente, die sich auf Strömen glutflüssigen Gesteins im Erdinnern bewegen.

## Sieben Schöpfungstage

Die Christen sagen: „Am Anfang schuf Gott Himmel und Erde". In den nächsten sechs Tagen arbeitete Gott hart an seiner Schöpfung: Er schuf Tag und Nacht, Meere, Land und Pflanzen bis zum dritten Tag; die Sterne, Sonne und Mond, Meerestiere und Vögel bis zum fünften Tag. Am sechsten Tag schuf er Tiere und die Krönung seiner Schöpfung, den Menschen. Am siebten Tag ruhte er sich aus – darum ist der Sonntag den Christen heilig.

*Nachdem Gott Himmel und Erde erschaffen hatte, betrachtete er wohlgefällig sein Werk.*

## Atum hat gesprochen

Die alten Ägypter, deren Kultur mehr als zwei Jahrtausende überdauerte, ersannen viele Mythen. Nach ihrem Glauben begann das Universum, als der Gott Atum allein durch das Sprechen seines Namens alles erschuf. Durch Selbstbegattung zeugte Atum seinen Sohn Schu, die Luft, und seine Tochter Tefnut, die Feuchtigkeit, deren Kinder der Gott Geb (der die Erde symbolisierte) und die Göttin Nut (Himmel) waren. Alle Menschen Ägyptens sind Nachfahren der Kinder Nuts und Gebs. Der ganze Schöpfungsakt wurde vom allessehenden Auge überwacht.

*In der ägyptischen Mythologie werden die Liebenden Geb (Erde) und Nut (Himmel) voneinander getrennt, damit es Tag werden kann. Nachts vereinigten sie sich wieder.*

## THEORIE STATT MYTHOS

Im 20. Jahrhundert entdeckte man die Expansion des Universums, die kosmische Hintergrundstrahlung und das Vorkommen von Wasserstoff und Helium im Kosmos und leitete davon eine Theorie – nicht einen Mythos – von der Entstehung des Universums ab, die auf den nächsten aufklappbaren Seiten zusammengefasst ist.

## Welten-Ei

Das chinesische Universum begann als ein riesiges kosmisches Ei, das *yin-yang* enthielt. Dieses beinhaltete alles und das Gegenteil davon: männlich-weiblich, kalt-warm, hell-dunkel. Im *yin-yang* war der Gott Phan Ku: Seine Augen wurden Sonne und Mond, sein Atem der Wind, seine Haare die Bäume, sein Fleisch die Erde, sein Schweiß Regen und die Würmer, die seinen verwesenden Körper verließen, wurden zu Menschen.

In einer anderen Version des chinesischen Schöpfungsmythos meißelt der Schöpfergott Pan-Kou-Che sein Werk zwischen große wirbelnde Wolken.

## Quetzalcoatl und Tezcatlipoca

Die Azteken in Mexiko kannten viele Schöpfungslegenden. Eine davon handelt von den Göttern Quetzalcoatl und Tezcatlipoca, die die Göttin Coatlicue vom Himmel zerrten und auseinanderrissen — und so den Himmel und die Erde schufen. Ihr Körper wurde zu Gebirgen und Tälern, ihr Haar verwandelte sich in Pflanzen. Doch Coatlicue war über ihre Behandlung sehr erbost und verlangte daher häufig Menschenherzen als Opfer.

In einem anderen Mythos lockt Tezcatlipoca ein Wasserungeheuer an die Oberfläche. Er wird schwer verletzt und sein Körper wird die Erde.

## Prajapati und das goldene Ei

In mehreren Schöpfungsmythen der Hindureligion spielen Götter eine Rolle, die durch das Sprechen ihrer Namen entstehen. Andere beschreiben große Ozeane, und einige handeln von kosmischen Eiern. Eine dieser Legenden erzählt von einem Ozean, der ein goldenes Ei zeugt. Nach einem Jahr schlüpft Prajapati aus dem Ei. Ein weiteres Jahr bleibt er auf der Schale liegen, bevor er zu sprechen versucht. Der Laut, den er hervorbringt, wird die Erde, der zweite der Himmel und der dritte die Jahreszeiten.

Vishnu, einer der mit der Schöpfung in Verbindung gebrachten Götter.

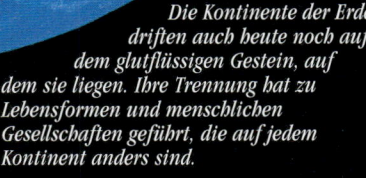

Die Kontinente der Erde driften auch heute noch auf dem glutflüssigen Gestein, auf dem sie liegen. Ihre Trennung hat zu Lebensformen und menschlichen Gesellschaften geführt, die auf jedem Kontinent anders sind.

## Traumzeit der Ureinwohner Australiens

Die „Traumzeit" ist die mythische Schöpfungszeit der Ureinwohner Australiens: Eine Zeit, in der übernatürliche Wesen alle Phänomene der Natur geschaffen haben. Oft waren diese Vorfahren der Ureinwohner Echsen; in der wärmenden Sonne wurden sie zu Menschen. Der Gott des Dieri-Stammes formte den ersten Menschen nach einer Riesenechse, stellte aber fest, dass sein Geschöpf nur laufen konnte, wenn er ihm den Schwanz abschnitt. Die Vorfahren der Traumzeit sind in herrlichen Felsbildern dargestellt.

Traumzeit: Zwei der magischen Schöpfungswesen, Vorfahren der Ureinwohner, die überall, wo sie landeten, heilige Orte und Lebewesen schufen.

## FERNE ZUKUNFT (OFFEN)

Das offene Universum wird sich ewig ausdehnen. In jeder Galaxie werden die Sternleichen in das zentrale Schwarze Loch stürzen oder ins All hinausgeschleudert werden. Sie werden später zu Strahlung zerfallen, während die supermassiven Schwarzen Löcher explodieren werden. Nichts Größeres als subatomare Teilchen wird übrigbleiben.

## DUNKLE MATERIE UNTER KONTROLLE

Seit mehr als 50 Jahren haben Astronomen vermutet, dass es im Universum viel mehr Materie gibt, als sie in Form von Sternen, Gaswolken und Galaxien sehen können. Obwohl diese „dunkle Materie" unsichtbar ist, wirkt ihre Schwerkraft auf die Materie und wird schließlich über das Schicksal des expandierenden Weltalls entscheiden. Die Astronomen sind sich nicht sicher, wie viel dunkle Materie vorhanden ist. Messungen von Galaxien (siehe unten) ergeben, dass dunkle Materie mindestens 90 % des Universums ausmacht. In der Inflationstheorie wird sie sogar mit 99 % angesetzt: eine Menge, die bedeutet, dass das Universum immer an der Grenze zwischen ewiger Expansion und endgültigem Zusammensturz ist.

## FERNE ZUKUNFT (GESCHLOSSEN)

Ein geschlossenes Universum, das genug dunkle Materie enthält, um die „Schwerkraftbremsen" zu betätigen, wird sich bis zu einer bestimmten Grenze ausdehnen und dann wieder schrumpfen. Nicht der Kältetod, sondern der Wärmetod droht, wenn das Universum in einem großen Endknall in sich zusammenstürzt. Bei dieser Rückwärtsreise zum Urknall wird der Raum verschwinden und die Zeit stillstehen.

## FERNE ZUKUNFT (GESCHLOSSEN)

Anfangs verläuft der Lebensweg der Sterne wie in einem offenen Universum. Doch etwa 3 Millionen Jahre vor dem großen „Endknall" werden sich Galaxien – die nun supermassive Schwarze Löcher geworden sind – zusammenschließen. Im weiteren Verlauf des Zusammensturzes steigt die Temperatur der Hintergrundstrahlung auf die der Sterne. Nach weiteren drei Minuten verschmelzen die Schwarzen Löcher; dies ist der Moment des Endknalls.

*Aus der fernen Zukunft eines unendlich alten Universums gesehen, wird die Zeitspanne, die seit dem Urknall bis heute (einschließlich unserer Existenz) vergangen ist, wie ein winziger Augenblick erscheinen.*

*rillionen Jahre*

## DAS GEWICHT DES BEWEISES

Die zusätzliche Schwerkraft der dunklen Materie – von der es zehnmal mehr geben muss als von normaler Materie – wird gebraucht, um die herumwirbelnden Galaxien zusammenzuhalten und zu Haufen zu formieren. Ein Teil der dunklen Materie könnte aus ausgeglühten Sternen bestehen, doch das meiste besteht wahrscheinlich aus WIMPs und/oder Neutrinos.

## FERNE ZUKUNFT (OFFEN)

Ein ewig expandierenes offenes Universum wird dunkler und leerer werden, wenn die Sterne sterben, Materie zerfällt und Schwarze Löcher explodieren. Zum Schluss werden die im Urknall erzeugten Teilchen das letzte Wort haben. Die unendliche Zukunft wird eine bitterkalte Expansion sein, nur dünn bevölkert von Elektronen, Positronen, Neutrinos und den noch nicht nachgewiesenen WIMPs.

*eitskala ist in Sekunden teilt, die als Zehnerpotenzen e Glossar) und auch in uchlicheren Einheiten wie nstel Sekunden, Stunden und a angegeben sind.*

Wirbelnde Gasmassen (hier farbig) in der Andromeda-Galaxie unterliegen der Schwerkraft von dunkler Materie in der Galaxie.

### GEKRÄUSEL IM RAUM

Als der kosmische Nebel aufklarte, klumpte die Materie wie Milch, die zu Käse gerinnt, und schuf deutliche „Ripples" in der Hintergrundstrahlung. Die Materie war nicht länger von der Strahlung beherrscht und nahm ihr Schicksal selbst in die Hand. Sie leitete eine neue Ära im Kosmos ein: Gewaltige Strukturen in Form von Galaxien konnten sich bilden.

### GEBURT DER MILCHSTRASSE

Viele Galaxien hatten eine stürmische Jugend; sie waren Quasare, bevor sie zu friedlichen Sternstädten wurden. Im ruhigen Randbereich einer dieser Galaxien wurde ein gewöhnlicher Stern vor 4,6 Milliarden Jahren geboren. Doch für uns war er etwas Besonderes: Es war die Sonne mit ihren Planeten.

### NAHE ZUKUNFT

In 5 Milliarden Jahren wird unsere Sonne all ihren Brennstoff verbraucht haben und als Weißer Zwerg enden. Größere Sterne werden als Neutronensterne oder als Schwarze Löcher enden. Galaxien werden zu Friedhöfen für tote Sterne und ein supermassives Schwarzes Loch umkreisen.

*Das Hubble-Raumteleskop wurde gebaut, um die Ära der Galaxienbildung etwa eine halbe Milliarde Jahre nach dem Urknall zu erforschen. Es hat zahlreiche junge Galaxien ausfindig gemacht, von denen einige gerade erst geboren sind.*

*Im Weltraum blickte COBE zurück auf die „Wand", hinter die wir nie schauen werden – die Zeit rund 300 000 Jahre nach dem Urknall, als das Universum durchsichtig wurde. Es entdeckte die „Keime" von Galaxien-Embryonen.*

*Heute ist das Universum in seinen besten Jahren – obwohl es immer noch jung ist. Immer noch steht überreichlich Rohmaterial für die Schaffung neuer Sterne zur Verfügung.*

$10^{16}$         $10^{17,5}$

*300 Millionen Jahre*      *13 Billionen Jahre*

*Jetzt haben Atome so komplexe Moleküle gebildet, dass Lebewesen entstehen können: Wesen, die über das Universum nachdenken können.*

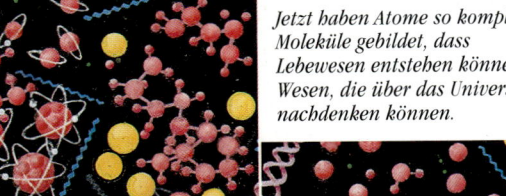
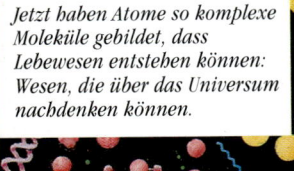

### GEKRÄUSEL IM RAUM

Als die Strahlung immer kraftloser wurde, ließen die Materieteilchen ihre Schwerkraftmuskeln spielen. Dunkle Materie führte sie an und vereinigte die Atome von Wasserstoff, Helium und Lithium zu dichten Klumpen: die Keime unserer Existenz.

### GEBURT DER MILCHSTRASSE

Sterne übernahmen vom Urknall die Elementerzeugung. Im Innern ihrer Kerne schmolzen sie Helium aus Wasserstoff, Kohlenstoff aus Helium und mehr. Diese Elemente wurden die Grundlage des Lebens.

### NAHE ZUKUNFT

Wasserstoff, der Rohstoff für Sternengeburten, wird allmählich knapp. Nur schwerere Atome bleiben übrig, die keine Sterne bilden können. Und winzige, im Urknall entstandene Schwarze Löcher explodieren. Sie verschwinden in Strahlungswolken.

*Heute*
$10^{16}$      $10^{17,5}$

Die
ein
(sr
ge
Bil
Jah

# Ausdehnung des Raums

**B**EVOR DIE MENSCHEN DIE GESCHICHTE des Universums verstehen konnten, mussten sie sich erst mit seiner Geographie befassen. Doch es war nicht einfach, die Tiefen des Alls auszuloten: Die Himmelskörper sahen so aus, als ob sie alle in gleicher Entfernung am großen Himmelsgewölbe befestigt waren. Zum Glück verrieten der Mond und die Planeten ihre relative Nähe dank ihrer Bewegung. Im 17. Jahrhundert hatten die Astronomen erkannt, dass die Sonne der Mittelpunkt des Sonnensystems war, und begannen, die Entfernungen zu den Planeten zu messen. Zwei Jahrhunderte später dehnten sie ihre Messungen bis zu den nächsten Sternen aus, die rund eine Million Mal weiter entfernt sind. Zu Beginn des 20. Jahrhunderts identifizierten sie einzelne Sterne in fernen Galaxien und konnten so die Leiter kosmischer Distanzen über eine Million Mal weiter auslegen.

## DIE PARALLAXE MISST BIS ZU 300 LICHTJAHRE

Ein naher Gegenstand scheint sich vor einem fernen Hintergrund seitlich zu verschieben, wenn man ihn aus zwei Positionen betrachtet – das ist das Prinzip der Parallaxe. Kennt man die Länge der „Basislinie" zwischen zwei Positionen und kann so die Verschiebung messen, ist die Berechnung der Entfernung bis zu 300 Lichtjahre nur noch Geometrie.

*Position der Erde im Dezember*

*Bei Parallaxe-Berechnungen ist die Basislinie der Durchmesser der Erdumlaufbahn, die 2 AE entspricht.*

*Position der Erde im Juni*

## Maßstab des Universums

Von Planeten bis zu fernsten Galaxien können Astronomen die Entfernung zu allen Himmelsobjekten messen. Sie verwenden eine „Leiter" von Methoden – Planetengeschwindigkeiten, Parallaxe, Cepheiden-Sterne und ganze Galaxien. Jede hängt von der vorhergehenden Stufe ab, damit werden Entfernungen zunehmend unzuverlässig: Die fernsten Galaxien können bis zu 30 Prozent näher und ferner sein.

*Der Randbereich der Milchstraße liegt 50 000 Lj entfernt. Dieser „nicht-lineare" Maßstab lässt die Sterne am Rand dichter gedrängt erscheinen. Aus normaler Sicht stehen die Sterne im Zentrum der Galaxis am dichtesten.*

### DAS WELTBILD DES PTOLEMÄUS

Für die alten Griechen kreisten die Sonne, der Mond und die Planeten um die Erde. Um zu erklären, warum sich die Planeten manchmal rückwärts über den Himmel bewegen, dachten sich die Griechen, dass sich jeder Planet in einem kleinen Kreis (einem Epizyklus) bewegte, der selbst die Erde umkreiste. Ptolemäus fasste diese Theorie in dem im 2. Jahrhundert n. Chr. geschriebenen *Almagest* zusammen.

### DAS WELTBILD DES KOPERNIKUS

Die ptolemäische Theorie blieb bis 1543 maßgebend, als der polnische Mönch Nikolaus Kopernikus die Sonne in den Mittelpunkt der Welt rückte. Die Kirche dagegen lehrte, dass die Erde der Mittelpunkt sei: Seine Theorie war also Ketzerei. Das war vielleicht auch der Grund, warum er sie erst am Tage seines Todes veröffentlichte.

### IM SONNENSYSTEM

Astronomen berechnen die Entfernung der Planeten aus der Geschwindigkeit, mit der sie die Sonne umkreisen. Die der Sonne am nächsten stehenden bewegen sich am schnellsten, damit sie nicht auf sie herunterstürzen. Der 58 Millionen km von der Sonne entfernte Merkur durcheilt seine Bahn mit 48 km/s. Pluto, der fast 100mal weiter weg ist, bewegt sich mit nur 4,7 km/s voran. Die Entfernung Erde–Sonne – die astronomische Einheit (AE) – ist die erste Stufe einer „Leiter" von Distanzen.

*Alpha- und Beta-Centauri scheinen am Himmel gleich hell zu leuchten, doch der helle Beta ist 100 mal weiter entfernt.*

*Beta Centauri*
*460 Lj*

*Alpha Centauri*
*4,3 Lj*

*100 Lj*

*Erde*

*Pluto*
*49,3 AE*

*1 Lj*

*Die Entfernung Sonne–Erde. 1 AE, beträgt 149,8 Millionen km.*

### LICHTJAHRE ENTFERNT

Astronomen beschreiben die gewaltigen Entfernungen zu den Sternen mit Lichtjahren. Das Licht legt in einer Sekunde 300 000 km zurück; in einem Jahr sind es 9,5 Billionen km oder 1 Lichtjahr, das entspricht 63 240 AE. Der nächste Stern, Alpha Centauri, liegt 40 Billiarden km entfernt – 4,3 Lj. Die meisten Sterne, die wir mit bloßem Auge am Himmel sehen können, liegen im Bereich bis zu 1000 Lj.

## Extragalaktische Distanzen

Die meisten Galaxien sind Millionen Lichtjahre entfernt. Astronomen bestimmen ihre Entfernungen, indem sie die scheinbare Helligkeit ihrer leuchtstärksten Sterne, der Überriesen, mit Überriesen in unserer eigenen Galaxie vergleichen. Für noch weiter entfernte Galaxien vergleichen sie die Helligkeit von Kugelhaufen – oder der ganzen Galaxie – mit näher liegenden Beispielen. Entfernungen zu den am weitesten entfernten Galaxien werden geschätzt, indem man die scheinbare Helligkeit ihrer größten Mitglieder misst.

Der Coma-Haufen ist eine Ansammlung von 5000 oder mehr Galaxien, die 300 Millionen Lj entfernt ist. Er liegt im Zentrum eines Superhaufens mit Millionen von Galaxien.

*Scheinbare Verschiebung der Position zwischen Juni und Dezember.*

*Ein naher Stern (oben links) zeigt eine größere Parallaxen-Verschiebung als ein fernerer Stern (oben rechts), wenn man sie von den entgegengesetzten Enden der Umlaufbahn der Erde betrachtet.*

*Die der Milchstraße nächste größere Ansammlung von Galaxien ist der Virgo-Haufen mit über 2000 Mitgliedern.*

Virgo-Haufen
50 Millionen Lj

*Der Andromeda-Nebel, die am nächsten gelegene größere Galaxie. Sie ist halb so groß wie die Milchstraße und das am weitesten entfernte Objekt, das mit bloßem Auge sichtbar ist.*

Andromeda-Nebel
2,3 Millionen Lj

100 Millionen Lj

### FERNERE UFER
Astronomen können die Entfernungen zu Milliarden Lichtjahre entfernten Galaxien messen. Viele Galaxien in Haufen sind viel größer und heller als unsere Milchstraße. Das Licht braucht so lange für seinen Weg zur Erde, dass die Astronomen die fernsten Haufen so sehen, wie sie waren, bevor es die Sonne und ihre Planeten gab.

Rand der Milchstraße 50 000 Lj

Große Magellansche Wolke 170 000 Lj

1 Million Lj

Kugelhaufen bis zu 100 000 Lj

Kleine Magellansche Wolke 190 000 Lj

*Die Große und die Kleine Magellansche Wolke sind die uns nächsten Galaxien. Sie umkreisen die Milchstraße und sind in südlichen Gegenden mit bloßem Auge sichtbar.*

10 000 Lj

### Die Cepheiden-Messlatte
Im Jahre 1912 untersuchte die amerikanische Astronomin Henrietta Leavitt (1868–1921) Cepheiden-Veränderliche – Sterne, deren Helligkeit sich in regelmäßigen Perioden ändert – in der Kleinen Magellanschen Wolke. Sie beobachtete, dass die Länge einer Periode die wahre Helligkeit eines Cepheiden verriet. Seither sind sie Standardkerzen, mit denen die Entfernungen zu anderen Galaxien bestimmt werden können, wenn man in ihnen Cepheiden entdeckt.

Henrietta Leavitt arbeitete am Harvard-College-Observatorium in den USA.

### STANDARDKERZEN
Wenn zwei Sterne die gleiche Menge Licht aussenden, der eine jedoch hundertmal schwächer zu leuchten scheint, muss er zehnmal weiter entfernt sein. In der Realität haben die Sterne eine unterschiedliche Leuchtkraft, doch Astronomen haben entdeckt, dass Sterne wie Cepheiden gleicher Periode und Überriesen immer die gleiche Leuchtkraft haben. Sie dienen deshalb als „Standardkerzen".

10 Lj  20 Lj  30 Lj  40 Lj  50 Lj  60 Lj  70 Lj  80 Lj  90 Lj

1 Lj    100 Lj

### KOSMISCHES MASSBAND
Das Universum ist so riesengroß, dass es schwer auf einer Seite darzustellen ist. Hier haben wir einen nicht-linearen Maßstab angelegt, der zunehmend zusammengedrängt wird: Jeder nächste Abschnitt ist hundertmal mehr zusammengedrängt als der vorige.

Die Cepheiden-Periode

Schrumpfend und am dunkelsten

Expandierend und am hellsten

Am größten

Am kleinsten

Cepheiden sind tausendmal heller als die Sonne. Dies sowie ihre periodenmäßige Zunahme und Abnahme der Helligkeit macht sie in fernen Galaxien leicht beobachtbar. Ein Astronom errechnet die absolute Helligkeit eines Cepheiden aus der Zeit, die er braucht, um von hell zu dunkel und wieder zu hell zu wechseln. Der Vergleich der scheinbaren mit der absoluten Helligkeit dieses Sterns ergibt die Entfernung zu seiner Heimatgalaxie.

# Galaxien in Bewegung

IN DEN ZWANZIGER JAHREN DES 20. JAHRHUNDERTS gelangen zwei
Durchbrüche in unserem Verständnis des Universums. Wir verdanken sie
dem amerikanischen Astronomen Edwin Hubble. Jahrhundertelang nahmen
Astronomen an, die Grenzen unseres Milchstraßensystems seien auch die
Grenzen des Kosmos. Hubble gehörte zu den ersten, die erkannten, dass
einige der verschwommenen Flecken oder „Nebel" am Himmel Galaxien
weit außerhalb unserer eigenen sind. Der zweite Durchbruch kam 1929.
Durch die Zerlegung des Lichts aus einer Galaxie in ein Spektrum konnte
Hubble nachweisen, woraus sie bestand und wie schnell sie sich bewegte.
Zu seiner eigenen Überraschung bewegten sich die meisten Galaxien von
unserer Milchstraße fort. Unsere Galaxis hat jedoch keine abstoßende
Wirkung: Es lag daran, dass das Universum selbst sich ständig
ausdehnte.

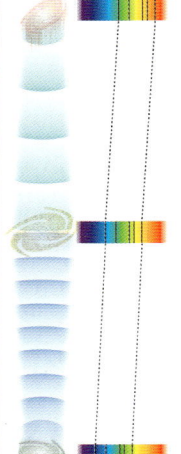

*Wenn eine Galaxie sich entfernt,
werden ihre Lichtwellen gestreckt.
Die Spektrallinien verschieben sich
zu den roten, längeren Wellen. Man
misst eine „Rotverschiebung".*

*Wenn man das Licht einer
stationären Galaxie in ein
Spektrum zerlegt, sieht man
dunkle Streifen (Spektrallinien)
bei den verschiedenen
Wellenlängen.*

*Wenn eine Galaxie näherkommt,
werden ihre Lichtwellen zusammengedrängt. Ihre Spektrallinien verschieben sich zu den kürzeren,
blauen Wellenlängen. Man misst
eine „Blauverschiebung".*

### KOSMISCHER TACHOMETER

Wenn Schall- oder Lichtwellen
von einem schnell bewegten
Objekt ausgehen, stauen sich
die Wellen in Bewegungsrich-
tung vor ihm und hinter ihm
werden sie gestreckt. Das ist
der Dopplereffekt, den jeder
kennt, der schon wahrge-
nommen hat, wie die Ton-
höhe des Martinshorns
eines Polizeiwagens sinkt,
wenn der Wagen sich von
uns fortbewegt, und
steigt, wenn er näher-
kommt.

## Expandierendes Weltall

Die meisten Galaxien, mit Ausnahme von ein paar nahen wie der
Adromeda-Nebel, bewegen sich von uns weg. Es sind aber nicht die
Galaxien, die sich aus eigenem Antrieb voneinander fortbewegen,
sondern der Raum zwischen ihnen wird unablässig größer, je weiter
das Universum expandiert. Auf dieser Folge von Schnappschüssen
des expandierenden Weltalls sehen wir Licht von drei anderen
Galaxien auf dem Weg zur Milchstraße. Je weiter die Galaxie von
uns entfernt ist, umso mehr expandierender Raum liegt zwischen
der Galaxie und uns und um so schneller fliegt sie von uns weg.
Die höhere Geschwindigkeit erzeugt eine größere
Rotverschiebung im Licht der Galaxie.

### VATER DER EXPANSION

Edwin Hubble war Anwalt, bevor er sich der Astronomie
zuwandte. Seine herausragenden astronomische Arbeiten
entstanden am Mount-Wilson-Teleskop bei
Los Angeles in Kalifornien, oft in
Zusammenarbeit mit Milton Humason –
der früher Maultiere zum hochgelegenen
Teleskop trieb.

*Edwin Hubble (1889–1953),
nach dem das Hubble-Weltraumteleskop benannt ist.*

### 3 GEGENWART
Weil die am
weitesten entfernte
Galaxie am schnellsten
davonfliegt, zeigt ihr Licht die
größte Rotverschiebung. Ihr gelbes
Licht ist zu den roten Wellenlängen hin
gestreckt worden. Das Licht der näher-
gelegenen, langsameren Galaxien ist weniger
rotverschoben – zum orangefarbenen Bereich
des Spektrums.

### 2 NAHE VERGANGENHEIT
Der leere Raum zwischen den
Galaxien expandiert, so dass sich die
Abstände zwischen den einzelnen Galaxien
vergrößern wie zwischen Punkten auf
einem Ballon, der aufgeblasen wird. Je
größer der Raum, der sich zwischen einer
Galaxie und der Milchstraße ausdehnt, desto
schneller entfernt sich die Galaxie von uns.

### 1 FERNE VER-GANGENHEIT
Lichtwellen, dargestellt als hell-
dunkel-Impulse, eilen von drei
anderen Galaxien in Richtung Milchstraße
(links). Das Licht startet mit der gelben Wellenlänge, doch
das bei uns ankommende Licht ist rotverschoben.

*Durch das Anschwellen des Raums vergrößern sich die Abstände zwischen den Galaxien. Alle Galaxien bewegen sich auseinander. Würde man in einer dieser Galaxien leben, hätte man den Eindruck, im Zentrum des expandierenden Weltalls zu sein.*

## HUBBLESCHES GESETZ

Hubble vermaß die Rotverschiebung (aus der sich die Geschwindigkeiten ergeben) und die Helligkeit (die die Entfernung ergibt) vieler Galaxien. Als er die Rotverschiebung der Galaxien in einer Grafik ihrer Helligkeit zuordnete, stellte er fest, dass die Galaxien auf einer Geraden liegen: Ihre Fluchtgeschwindigkeit war proportional zur Entfernung. Diese Entdeckung ging als Hubblesches Gesetz in die Geschichte ein. Die Expansionsrate, Hubblesche Konstante genannt, kann immer präziser berechnet werden: Man nimmt sie heute mit etwa 20 km/s je eine Million Lichtjahre an.

*Aus der Verschiebung der dunklen Spektrallinien einer Galaxie zum roten Bereich des Spektrums hin lässt sich die Fluchtgeschwindigkeit der Galaxie errechnen.*

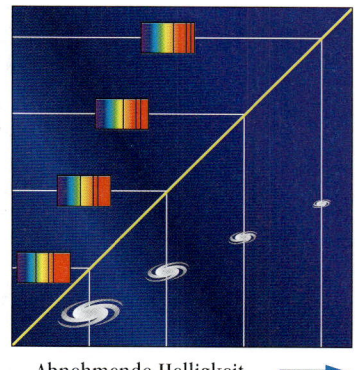

Zunehmende Rotverschiebung

Abnehmende Helligkeit

*Je kleiner und je dunkler eine Galaxie aussieht, desto weiter entfernt muss sie sein.*

## EIN RÜCKWÄRTS ABGESPULTER FILM

Nachdem Hubble 1929 die Ausdehnung des Raums entdeckt hatte, ließen Astronomen „den Film rückwärts abspulen": Verfolgt man den Prozess der Expansion in umgekehrter Richtung, ergibt sich die Schlussfolgerung, dass das Universum mit einer Explosion begann. Die Expansionsrate, die Hubblesche Konstante, verrät, vor wie langer Zeit die Explosion stattfand. Frühe Schätzungen der Expansion waren zu hoch angesetzt: Das Universum wäre danach jünger als die Erde. In den folgenden zwanzig Jahren festigte sich bei den meisten Astronomen die Überzeugung, dass das Universum mit einer großen Explosion, dem Urknall, begann.

## Steady-State-Theorie

Die Vorstellung von einem Universum mit einem einmaligen Anfang sagte nicht allen Astronomen zu. Im Jahre 1948 beschrieben Fred Hoyle, Hermann Bondi und Thomas Gold ein unveränderliches (Steady-State) Universum. Für sie hatte das Weltall nicht zwingend einen Anfang oder ein Ende. Obwohl es sich ständig ausdehnt, befindet es sich stets im Gleichgewicht — wie eine Schüssel, die durch einen tropfenden Wasserhahn immer randvoll bleibt. Der „tropfende Wasserhahn" ist in diesem Fall eine kontinuierliche Materiebildung aus Energie — alle 100 000 Jahre 1 Atom pro Kubikmeter.

### VERGANGENHEIT

Nach der Steady-State-Theorie soll der Zustand der Welt ständig gleich bleiben, obwohl sie sich ausdehnt. Hier ist das Universum zu einem bestimmten Zeitpunkt gezeigt: 18 Galaxien sind regelmäßig in ihm verstreut.

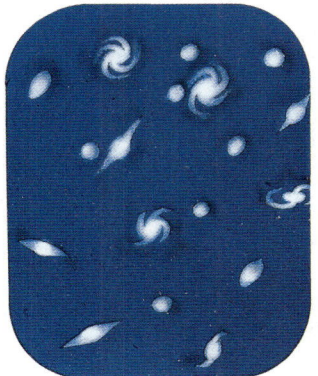

Der bekannteste des Steady-State-Trios ist der britische Kosmologe und Astrophysiker Fred Hoyle, der als erster entdeckte, wie Sterne durch die Kernfusion in ihrem Zentrum neue Elemente schaffen. Er ist auch ein Science-fiction-Schriftsteller.

*Hermann Bondi (1919–)*

*Fred Hoyle (1915–)*

*Thomas Gold (1920–)*

### GEGENWART

Hier ist noch einmal der gleiche Teil des Universums zu sehen. Es gibt 18 Galaxien, aber es sind nicht alle die gleichen wie zuvor. Die ursprünglichen Galaxien haben sich mit der Ausdehnung des Raums auseinander bewegt und neu gebildete Galaxien (orange) sind zwischen ihnen aufgetaucht.

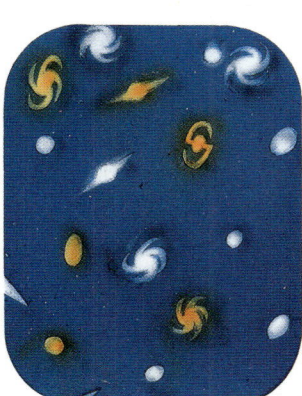

## WARUM DIE STEADY-STATE-THEORIE NICHT STIMMT

Die Steady-State-Theorie beruht auf der ständigen Neuschaffung von Materie: Das widersprach den Gesetzen der Physik. 1965 wurde die kosmische Hintergrundstrahlung entdeckt. Da sie extrem gleichförmig ist, kann es sich kaum um etwas anderes als das Nachglühen des Urknalls handeln. Doch schon vorher gab es Zweifel. Das reichliche Vorkommen von Helium passte genau in die Vorhersage des Urknalls. Und Radioastronomen hatten entdeckt, dass Galaxien in der Vergangenheit dichter zusammengedrängt waren, was bedeutet, dass das Universum nicht unveränderlich war.

### ZUKUNFT

Wieder später erscheint die Szenerie im wesentlichen unverändert. Noch mehr der ursprünglichen Galaxien (weiß) sind durch die Expansion aus dem Bild gerückt. Aber neue Galaxien (grün) sind an ihre Stelle getreten.

# Wie alt ist das Universum?

HEUTE SIND SICH DIE WEITAUS MEISTEN ASTRONOMEN über den Ursprung des Universums einig: Alle Erkenntnisse weisen auf einen heißen Urknall hin. Die Kontroverse wurde in den 1950er und 1960er Jahren darüber geführt, *wie* alles begann – mit einem Urknall oder als ein gleichbleibendes (Steady-State)-Universum. Heute geht es darum, *wann* der Kosmos anfing. Trotz der Schlagzeilen in den Zeitungen, dass Astronomen Sterne entdeckt haben sollen, die älter als das Universum sind, kommen mehrere verschiedene Methoden zur Bestimmung des Urknall-zeitpunkts zu einem erstaunlich übereinstimmenden Ergebnis, wenn man bedenkt, wie schwierig es ist, ein Ereignis zeitlich zu berechnen, das Milliarden Jahre zurückliegt.

## Wie man das Alter des Universums bestimmt

Astronomen kennen für die Altersbestimmung des Universums drei Methoden. Die erste beinhaltet das „Rückspulen" der Expansion des Universums bis zu dem Punkt, an dem es anfing, sich auszudehnen. Bei der nächsten Methode werden Meteoriten auf radioaktive Elemente untersucht, die seit dem Urknall in Sternen erzeugt worden sind und mit einer bestimmten Geschwindigkeit zerfallen. Mit der dritten wird das Alter von Sternen in alten kugelförmigen Sternhaufen unserer Milchstraße berechnet, die bald nach dem Universum geboren wurden. Keine dieser Methoden ist absolut zuverlässig, doch die Übereinstimmung in ihren Antworten ist selbst ein starker Beleg dafür, dass das Universum einen Anfang hatte. Nimmt man das Mittel von allen dreien, kommt man auf ein Alter von 15 Milliarden Jahren.

Das weitblickende Hubble-Weltraumteleskop kann die entferntesten Galaxien im Raum entdecken. Seine Hauptaufgabe ist es, das Alter unseres Universums zu bestimmen.

## NACH DER HUBBLESCHEN KONSTANTEN

Über 60 Jahre lang haben Astronomen versucht, die Expansionsgeschwindigkeit des Universums (die Hubblesche Konstante) zu berechnen, aus der sich der Zeitpunkt des Urknalls ableiten lässt. Die ersten Berechnungen ergaben ein viel zu geringes Alter. Heute können leistungsfähige Teleskope viele weit entfernte Galaxien erreichen, und Astronomen sind zuversichtlich, dass die errechnete Geschwindigkeit weitaus genauer ist. Sie ergibt ein Alter von 12 Milliarden Jahren.

## DIE BREMSWIRKUNG DER SCHWERKRAFT

Astronomen können das Alter des Universums nicht durch einfaches Rückrechnen seiner heutigen Ausdehnungs-geschwindigkeit bestimmen, denn die kosmische Expansion wird durch die Schwerkraft ständig verlangsamt: Die gegenseitige Anziehung aller Galaxien plus die Anziehungskraft der dunklen Materie bremsen die Expansion. Die von der Inflationstheorie (siehe Seite 18–19) vorgeschlagene Menge dunkler Materie ergibt ein um ein Drittel geringeres Alter als man erhält, wenn man einfach nur die heutige Fluchtgeschwindigkeit der Galaxien zurückrechnet.

*Nimmt man eine konstante Expansionsgeschwindigkeit an, würde das Alter des Universums fast 20 Milliarden Jahre betragen. Zieht man die Bremswirkung der Schwerkraft in Betracht, ist das Universum nur etwa 12 Milliarden Jahre alt.*

*Wenn wir den Film in Richtung Urknall „zurückspulen", wird das Universum immer dichter und heißer.*

*Obwohl die Galaxien sich voneinander fortbewegen, hindert die Schwerkraft innerhalb der Galaxie die in ihr stehenden Sterne daran, sich auseinander zu bewegen.*

*Das Universum besteht heute aus einem Netz von Galaxien-Superhaufen, die sich allmählich voneinander entfernen.*

*Die ersten Schätzungen der Hubbleschen Konstanten waren zehnmal höher – 200 km/s je 1 Million Lj.*

*Zur Zeit expandiert das Universum mit der von der Hubbleschen Konstanten vorgegebenen Geschwindigkeit – 20 km/s je 1 Million Lj.*

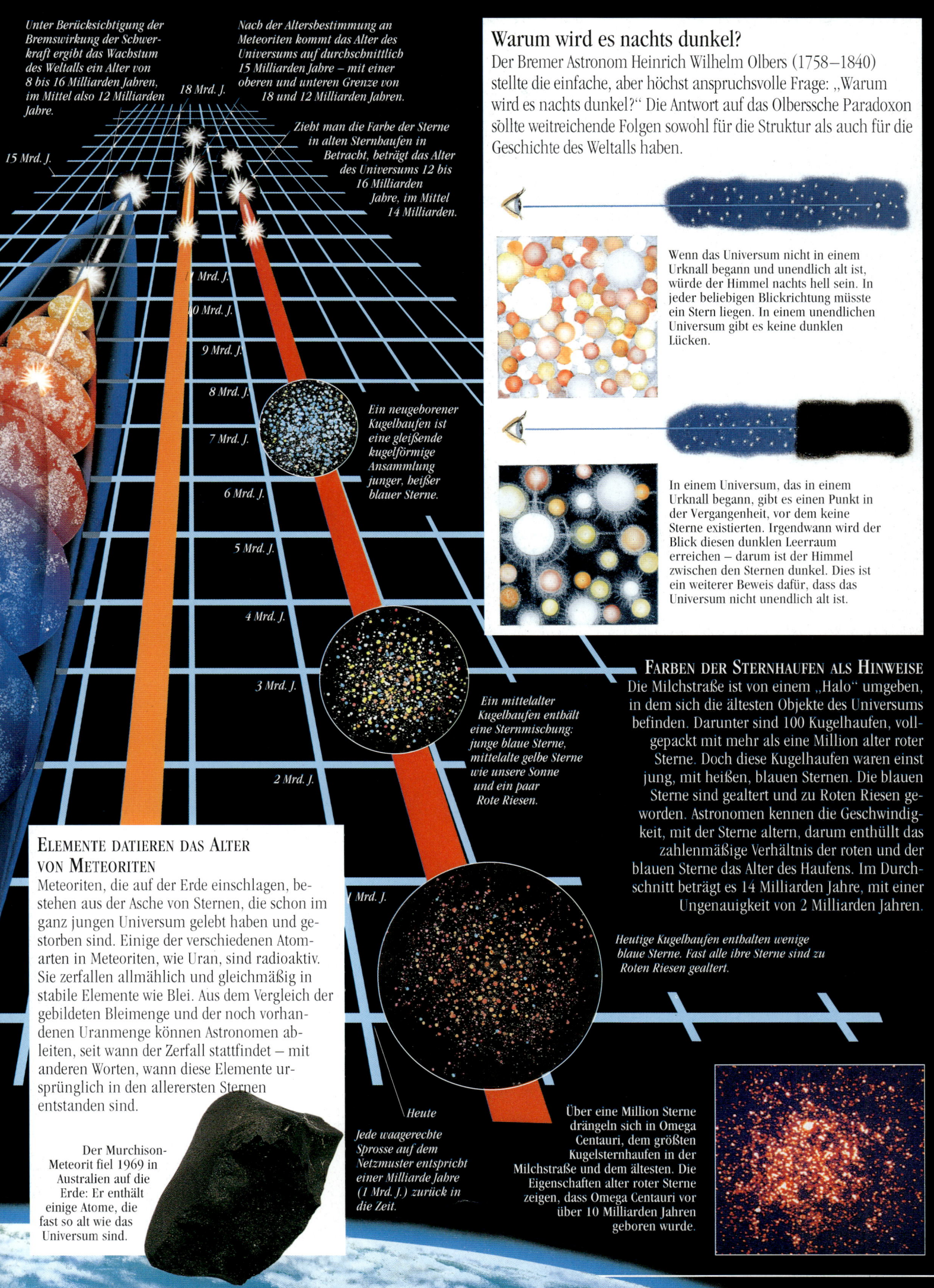

Unter Berücksichtigung der Bremswirkung der Schwerkraft ergibt das Wachstum des Weltalls ein Alter von 8 bis 16 Milliarden Jahren, im Mittel also 12 Milliarden Jahre.

Nach der Altersbestimmung an Meteoriten kommt das Alter des Universums auf durchschnittlich 15 Milliarden Jahre – mit einer oberen und unteren Grenze von 18 und 12 Milliarden Jahren.

18 Mrd. J.

15 Mrd. J.

Zieht man die Farbe der Sterne in alten Sternhaufen in Betracht, beträgt das Alter des Universums 12 bis 16 Milliarden Jahre, im Mittel 14 Milliarden.

11 Mrd. J.

10 Mrd. J.

9 Mrd. J.

8 Mrd. J.

7 Mrd. J.

6 Mrd. J.

5 Mrd. J.

4 Mrd. J.

3 Mrd. J.

2 Mrd. J.

1 Mrd. J.

*Ein neugeborener Kugelhaufen ist eine gleißende kugelförmige Ansammlung junger, heißer blauer Sterne.*

*Ein mittelalter Kugelhaufen enthält eine Sternmischung: junge blaue Sterne, mittelalte gelbe Sterne wie unsere Sonne und ein paar Rote Riesen.*

*Heutige Kugelhaufen enthalten wenige blaue Sterne. Fast alle ihre Sterne sind zu Roten Riesen gealtert.*

*Heute*

*Jede waagerechte Sprosse auf dem Netzmuster entspricht einer Milliarde Jahre (1 Mrd. J.) zurück in die Zeit.*

## ELEMENTE DATIEREN DAS ALTER VON METEORITEN

Meteoriten, die auf der Erde einschlagen, bestehen aus der Asche von Sternen, die schon im ganz jungen Universum gelebt haben und gestorben sind. Einige der verschiedenen Atomarten in Meteoriten, wie Uran, sind radioaktiv. Sie zerfallen allmählich und gleichmäßig in stabile Elemente wie Blei. Aus dem Vergleich der gebildeten Bleimenge und der noch vorhandenen Uranmenge können Astronomen ableiten, seit wann der Zerfall stattfindet – mit anderen Worten, wann diese Elemente ursprünglich in den allerersten Sternen entstanden sind.

*Der Murchison-Meteorit fiel 1969 in Australien auf die Erde: Er enthält einige Atome, die fast so alt wie das Universum sind.*

## Warum wird es nachts dunkel?

Der Bremer Astronom Heinrich Wilhelm Olbers (1758–1840) stellte die einfache, aber höchst anspruchsvolle Frage: „Warum wird es nachts dunkel?" Die Antwort auf das Olberssche Paradoxon sollte weitreichende Folgen sowohl für die Struktur als auch für die Geschichte des Weltalls haben.

Wenn das Universum nicht in einem Urknall begann und unendlich alt ist, würde der Himmel nachts hell sein. In jeder beliebigen Blickrichtung müsste ein Stern liegen. In einem unendlichen Universum gibt es keine dunklen Lücken.

In einem Universum, das in einem Urknall begann, gibt es einen Punkt in der Vergangenheit, vor dem keine Sterne existierten. Irgendwann wird der Blick diesen dunklen Leerraum erreichen – darum ist der Himmel zwischen den Sternen dunkel. Dies ist ein weiterer Beweis dafür, dass das Universum nicht unendlich alt ist.

## FARBEN DER STERNHAUFEN ALS HINWEISE

Die Milchstraße ist von einem „Halo" umgeben, in dem sich die ältesten Objekte des Universums befinden. Darunter sind 100 Kugelhaufen, vollgepackt mit mehr als eine Million alter roter Sterne. Doch diese Kugelhaufen waren einst jung, mit heißen, blauen Sternen. Die blauen Sterne sind gealtert und zu Roten Riesen geworden. Astronomen kennen die Geschwindigkeit, mit der Sterne altern, darum enthüllt das zahlenmäßige Verhältnis der roten und der blauen Sterne das Alter des Haufens. Im Durchschnitt beträgt es 14 Milliarden Jahre, mit einer Ungenauigkeit von 2 Milliarden Jahren.

Über eine Million Sterne drängeln sich in Omega Centauri, dem größten Kugelsternhaufen in der Milchstraße und dem ältesten. Die Eigenschaften alter roter Sterne zeigen, dass Omega Centauri vor über 10 Milliarden Jahren geboren wurde.

# Gekrümmter Kosmos

W O IST DAS ZENTRUM DES UNIVERSUMS? Und gibt es eine Grenze?
Diese beiden einfachen Fragen sind mit am schwersten zu beantworten.
Das Universum ist vielleicht unendlich in der Größe und geht in alle
Richtungen ewig weiter. Dann hat es keine Grenze. Außerdem gibt es keinen
bestimmten Punkt, der in der „Mitte" liegt. Astronomen nennen dies ein
offenes Universum. Doch so einfach ist der Raum nicht. Die Schwerkraft
kann die Form des Raums verzerren und ihn in eine unvorstellbare vierte
Dimension biegen. Er könnte sich sogar um sich selbst krümmen, als
geschlossenes Universum. Wissenschaftler versuchen nun, die tatsächliche
Form unseres Universums zu vermessen. Aus ihr lässt sich schließen, wie
sich das Universum weiter ausdehnen und wie
es einmal enden wird.

*Die Materie, aus denen die riesengroßen Superhaufen und Galaxienfilamente bestehen, dellt den Raum leicht ein.*

## UNSER BEOBACHTBARES UNIVERSUM

Jede Galaxie liegt im Zentrum
seines eigenen beobachtbaren
Universums, das sehr viel kleiner als
das gesamte Universum ist. Dies hier
ist das um die Milchstraße beobachtbare
Universum, das sich 13 Milliarden
Lichtjahre in den Raum ausdehnt —
nämlich so weit, wie wir in die Zeit
zurückblicken können, seit der Urknall
stattfand.

## Unser Universum: Die Außenansicht

Dies ist die Vogelperspektive aus „höherer Warte":
Wie unser Universum für ein Wesen aussehen
könnte, das außerhalb unserer Raum-Zeit lebt. Es
dehnt sich weit über das Universum hinaus, das wir
von der Milchstraße aus beobachten können. Es ist
ein offenes, unendliches Universum, ohne Zentrum
und ohne Grenze, doch leicht in einer vierten
Dimension gekrümmt. Damit es auf diese Seite
passt, mussten wir ein dreidimensionales
Universum zweidimensional darstellen.

## BEOBACHTBARES UNIVERSUM ZWEI

Eine Billionen von Lichtjahren entfernte
Galaxie wird ebenfalls in der Mitte
ihres beobachtbaren Universums
liegen. Auch dieses wird einen
Radius von 13 Milliarden
Lichtjahren haben und in
allen Himmelsrichtungen
vom Urknall begrenzt
sein. Doch die Milch-
straße liegt hinter dessen
Horizont, so wie diese
Galaxie außerhalb
unseres beobachtbaren
Universums liegt.

## ALBERT EINSTEIN ÜBER SCHWERKRAFT

Im Jahr 1915 warf Albert Einstein mit der Veröffentlichung
seiner allgemeinen Relativitätstheorie alle bestehenden
Vorstellungen von Raum und Zeit über den Haufen. Sie
besagt, dass ein massereicher Körper wie die Erde oder ein
Stern den Raum in seiner Nähe krümmt. Diese Raum-
krümmung empfinden wir als Schwerkraft. Die
Theorie sagt auch vorher, dass es eine uni-
verselle Abstoßungskraft, die „kos-
mologische Konstante" geben könnte,
die über Millionen von Lichtjahren
wirkt, doch es gibt wenig Beweise, dass
diese Kraft wirklich besteht.

Der größte Wissenschaftler des
20. Jahrhunderts arbeitete zunächst am
Patentamt in Bern, bevor er sein
epochemachendes Werk entwickelte, die
Relativitätstheorie.

*Die gekrümmten Gitterlinien veranschaulichen die Verzerrung des Raums durch die Materie.*

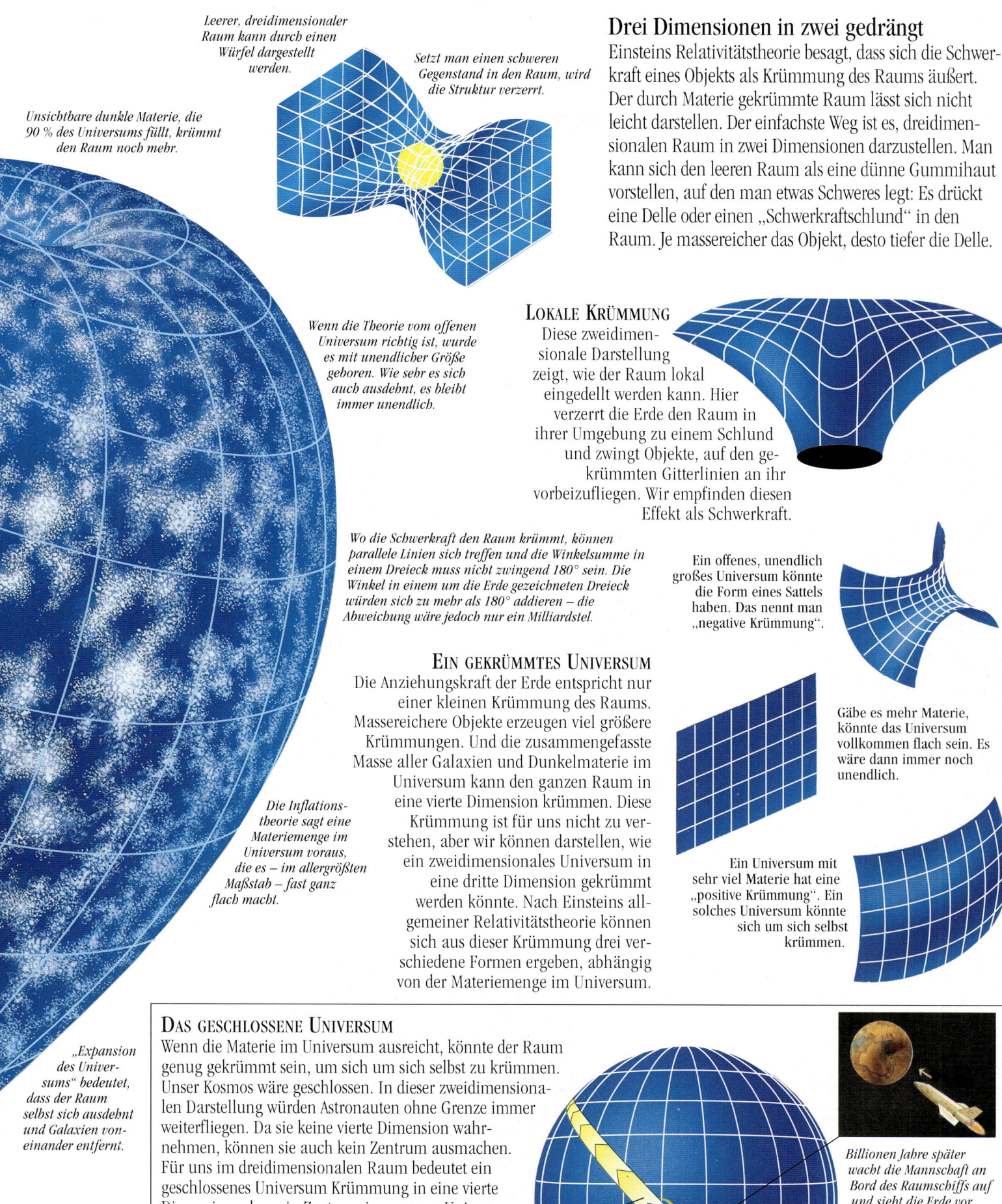

*Leerer, dreidimensionaler Raum kann durch einen Würfel dargestellt werden.*

*Setzt man einen schweren Gegenstand in den Raum, wird die Struktur verzerrt.*

*Unsichtbare dunkle Materie, die 90 % des Universums füllt, krümmt den Raum noch mehr.*

# Drei Dimensionen in zwei gedrängt

Einsteins Relativitätstheorie besagt, dass sich die Schwerkraft eines Objekts als Krümmung des Raums äußert. Der durch Materie gekrümmte Raum lässt sich nicht leicht darstellen. Der einfachste Weg ist es, dreidimensionalen Raum in zwei Dimensionen darzustellen. Man kann sich den leeren Raum als eine dünne Gummihaut vorstellen, auf den man etwas Schweres legt: Es drückt eine Delle oder einen „Schwerkraftschlund" in den Raum. Je massereicher das Objekt, desto tiefer die Delle.

*Wenn die Theorie vom offenen Universum richtig ist, wurde es mit unendlicher Größe geboren. Wie sehr es sich auch ausdehnt, es bleibt immer unendlich.*

## LOKALE KRÜMMUNG

Diese zweidimensionale Darstellung zeigt, wie der Raum lokal eingedellt werden kann. Hier verzerrt die Erde den Raum in ihrer Umgebung zu einem Schlund und zwingt Objekte, auf den gekrümmten Gitterlinien an ihr vorbeizufliegen. Wir empfinden diesen Effekt als Schwerkraft.

*Wo die Schwerkraft den Raum krümmt, können parallele Linien sich treffen und die Winkelsumme in einem Dreieck muss nicht zwingend 180° sein. Die Winkel in einem um die Erde gezeichneten Dreieck würden sich zu mehr als 180° addieren – die Abweichung wäre jedoch nur ein Milliardstel.*

*Ein offenes, unendlich großes Universum könnte die Form eines Sattels haben. Das nennt man „negative Krümmung".*

## EIN GEKRÜMMTES UNIVERSUM

Die Anziehungskraft der Erde entspricht nur einer kleinen Krümmung des Raums. Massereichere Objekte erzeugen viel größere Krümmungen. Und die zusammengefasste Masse aller Galaxien und Dunkelmaterie im Universum kann den ganzen Raum in eine vierte Dimension krümmen. Diese Krümmung ist für uns nicht zu verstehen, aber wir können darstellen, wie ein zweidimensionales Universum in eine dritte Dimension gekrümmt werden könnte. Nach Einsteins allgemeiner Relativitätstheorie können sich aus dieser Krümmung drei verschiedene Formen ergeben, abhängig von der Materiemenge im Universum.

*Die Inflationstheorie sagt eine Materiemenge im Universum voraus, die es – im allergrößten Maßstab – fast ganz flach macht.*

*Gäbe es mehr Materie, könnte das Universum vollkommen flach sein. Es wäre dann immer noch unendlich.*

*Ein Universum mit sehr viel Materie hat eine „positive Krümmung". Ein solches Universum könnte sich um sich selbst krümmen.*

## DAS GESCHLOSSENE UNIVERSUM

Wenn die Materie im Universum ausreicht, könnte der Raum genug gekrümmt sein, um sich um sich selbst zu krümmen. Unser Kosmos wäre geschlossen. In dieser zweidimensionalen Darstellung würden Astronauten ohne Grenze immer weiterfliegen. Da sie keine vierte Dimension wahrnehmen, können sie auch kein Zentrum ausmachen. Für uns im dreidimensionalen Raum bedeutet ein geschlossenes Universum Krümmung in eine vierte Dimension, ohne ein Zentrum in unserem Universum.

*„Expansion des Universums" bedeutet, dass der Raum selbst sich ausdehnt und Galaxien voneinander entfernt.*

*Eine Rakete startet von der heutigen Erde in gerader Linie. Die Besatzung, die tiefgefroren ist, bis sie an ein interessantes Ziel gelangt, will die Grenzen des Alls erkunden.*

*Billionen Jahre später wacht die Mannschaft an Bord des Raumschiffs auf und sieht die Erde vor sich! Sie haben das ganze Universum umschifft.*

*Ein geschlossenes Universum ist endlich – es dehnt sich nicht in alle Ewigkeit aus – und doch hat es keine Grenzen.*

# Ferne Zukunft

ES MAG KÜHN, wenn nicht sogar waghalsig erscheinen, eine Vorhersage für die ferne Zukunft des Universums zu wagen. Dennoch ist dieser Blick in die Kristallkugel nicht ganz so anmaßend, wie es scheint, denn das Schicksal des Universums war bereits zum Zeitpunkt des Urknalls besiegelt, als die kosmische Uhr zu ticken begann. Entscheidende Parameter, die in den ersten Sekundenbruchteilen festgesetzt wurden – wie die Expansionsrate und die Menge der dunklen Materie – bestimmten die Zukunft des Universums.

## OFFENE ODER GESCHLOSSENE ZUKUNFT

Enthält das Universum nur sehr wenig Materie, ist es offen: Es ist in alle Richtungen unendlich und wird sich ewig ausdehnen. Wenn genug Materie vorhanden ist, damit das Universum sich um sich selbst krümmt, ist es geschlossen: Das Universum wird sich weiter ausdehnen, aber die Schwerkraft der Materie wird es irgendwann in sich zusammenstürzen lassen. Die Inflationstheorie sagt eine „kritische Dichte des Universums" voraus: jenen Wert, bei dem gerade genug Materie vorhanden ist, um die Inflation zu verlangsamen, aber nicht umzukehren.

## Zukunft eines offenen Universums

Ein offenes Universum wird sich in alle Ewigkeit weiter ausdehnen und dabei abkühlen. Es mag wie Unsterblichkeit klingen, aber in Wirklichkeit ist es ein langsames, unaufhörliches Sterben. In Milliarden von Jahren werden alle Sterne in allen Galaxien sterben. Selbst die supermassiven Schwarzen Löcher in den Zentren der Galaxien werden nicht ewig überdauern. Schließlich wird unser frostiger dunkler Kosmos die Heimat einer winzigen Hand voll subatomarer Teilchen sein, verstreut in der Unendlichkeit.

*Die Milchstraße ist heute in ihren besten Jahren. Noch immer werden Sterne geboren, und in ihrer Umgebung ist genug Staub und Gas für weitere Sterngeburten in der Zukunft.*

*Das offene Universum nach 10 Billionen Billionen ($10^{25}$) Jahren: Die Milchstraße hat sich in einen Friedhof voller Sternleichen aufgelöst – Neutronensterne, Schwarze Löcher und Weiße Zwerge –, die ein zentrales supermassives Schwarzes Loch umkreisen. Irgendwann stürzen die Leichen in das zentrale Schwarze Loch oder werden weit weggeschleudert.*

*Hundert Billionen ($10^{14}$) Jahre nach dem Urknall hat die Milchstraße all ihr Rohmaterial verbraucht. Die gasreichen Spiralarme sind verschwunden. Sterne sterben; viele sind schon erloschen.*

## TOD DER SONNE

Mit einem Alter von 5 Milliarden Jahren ist unsere Sonne ein mittelalter Stern. Sie leuchtet, weil sie in ihrem Kern Wasserstoff in Helium umwandelt – eine nukleare Reaktion, bei der Energie frei wird. Doch nach weiteren 5 Milliarden Jahren wird die Sonne keinen Brennstoff mehr haben. Ihr erloschener Kern wird schrumpfen und immer heißer werden, bis ihre äußeren Hüllen sich aufblähen und abkühlen. Sie wird ihre inneren Planeten Merkur und Venus verschlingen; und selbst wenn sie die Erde nicht auch verschlingt, wird die Hitze ihrer näherkommenden Oberfläche die Ozeane und die Atmosphäre verdampfen lassen. Spätestens dann wird das Leben auf der Erde unweigerlich enden.

*Das Ende: Ein sterbender Stern, der seine aufgeblähten äußeren Hüllen langsam abgestoßen hat. Der Kern wird ein Weißer Zwerg in der Mitte werden.*

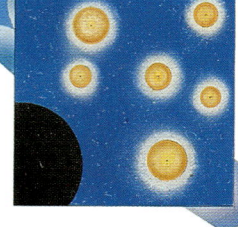

*Das geschlossene Universum: Nach 13 Billionen Jahren wird die Expansion enden und das Universum in sich zusammenstürzen. Dreizehn Milliarden Jahre vor dem Kollaps hat das Universum wieder seine heutige Größe erreicht. Das überschwere Schwarze Loch in einer alternden Milchstraße ist von sterbenden, alten roten Sternen umgeben.*

## DIE PROTONEN VERSCHWINDEN

Die Zukunft des offenen Universums kann aber auch anders verlaufen, wenn eine der Vorhersagen aus der Großen Vereinheitlichten Theorie (GUT) richtig ist. Sie geht davon aus, dass Protonen und Neutronen nicht stabil sind. Nach $10^{33}$ Jahren werden sie zerfallen und daraus bestehende Objekte verschwinden.

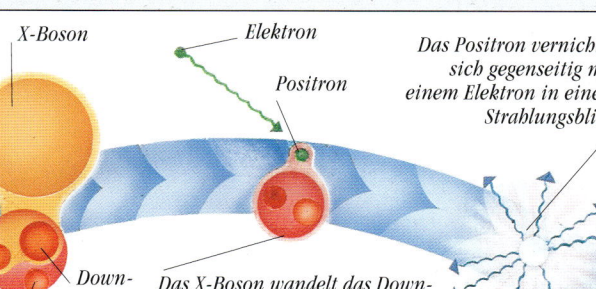

X-Boson

Elektron

Positron

Das X-Boson wandelt das Down-Quark in ein Positron (Antielektron) und ein Up-Quark in ein Antiquark um.

Down-Quark

Up-Quarks

Das Positron vernichtet sich gegenseitig mit einem Elektron in einem Strahlungsblitz.

Wenn Protonen und Neutronen zerfallen, werden Weiße Zwerge und Neutronensterne schrumpfen und in einem Strahlungsblitz enden, bevor die supermassiven Schwarzen Löcher verdunstet sind. Doch das endgültige Schicksal des Universums bleibt unverändert.

Weiße Zwerge (die aus Protonen, Neutronen und Elektronen bestehen) und Neutronensterne (aus Neutronen bestehend) sind dem Tod geweiht, wenn Protonen und Neutronen nicht stabil sind.

Ein Proton besteht aus zwei Up-Quarks und einem Down-Quark. GUT sagt voraus, dass ein X-Boson erscheinen kann und gerade lange genug lebt, um die Struktur des Protons zu ändern.

Das übriggebliebene Teilchenpaar, das Up-Quark und das Antiquark, vernichten sich rasch, und das Proton ist verschwunden. Neutronen werden ähnlich zerfallen.

Nichts dauert ewig. Weiße Zwerge und Neutronensterne, obwohl sie beharrlich stabil sind, mögen noch $10^{10^{77}}$ Jahren ausharren, bevor sie zu Schwarzen Löchern kollabieren. Auch diese Schwarzen Löcher verdampfen und beenden ihr schier unendlich langes Leben in einem Strahlungsblitz.

Selbst Schwarze Löcher sterben. Sie „verdampfen" allmählich und nach etwa $10^{100}$ Jahren geht ein überschweres Schwarzes Loch in einem Strahlungsblitz auf. Nach konventionellen Theorien werden die Neutronensterne und Weißen Zwerge in seiner Umgebung überleben.

Das offene Universum wird in alle Ewigkeit als bitterkalte, expandierende Leere bestehen. Ein paar spärlich verstreute Elektronen und Positronen, zusammen mit Neutrinos und WIMPs, schweben in seinen leeren Weiten. Sie alle sind das unvorstellbar weit entfernte Vermächtnis des Urknalls.

Wenn sich das Universum zusammenzieht, werden Galaxien miteinander verschmelzen. Drei Millionen Jahre vor dem „Endknall" hat sich die Hintergrundstrahlung auf 20 °C erhitzt; Nächte sind nicht mehr kalt.

Bleiben noch 100 000 Jahre bis zum Endknall, ist die Temperatur der Hintergrundstrahlung so sehr gestiegen, dass der Himmel heißer als die Sterne ist. Sterne verkochen von außen.

Der Endknall

Noch 3 Minuten

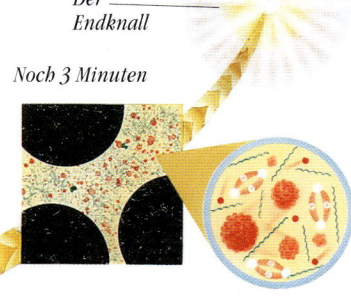

In den letzten drei Minuten verschmelzen supermassive Schwarze Löcher in den Zentren von Galaxien.

Strahlung sprengt die Atomkerne: Bevor sie eine Teilchensuppe bilden, werden sie von Schwarzen Löchern verschluckt.

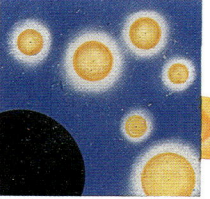

Noch 3 Millionen Jahre

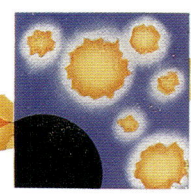

Noch 100 000 Jahre

## COUNTDOWN DES ENDKNALLS

Wenn genug Materie vorhanden ist, können die Schwerkraftbremsen das Universum zu einem Endknall verdammen. Astronomen wissen nicht, wie viel Materie es gibt, darum können sie auch nicht sagen, *wann*, wenn überhaupt, der Wendepunkt zwischen Expansion und Kollaps erreicht sein wird. Doch sie können errechnen, was während des Countdowns bis zum Endknall passieren würde. Es ist fast wie ein umgekehrter Urknall, nur die letzten Momente könnten anders verlaufen. Während es im Urknall nur Schwarze Minilöcher gab, hat das kollabierende Weltall supermassive Schwarze Löcher, die bis zum bitteren Ende überleben werden; das Universum kann dann in seinem eigenen Schwarzen Megaloch verschwinden.

# Andere Urknalle

W IR HALTEN UNSER UNIVERSUM für die Gesamtheit von allem, was existiert. Doch wenn unser Universum entstanden ist, warum nicht auch andere? Könnten wir aus unserem Universum heraustreten und wären Dimensionen kein Problem, würden wir vielleicht eine Unmenge anderer, jede Dimension füllende Universen sichten. Nach einer bizarren Vorhersage der modernen Physik können Universen spontan entstehen, dann aber augenblicklich wieder verschwinden. Nichts kann dieses Geschehen verhindern, wenn die Nettomenge der Energie in einem Universum Null beträgt – weil sich die positive Energie aller in ihm enthaltenen Materie im Gleichgewicht mit der von der Schwerkraft erzeugten negativen Energie befindet.

*Plötzlich bläht sich unser Universum enorm auf und treibt sich selbst in eine dramatische Phase beschleunigten Wachstums. Danach ist seine Existenz garantiert.*

*Unser eigenes Universum (blau) entwickelt sich weiter als all seine Geschwister und wächst unaufhaltsam.*

## Blasen aus dem kosmischen Schaum

Blickt man von einem Flugzeug auf den Ozean, sieht seine Oberfläche glatt aus. Betrachtet man sie jedoch von einem Segelboot aus, ist die Perspektive völlig anders: Es gibt riesige Wellen, Strudel und jede Menge heftiger Vorgänge. Und genauso ist es auch mit dem Raum. Im Kleinsten gesehen – etwa $10^{33}$ cm oder weniger als ein Billionstel Billionstel der Größe eines Atoms – sprudelt und brodelt es wie in einem überdimensionalen Schaumbad. Diesem kosmischen Schaum könnten unzählige Baby-Universen entsprungen sein, die sich wie Blasen aus dem Nichts bilden. Die meisten beginnen zu expandieren, kommen aber nicht sehr weit damit; sie haben noch nicht einmal die Größe eines Protons erreicht, dann ziehen sie sich schon wieder zusammen und verschwinden in einem Sekundenbruchteil. Jedes für sich ist ein winziges geschlossenes Universum. Wenn ein Universum es jedoch schafft, in die Inflation überzugehen – wie hier die blauen und grünen Universen –, hat es eine lange Zukunft vor sich.

*Dem multi-dimensionalen kosmischen Schaum entspringen ständig neue Baby-Universen. Die meisten expandieren einen Sekundenbruchteil, bevor sie kollabieren und verschwinden.*

### STEPHEN HAWKINGS UNIVERSUM

Dem britischen Physiker Stephen Hawking zufolge bestand das Universum zunächst aus vier Dimensionen, doch ohne die Dimension Zeit – und ohne Zeit kann es keine Ver-änderung geben. Doch eine der Raumdimensionen verwandelte sich spontan in Zeit. Damit erhielt das Universum die Möglichkeit, sich zu verändern und zu entwickeln. In dieser zweidimensio-nalen Darstellung beginnt das Universum mit drei Raumdimensionen. Eine wird zur Zeit, und damit beginnt das Universum zu expandieren und sich zu ent-wickeln.

*Nun kann sich das Universum ver-ändern und weiter-entwickeln.*

*Dieses zweidimen-sionale Universum beginnt mit drei Raumdimensionen und keiner Zeit-dimension. Es kann sich darum nicht verändern.*

*Diese Raum-dimension wird zur Zeit.*

*Wenn eine der Raum-dimensionen zur Zeit wird – als Folge von Fluktuationen, die in sehr kleinem Maßstab stattfinden – ist das Universum geboren und beginnt sich auszudehnen.*

*Unveränderliches Universum*

## Andere Anfänge

Blasen aus dem kosmischen Schaum und Hawkings Theorie sind nur zwei Möglichkeiten, wie ein Universum nach den neuesten Theorien der Physik und der Astronomie entstehen kann. Hier noch zwei weitere Ideen zur Bildung von Universen.

### OSZILLIERENDES UNIVERSUM

Ein Universum könnte auch aus den Trümmern eines früheren Universums wie ein Phönix aus der Asche hervorgehen. Nach der „Theorie vom oszillierenden Kosmos" stürzt ein geschlossenes Universum in einem Endknall in sich zusammen. Statt einfach nur zu verschwinden, kommen die Materie und Energie als neuer Urknall mit ganz anderen Eigenschaften als sein Vorgänger zurück. Der Zyklus kann sich ständig wiederholen.

*Ein geschlossenes Universum kollabiert und beendet sein Leben in einem Endknall.*

*Der Endknall erzeugt einen Urknall und ein völlig neues Universum entsteht.*

### DIE KONSTRUKTIVE SEITE SCHWARZER LÖCHER

Schwarze Löcher gehören zu den mörderischsten Bewohnern unseres Universums: Nichts kann ihrer Anziehungskraft entkommen. Ihre Schwerkraft verformt den Raum so sehr, dass Sterne und Gasmassen in die Schwerkraftschlünde stürzen – und für immer verschwinden. Doch Schwarze Löcher können auch eine konstruktive Seite haben. Nach einer Theorie kann Materie, die von einem Schwarzen Loch verschlungen wird, aus dem Grund des Schlunds „knospen" und ein neues Universum bilden.

*Das Baby-Universum wächst.*

*Ins Schwarze Loch gesogene Materie „erblüht neu".*

*Schwerkraftschlund eines Schwarzen Lochs.*

*Ein neues Universum könnte aus einem Schwarzen Loch „knospen", angetrieben von der durch die starke Schwerkraft des Schwarzen Lochs erzeugten Energie.*

### INFLATION IST FÜR DEN ERFOLG UNABDINGBAR

Die meisten Universen, die sich als Blasen aus dem Urschaum erheben, verschwinden so schnell, wie sie gekommen sind. Nur wenn sie es schaffen, sich aufzublähen, werden sie von Dauer sein. Das grüne Universum (rechts) war erfolgreich, wird aber nicht zwingend zu einem dem unseren ähnlichen Universum werden. Mit anderen Kräften und Teilchen könnte es einige unvorstellbar fremdartige Objekte schaffen. Eines Tages könnte unser expandierendes Universum mit einem solchen Universum zusammenstoßen. Keiner kann voraussagen, was dabei passieren wird.

### WARUM DAS UNIVERSUM FÜR UNS RICHTIG IST

Selbst wenn andere Universen existieren, ist unseres doch ein besonderes: Die hier herrschenden Bedingungen sind für uns gerade richtig. Das ist erstaunlich, denn die Naturkräfte sind genauestens ausbalanciert: Wird eine auch nur geringfügig geändert, könnte kein intelligentes Leben entstehen. Wenn zum Beispiel die Schwerkraft stärker gewesen wäre, würden die Sterne zu kurzlebig sein, als dass die Zeit für die Entwicklung des Lebens auf ihren Planeten gereicht hätte. Nach dem „anthropischen Prinzip" kommen diese Kräfte in jedem Urknall willkürlich zusammen. Die meisten Universen beginnen voll unstabiler Materie; nur in verschwindend wenigen sind die Bedingungen für die Entwicklung von Leben geeignet. Dass wir hier sind und versuchen, das Geschehen im Urknall zu enträtseln und die Komplexität des Kosmos zu ergründen, ist vielleicht mehr als ein höchst unwahrscheinlicher Zufall.

# Schwarze Löcher

Sᴛᴇ sɪɴᴅ ᴅɪᴇ ɢᴇʜᴇɪᴍɴɪsᴠᴏʟʟsᴛᴇɴ Phänomene im Kosmos. Und die furchtbarsten: Sie gebieten über die Entwicklung riesiger Galaxien und könnten auch über das endgültige Schicksal des Weltalls bestimmen. Aber niemand hat je eines von ihnen gesehen.

Schwarze Löcher — das klingt nach Sciencefiction. Für die Astronomen aber sind sie ebenso wirklich wie Sonne, Mond und Sterne. Die Herausforderung besteht darin, sie aufzuspüren und mehr über ihre seltsamen Eigenschaften zu erfahren. Wird schließlich alles in ein Schwarzes Loch fallen? Sind sie Tunnel in andere Universen? Werden sie uns ermöglichen, durch die Zeit zu reisen?

Dieser Abschnitt des Buchs befasst sich mit der geheimnisvollen Welt dieser bodenlosen kosmischen Abgründe. Von der Supernova-Explosion, die ein Schwarzes Loch entstehen lässt, über ihre unglaubliche Anziehungskraft und die Materie, die in sie hineinstürzt, bis hin zu der möglichen Vernichtung unseres Universums, erkundet dieser Teil das häufig widersprüchlich erscheinende Verhalten der Schwarzen Löcher. Gleichzeitig wird erklärt, wie Schwerkraft ihre Energie entstehen lässt und wie Schwarze Löcher die Struktur des Alls selbst verzerren. Und es gibt Einblicke in einige der interessantesten Gebiete heutiger Erforschung Schwarzer Löcher: geheimnisvolle „Machos", Schwerkraftwellen, „Baby-Galaxien" und Wurmlöcher.

# Schwarzes Loch voraus

SIE SIND DIE GEHEIMNISVOLLSTEN OBJEKTE im Kosmos. Die alles verschlingenden, an geheimen Orten lauernden Monster sind zugleich die schrecklichsten. Sie liefern die Energie für die Geburt junger Galaxien und könnten Einfluss auf das Schicksal des ganzen Universums haben. Sie sind vielleicht sogar die Eingangstore zu anderen, weit von uns entfernten Welten. Doch trotz ihrer bizarren Eigenschaften hat sie noch niemand je gesehen. Schwarze Löcher. Sciencefiction-Stoff. Doch für Astonomen existieren sie wirklich – so wie die Sonne, der Mond und die Sterne – auch wenn sie unsichtbar sind. Dieses Buch untersucht die geheime Welt der Schwarzen Löcher, eine Zone des Zwielichts am äußersten Rande von Raum und Zeit.

Ein ferner Quasar – eine junge, aktive Galaxie – schleudert scharf gebündelte Strahlen heißen Gases aus seinem grell strahlendem Kern in den Raum. Ein supermassives Schwarzes Loch, so vermutet man, liefert die Energie dafür.

Die gewaltige Schwerkraft eines Schwarzen Lochs schafft kosmische Trugbilder. Hier hat sie das Licht einer hinter ihr liegenden Galaxie gekrümmt. Die Galaxie erscheint näher, größer und in zwei Hälften geteilt.

Die Bezeichnung Schwarze Löcher ist sehr anschaulich. Das „Schwarze Loch von Kalkutta" war im Indien des 18. Jahrhunderts ein Raum, der für drei Gefangene gedacht war. Als man aber einmal 46 hineinzwängte, starben 24 von ihnen. So wie in seinem astronomischen Gegenstück wurde viel Masse in einem kleinen Raum konzentriert, aus dem es kein Entrinnen gab.

Eine Galaxie, die nicht hinter dem Schwarzen Loch liegt, sieht unverzerrt aus. Die Galaxie selbst kann Millionen Schwarzer Löcher enthalten.

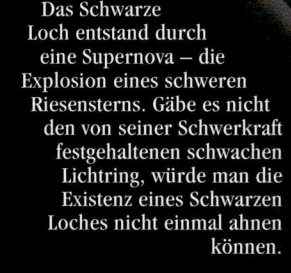

Das Schwarze Loch entstand durch eine Supernova – die Explosion eines schweren Riesensterns. Gäbe es nicht den von seiner Schwerkraft festgehaltenen schwachen Lichtring, würde man die Existenz eines Schwarzen Loches nicht einmal ahnen können.

## Das Unsichtbare sehen

Schwarze Löcher gibt es seit Beginn aller Zeit – doch wussten wir nichts von ihnen, bis Astronomen neue Wege zur Beobachtung des Weltalls beschritten. Anstatt nur mit Licht erforschen Astronomen heute den Weltraum mit anderen Wellenlängen. Radiowellen, Infrarot, Ultraviolett, Röntgenstrahlen, Gammastrahlen – diese unsichtbaren Strahlungen haben Informationen über zuvor unbekannte und dramatische Ereignisse im All geliefert. Mit Ausnahme der allerkleinsten senden Schwarze Löcher keine messbare Strahlung aus, doch die Wirkung ihrer Schwerkraft bestimmt das Geschehen in ihrer Umgebung.

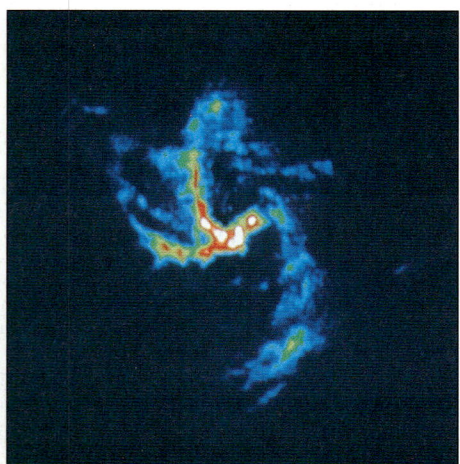

Auf dem von einem Radioteleskop aufgenommenen Falschfarbenbild ist im Zentrum unserer Milchstraße ein Gebiet mit einem Durchmesser von 20 Lichtjahren zu erkennen. Es zeigt einen Ring heißen Gases, der sich um etwas dreht – vermutlich ein gewaltiges Schwarzes Loch.

*Bruchstücke von Planeten, deren Bahnen so weit von dem Schwarzen Loch entfernt sind, können seiner gigantischen Anziehung entkommen.*

## Von winzig bis superschwer

Schwarze Löcher gibt es in allen Größen. Die häufigsten, denen zukünftige Raumfahrer vermutlich begegnen werden, wiegen soviel wie 10 Sonnen. Diese Löcher sind die Überreste von Supernovä – den Explosionen von massereichen Sternen. Dann gibt es superschwere Schwarze Löcher, die sich in den Zentren von Galaxien bilden. In den Anfängen des Universums entstanden, haben sie seither 15 Milliarden Jahre Zeit gehabt, alles zu verschlingen, was ihnen zu nahe kam. Die größten, viele Milliarden Sonnenmassen schwer, trieben die damals heftige Aktivität von Quasaren an, das heißt von Galaxien im Babyalter. Heute lauern diese supermassiven Schwarzen Löcher unsichtbar in den Zentren vieler dieser scheinbar friedlichen Galaxien. Und als entgegengesetztes Extrem vermuten Wissenschaftler, dass es zahllose winzige Schwarze Löcher gibt, klein wie Atome. Diese bei der Geburt des Universums entstandenen Löcher sind seither ständig kleiner geworden.

*Zwischen den Milliarden Sternen unsrer Milchstraße könnten Millionen Schwarze Löcher lauern.*

*Das zweite der verzerrten Bilder einer einzigen Galaxie*

*Trümmer eines Planeten, die so nahe herankommen, werden schließlich in das Schwarze Loch hineingesogen.*

Eine riesige Explosion zeugt vom Vorbeiziehen eines Schwarzen Minilochs – das so schwer wie ein Gebirge, aber so klein wie ein Atom ist. Diese Art Schwarzes Loch verliert Energie und explodiert am Ende seiner Existenz mit einem Strahlungsausbruch.

## Der Stern, der ein Schwarzes Loch wurde

Diese düstere Szene zeigt die Nachwirkungen einer gigantischen Supernova, die einen Stern zerstörte und seine Planeten zertrümmerte. Aus den Überbleibseln des Sterns wurde ein Schwarzes Loch, umkreist von den Bruchstücken seiner ehemaligen Planeten. Wenn sie dem Schwarzen Loch zu nahe kommen, werden sie von seiner Schwerkraft unweigerlich aufgesogen. Weiter draußen sieht es anders aus. Obwohl Schwarze Löcher den Ruf haben, sich alles einzuverleiben, wird ihre Anziehungskraft doch mit der Entfernung schwächer. Man kann ziemlich nahe herangeraten und dennoch sicher sein.

# Eine Geburt im Feuer

SCHWARZE LÖCHER SIND DAS DUNKELSTE, was es im Kosmos gibt. Doch die meisten beginnen als hell strahlende Sterne. Beide verdanken ihre Existenz der unwiderstehlichen Schwerkraft. Sterne bilden sich aus den dünn verteilten Staub- und Gasatomen, die durch das Weltall wirbeln. Im Laufe von Jahrmilliarden klumpen diese Atome allmählich zu dichten Wolken zusammen, die schließlich unter ihrer eigenen Schwerkraft zusammenstürzen. Doch der Kollaps setzt sich nicht unendlich fort, um ein Schwarzes Loch zu bilden: Andere Kräfte kommen ins Spiel und wirken der Schwerkraft entgegen. Wie die in einer Fahrradpumpe komprimierte Luft – doch in einem wesentlich grandioseren Maßstab – heizen sich Staub und Gas in der Wolke allmählich auf, bis im Zentrum ein nukleares Feuer zündet. Das Endresultat ist ein hell leuchtender Stern.

Die Plejaden sind erst 60 Millionen Jahre alte Sterne, die noch in dem „Nest", in dem sie geboren wurden, zusammengedrängt sind.

## Geburtsstätte von Sternen

Im Innersten einer dunklen kosmischen Wolke beginnen Gase (vor allem Wasserstoff) und winzige Staubteilchen zu kondensieren, wie Tropfen in einer Regenwolke. Unter der Schwerkraft verdichten sich die kleinen Wolken: Sie werden heißer und bilden „Protosterne".

### JUGENDZEIT

Ein Protostern ist von einer Scheibe aus sich ansammelnden Gas- und Staubmassen (in diesem Querschnitt horizontal) umgeben. Wenn sein Kern 10 Millionen °C heiß ist, setzt die Kernfusion ein. Dabei wird Wasserstoff in Helium umgewandelt. Der Stern beginnt zu strahlen.

*Nach 5 Milliarden Jahren steht ein Stern wie unsere Sonne in der Mitte seines Lebens.*

*Die Sonne wird noch weitere 5 Milliarden Jahre Wasserstoff in Helium umwandeln.*

*Der junge Stern kommt zur Ruhe.*

*Heiße Gasfontänen brechen hervor und sprengen die Scheibe zum größten Teil weg.*

*Noch verbleibende Gase und Staub können Planeten bilden.*

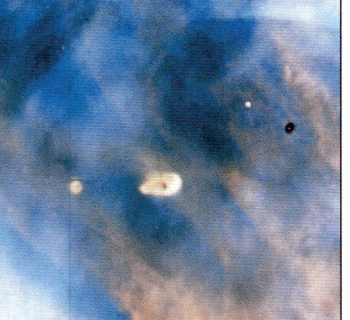

Das *Hubble Space Telescope* sah diese jungen, von Staubscheiben umgebenen Sterne im Orionnebel. Sie könnten Sonnensysteme im Entstehen sein.

*Ein sich schnell drehender Protostern teilt sich in zwei Hälften.*

### ENGE PARTNER

Die meisten Sterne bilden sich zu zweit und bleiben auch zusammen, von ihrer Schwerkraft gegenseitig gehalten. Doppelsternsysteme spielen bei der Suche nach Schwarzen Löchern eine große Rolle: Man kann ein Schwarzes Loch zwar nicht sehen, doch lässt sich beobachten, wie es seinen Partner beeinflusst.

## Im Gleichgewicht

Ein Stern wie unsere Sonne verbringt die meiste Zeit seines Lebens in einem unglaublich fein ausbalancierten Zustand. Die Schwerkraft wirkt stets nach innen und hält den Stern zusammen. Gleichzeitig verhindert die durch die Kernfusionsvorgänge im Innern nach außen strömende Energie, dass der Stern kollabiert. Dieses empfindliche Gleichgewicht kann Milliarden Jahre bestehen.

## Die Schwerkraft siegt

Weiße Zwerge sind ein Sieg der Schwerkraft. Sie sind die geschrumpften Leichen von Sternen. Wenn Sternen der Brennstoff ausgeht, quetscht die Schwerkraft sie zusammen, bis die Teilchen in ihrem Innern nicht mehr enger gepackt werden können. Die meisten Sterne, darunter auch unsere Sonne, werden als Weiße Zwerge enden.

Je schwerer ein Weißer Zwerg, desto kleiner ist er: Die Schwerkraft drückt ihn immer mehr zusammen.

Eine Schicht dichter Gase umgibt einen noch dichteren festen Kern. Für Weiße Zwerge gibt es eine Gewichtsgrenze: höchstens die 1,4fache Sonnenmasse.

Eine Streichholzschachtel voll Materie eines Weißen Zwerges würde soviel wiegen wie ein Elefant!

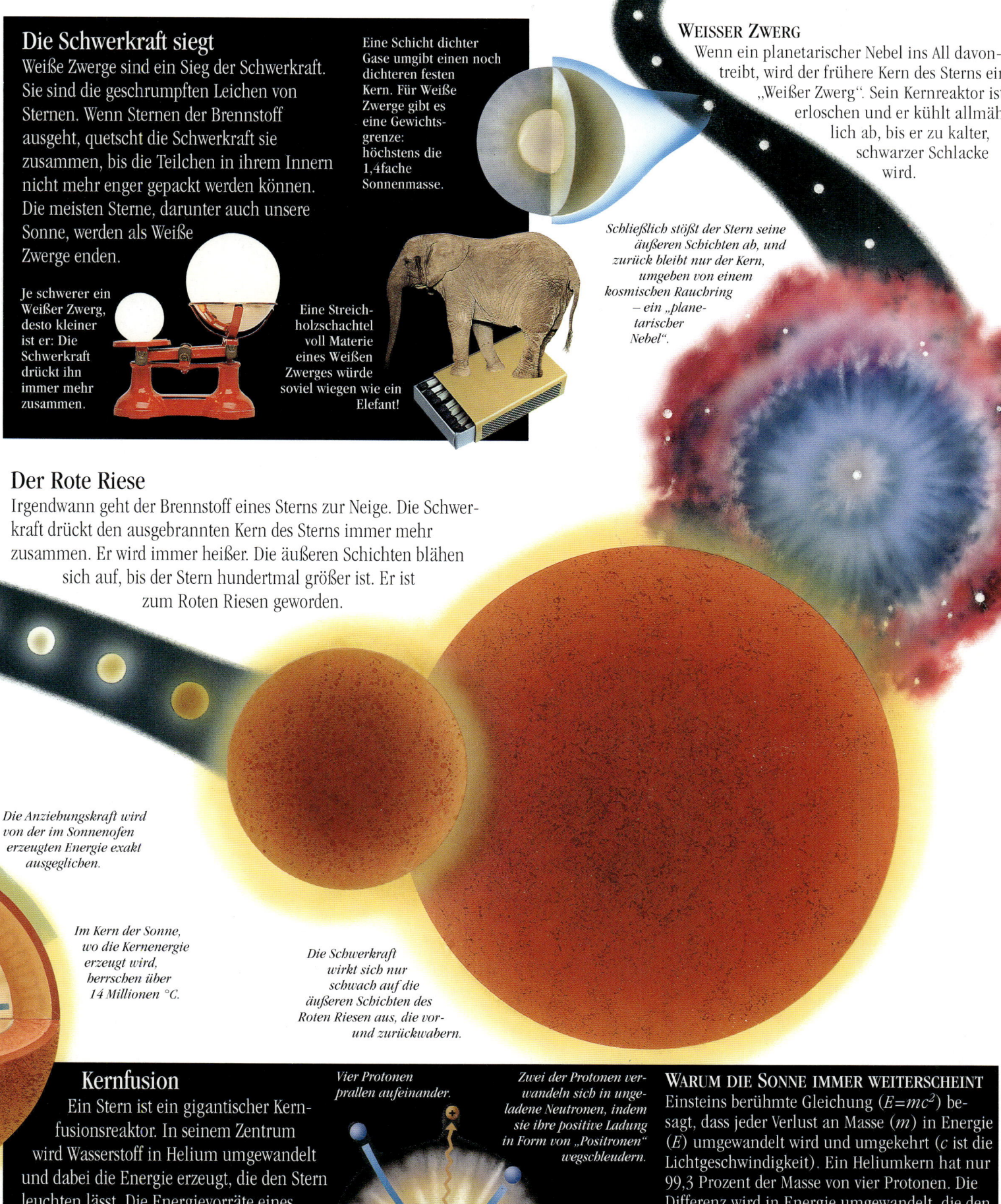

### WEISSER ZWERG

Wenn ein planetarischer Nebel ins All davontreibt, wird der frühere Kern des Sterns ein „Weißer Zwerg". Sein Kernreaktor ist erloschen und er kühlt allmählich ab, bis er zu kalter, schwarzer Schlacke wird.

*Schließlich stößt der Stern seine äußeren Schichten ab, und zurück bleibt nur der Kern, umgeben von einem kosmischen Rauchring – ein „planetarischer Nebel".*

## Der Rote Riese

Irgendwann geht der Brennstoff eines Sterns zur Neige. Die Schwerkraft drückt den ausgebrannten Kern des Sterns immer mehr zusammen. Er wird immer heißer. Die äußeren Schichten blähen sich auf, bis der Stern hundertmal größer ist. Er ist zum Roten Riesen geworden.

*Die Anziehungskraft wird von der im Sonnenofen erzeugten Energie exakt ausgeglichen.*

*Im Kern der Sonne, wo die Kernenergie erzeugt wird, herrschen über 14 Millionen °C.*

*Die Schwerkraft wirkt sich nur schwach auf die äußeren Schichten des Roten Riesen aus, die vor- und zurückwabern.*

## Kernfusion

Ein Stern ist ein gigantischer Kernfusionsreaktor. In seinem Zentrum wird Wasserstoff in Helium umgewandelt und dabei die Energie erzeugt, die den Stern leuchten lässt. Die Energievorräte eines Sterns sind riesig. Sekunde für Sekunde verwandelt unsere Sonne 4 Millionen Tonnen ihrer Masse in Wärme und Licht.

Der Kern eines Wasserstoffatoms besteht aus einem Proton – einem positiv geladenen Teilchen. Die Hitze und der Druck im Sonneninneren sind so stark, dass die Protonen sich zusammenschließen.

*Vier Protonen prallen aufeinander.*

*Zwei der Protonen verwandeln sich in ungeladene Neutronen, indem sie ihre positive Ladung in Form von „Positronen" wegschleudern.*

*Zwei Protonen und zwei Neutronen verschmelzen zu einem Heliumkern.*

### WARUM DIE SONNE IMMER WEITERSCHEINT

Einsteins berühmte Gleichung ($E=mc^2$) besagt, dass jeder Verlust an Masse ($m$) in Energie ($E$) umgewandelt wird und umgekehrt ($c$ ist die Lichtgeschwindigkeit). Ein Heliumkern hat nur 99,3 Prozent der Masse von vier Protonen. Die Differenz wird in Energie umgewandelt, die den Stern leuchten lässt und verhindert, dass er unter der Schwerkraft kollabiert.

*Vier Protonen sind 0,7 Prozent schwerer als ein Heliumkern. Die überschüssige Masse wird in Energie umgewandelt.*

# Der größte Triumph der Schwerkraft

DIE TAGE ALLER STERNE SIND GEZÄHLT. Sie sind aus der Schwerkraft geboren und werden schließlich von ihr zerstört. Besonders spektakulär geschieht das bei massereichen Sternen. Ein Stern, der zehnmal schwerer als die Sonne ist, verprasst seinen Kernbrennstoff ungeheuer schnell – in nur wenigen Millionen statt einigen Milliarden Jahren. Hat ein schwerer Stern seinen Wasserstoff verbraucht, sind seine Temperaturen und Drücke hoch genug, um schwerere Elemente zu erschmelzen. Doch wenn er versucht, einen Eisenkern zusammenzuquetschen, bricht die Hölle los – und das führt zu einer der sensationellsten Explosionen, die das Universum bieten kann. Eine Supernova-Explosion kann bizarre Nachkommen hervorbringen: einen Neutronenstern oder sogar ein Schwarzes Loch.

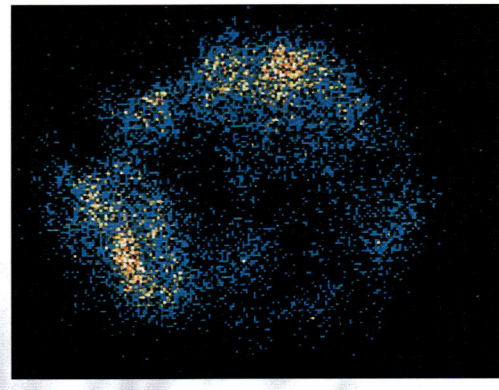

Cassiopeia A sind die Trümmer eines Sterns, der vor 300 Jahren als Supernova explodierte.

*Die meisten Supernovä sind explodierende Rote Superriesen, viele Hundertmal größer als die Sonne.*

*Ein massereicher Stern existiert hunderttausend Jahre lang in einem aufgeblähten Zustand, bevor ihn die Schwerkraft überwältigt.*

*Eine Supernova-Explosion kann so hell wie eine Milliarde Sonnen sein.*

## Mit einem Knall erlöschen

Einige Supernovä entstehen, wenn von einem der Sterne in einem Doppelsternsystem Materie auf den anderen überfließt, doch die meisten sind schwergewichtige Sterne, die mit einem Knall sterben. Nukleare Reaktionen haben einen Kern aus Eisen geschaffen – das nicht als Kernbrennstoff genutzt werden kann. Die Fusion von Eisen verbraucht Energie statt sie abzugeben. Das Ergebnis ist ein innerer Kollaps: Die Temperatur steigt auf 50 Milliarden °C, und der Kern sendet eine Flut winziger Energieteilchen, sogenannter Neutrinos, aus, die den Stern zerreißen.

*Das Sternzentrum versucht, Eisen zu noch höheren Elementen zu verschmelzen. Um die Energie zu liefern, versucht der Stern ...*

*... seinen Kern zusammenzuquetschen. Die einfallende Materie prallt vom Kern ab und ...*

*..., von einer Flut von Neutrinos mit Energie versorgt, werden die äußeren Schichten des Sterns ins All geschleudert.*

Die feinen Schleier des Vela-Nebels sind die Reste einer Sternexplosion vor 20 000 Jahren. Aus dieser Asche werden neue Sterne hervorgehen.

## AM PULS

Jocelyn Bell-Burnell und Tony Hewish stehen am Radioteleskop, mit dem sie 1967 den ersten Pulsar entdeckten. Das Teleskop – ein riesiges Feld mit 2048 auf Pfählen sitzenden Antennen – wurde gebaut, um schnell aufflackernde Strahlungsquellen zu beobachten. Durch Zufall entdeckte es in regelmäßiger Folge ausgesandte Pulse eines Neutronensterns.

*Ein Pulsar sendet zwei mächtige Strahlungspulse von seinen Polen aus.*

# Superdichte Leuchttürme

Ein Supernova-Kern fällt in nur wenigen Sekunden in sich zusammen und bringt dabei oft einen Pulsar hervor. Das sind superdichte rotierende Neutronensterne, die – wie ein Leuchtturm – beim Drehen Strahlungspulse aussenden. Die meisten Pulsare, die etwa so groß wie London sind, drehen sich in einer Sekunde einmal um sich selbst, doch der Rekord ist 642mal in der Sekunde!

*Wir werden nie viele Pulsare entdecken: Die meisten von ihnen blitzen in die falsche Richtung und treffen deshalb nicht die Erde.*

*Wenn ein Strahl an uns vorbeistreicht, sehen wir einen Lichtblitz.*

*Pulsare „pulsieren" nur etwa eine Million Jahre lang. Sie verlieren Energie, drehen sich immer langsamer und werden zu nichtpulsierenden Neutronensternen*

*Magnetischer Pol*

*Rotationsachse*

*Möglicher fester Kern*

*Magnetfeld*

*Flüssiger Neutronenbrei*

*Feste Kruste*

*Gebündelte Strahlung*

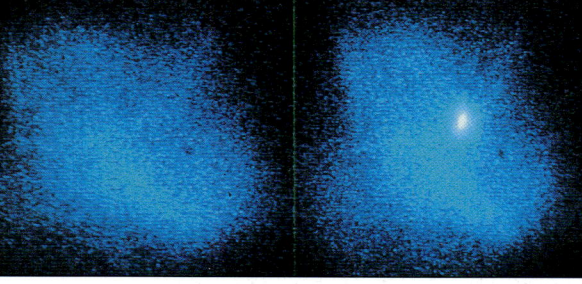

Der Crab-Pulsar ist der jüngste Neutronenstern, den wir kennen. Er rotiert 30mal in der Sekunde. Diese Bilder zeigen ihn in seinem „Aus" (links) und „An" (rechts) -Zustand – „an", wenn der Strahl in unsere Richtung fällt, und „aus", wenn nicht.

## VOLLER NEUTRONEN

Ein Pulsar ist das Äußerste an zusammengedrückter Materie. Die Protonen und Elektronen im Kern des ehemaligen Sterns sind zu Neutronen zusammengequetscht worden – Teilchen ohne elektrische Ladung. Schulter an Schulter stehen sie und stützen den Pulsar gegen die Schwerkraft ab. Dieser komprimierte Neutronenstern hat ein eine Billion Mal stärkeres Magnetfeld als die Erde. Seine Magnetpole sprühen blendende Strahlungspulse ins All.

## SUPERTANKER IN EINEM STECKNADELKOPF

Die Materie ist in einem Pulsar noch viel mehr komprimiert als in einem Weißen Zwerg. Die Schwerkraft drückt sie so zusammen, daß ein Stecknadelkopf aus Pulsarmaterie eine Million Tonnen wiegen würde – doppelt soviel wie der größte Supertanker der Welt.

# Blackout

Manchmal ist der Rest, der nach einer Supernova-Explosion übrigbleibt, zu schwer, um zu einem Pulsar zu werden. Wiegt er mehr als drei Sonnen, können selbst die superdichten Neutronen ihn nicht gegen die Schwerkraft schützen. Das Objekt stürzt weiter in sich zusammen und wird ein Schwarzes Loch.

## DAS MASS DER DINGE

Ein Stern kann viel Druck aushalten. Wenn er ein Weißer Zwerg wird, verkleinert sich ein Stern wie unsere Sonne (1,4 Millionen km Durchmesser) auf Erdballgröße (12 000 km Durchmesser). Ein Neutronenstern, der 1,5mal so schwer wie die Sonne ist, hat nur einen Durchmesser von 25 km – etwa die Größe von Manhattan Island. Ein Schwarzes Loch hat höchstens ein paar Kilometer Durchmesser.

*Ein Segment der Sonne im Vergleich zu einem Weißen Zwerg ...*

*... und ein Stück Weißer Zwerg im Vergleich zu einem Neutronenstern ...*

*... und ein Teil eines Neutronensterns im Vergleich zu einem Schwarzen Loch.*

# Entdeckung Schwarzer Löcher

IM JAHRE 1970 BRACHTEN AMERIKANISCHE WISSENSCHAFTLER den Satelliten *Uhuru* in eine Umlaufbahn. Seine Aufgabe war es, Objekte aufzufinden, die starke Röntgenstrahlen aussenden: energiereiche Strahlung, die ein sicheres Anzeichen für heftige Aktivität im Kosmos ist. *Uhuru* entdeckte Hunderte neuer Röntgenquellen. In vielen Fällen war die Quelle ein kompakter Neutronenstern, der seinem Partner im Doppelsternsystem Materie entriss. Doch Cygnus X-1 war anders. Genau an der Stelle dieser Röntgenquelle befindet sich ein riesiger, heißer blauer Stern, etwa 30mal massereicher als die Sonne. Dieser Stern wird von einem unsichtbaren Objekt herumgezogen, das schwerer ist als zehn Sonnenmassen – das ist weit mehr als das Höchstgewicht für Neutronensterne. Astronomen vermuten, dass das unsichtbare Objekt mit ziemlicher Sicherheit ein Schwarzes Loch ist, das erste von mehreren, die bis heute entdeckt wurden.

### ZWEI IN EINEM

Das Sternbild Schwan (Cygnus) enthält vermutlich zwei Schwarze Löcher. In Cygnus X-1 wiegt das Loch 10 Sonnenmassen, während das neu entdeckte V404 Cygni 12 Sonnenmassen wiegt.

## Ein Superriese wird verschlungen

Cygnus X-1 und sein Superriesen-Nachbarstern begannen als Doppelsternsystem. In Nahaufnahme böte das Paar heute einen überwältigenden Anblick, denn das winzige Schwarze Loch – kaum mehr als 30 km Durchmesser – zieht aus seinem Partner erbarmungslos Gase. Die Gase strömen zum Schwarzen Loch über und bilden einen Akkretionsscheibe genannten Strudel. Die angezogenen Gasmassen beschleunigen sich rasch, bis sie der Lichtgeschwindigkeit nahekommen. Durch innere Reibung werden die immer schneller wirbelnden Gase extrem aufgeheizt, und die Akkretionsscheibe beginnt zu strahlen. In der Nähe des Schwarzen Lochs werden die Gase so heiß, dass sie ihre Energie in Form von Röntgenlicht abstrahlen.

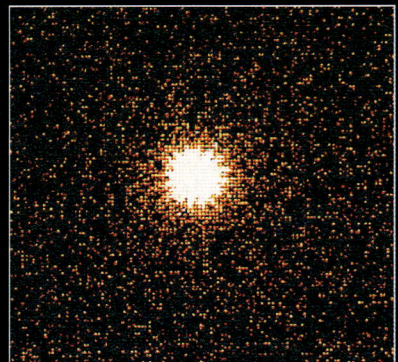

Dieses Röntgenbild von Cynus X-1 wurde von dem Satelliten *Rosat* aufgenommen. Die Röntgenstrahlen stammen aus aufgeheizten Gasen, die ein etwa 6000 Lichtjahre von der Erde entferntes Schwarzes Loch umkreisen.

*Der Materiestrom trifft auf die um das Schwarze Loch wirbelnden Gasmassen und erzeugt einen hellen „Brennfleck".*

## Uhuru

Mit dem vor der Küste Kenias 1970, am 7. Jahrestag der Unabhängigkeit des Landes, gestarteten Satelliten *Uhuru* (das ist Suaheli und bedeutet „Freiheit") wurde erstmals eine vollständige Durchmusterung des Himmels nach Röntgenquellen durchgeführt; Röntgenstrahlen können die Erdatmosphäre nicht durchdringen und konnten früher nur auf Raketenflügen kurz beobachtet werden. *Uhuru* entdeckte 339 Röntgenquellen, darunter Cygnus X-1. Die Röntgenstrahlung kommt aus Millionen Grad heißen Gasen.

Die Sensoren von *Uhuru* konnten die Röntgenquellen nur ungefähr orten. Heutige Satelliten haben wesentlich leistungsfähigere Teleskope an Bord.

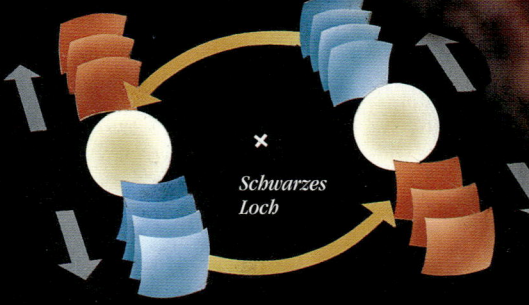

Schwarzes Loch

*Bewegt sich der Stern auf uns zu, werden die Lichtwellen zusammengedrängt. Der Stern scheint Licht mit kürzerer (blauerer) Wellenlänge auszusenden.*

*Bewegt sich der Stern von uns weg, werden seine Wellenfronten auseinandergezogen – wir erhalten dann Licht mit längerer (röterer) Wellenlänge.*

### WIE MAN EIN SCHWARZES LOCH WIEGT

Die Schwerkraft des Schwarzen Lochs wirbelt seinen Partnerstern herum – je stärker die Schwerkraft, desto schneller jagd er herum. Zerlegt man das Licht des Sterns in seine Farben, kann man das Schwarze Loch „wiegen". Wie sich das Licht verändert, wenn es sich auf uns zu oder von uns weg bewegt – man nennt das „Doppler-Verschiebung" – gibt einen Hinweis auf die Umlaufgeschwindigkeit und damit auf die Masse des Schwarzen Lochs.

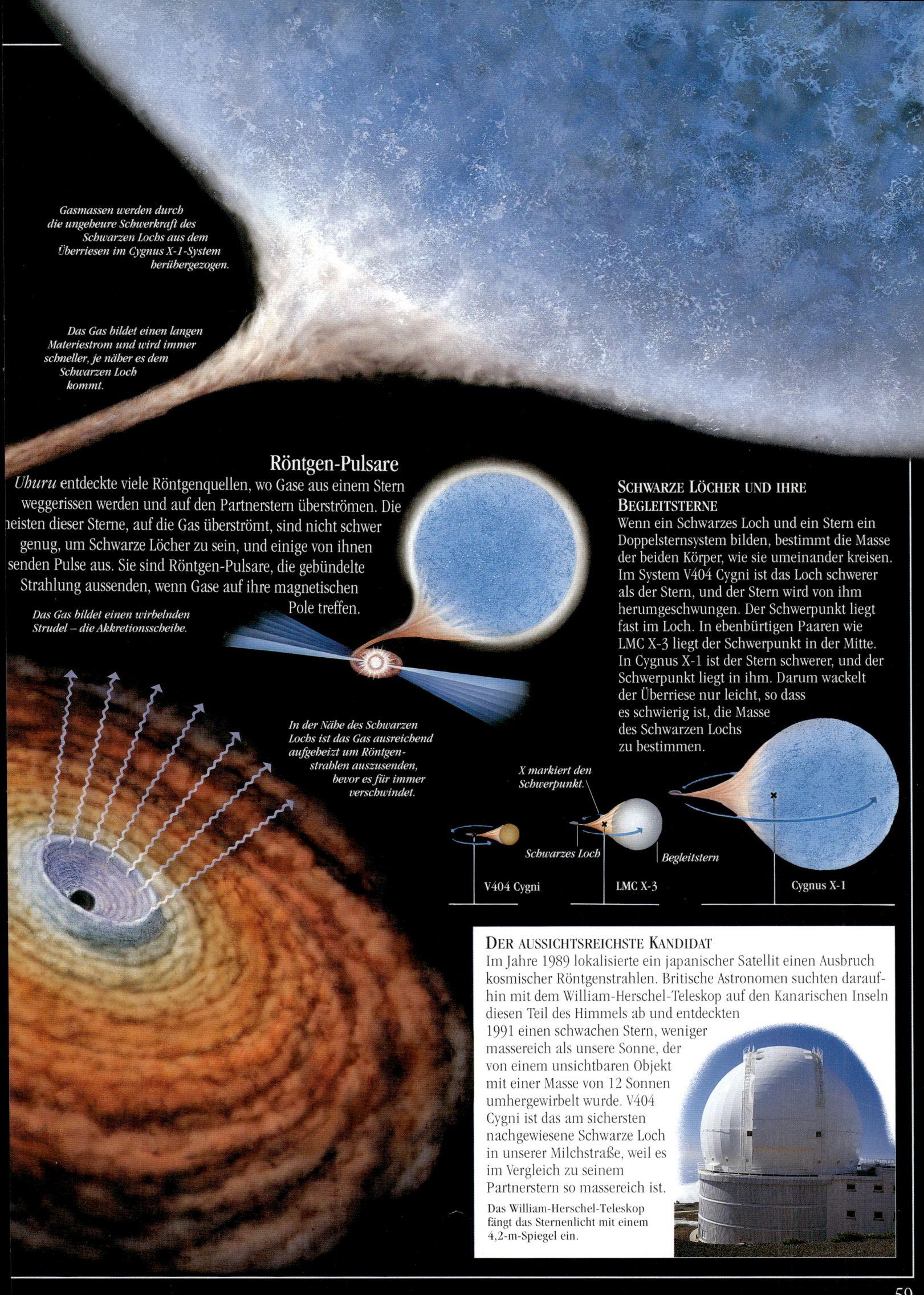

Gasmassen werden durch
die ungeheure Schwerkraft des
Schwarzen Lochs aus dem
Überriesen im Cygnus X-1-System
herübergezogen.

Das Gas bildet einen langen
Materiestrom und wird immer
schneller, je näher es dem
Schwarzen Loch
kommt.

## Röntgen-Pulsare

*Uhuru* entdeckte viele Röntgenquellen, wo Gase aus einem Stern
weggerissen werden und auf den Partnerstern überströmen. Die
meisten dieser Sterne, auf die Gas überströmt, sind nicht schwer
genug, um Schwarze Löcher zu sein, und einige von ihnen
senden Pulse aus. Sie sind Röntgen-Pulsare, die gebündelte
Strahlung aussenden, wenn Gase auf ihre magnetischen
Pole treffen.

Das Gas bildet einen wirbelnden
Strudel – die Akkretionsscheibe.

In der Nähe des Schwarzen
Lochs ist das Gas ausreichend
aufgeheizt um Röntgen-
strahlen auszusenden,
bevor es für immer
verschwindet.

### SCHWARZE LÖCHER UND IHRE BEGLEITSTERNE

Wenn ein Schwarzes Loch und ein Stern ein
Doppelsternsystem bilden, bestimmt die Masse
der beiden Körper, wie sie umeinander kreisen.
Im System V404 Cygni ist das Loch schwerer
als der Stern, und der Stern wird von ihm
herumgeschwungen. Der Schwerpunkt liegt
fast im Loch. In ebenbürtigen Paaren wie
LMC X-3 liegt der Schwerpunkt in der Mitte.
In Cygnus X-1 ist der Stern schwerer, und der
Schwerpunkt liegt in ihm. Darum wackelt
der Überriese nur leicht, so dass
es schwierig ist, die Masse
des Schwarzen Lochs
zu bestimmen.

X markiert den
Schwerpunkt.

Schwarzes Loch

Begleitstern

V404 Cygni

LMC X-3

Cygnus X-1

### DER AUSSICHTSREICHSTE KANDIDAT

Im Jahre 1989 lokalisierte ein japanischer Satellit einen Ausbruch
kosmischer Röntgenstrahlen. Britische Astronomen suchten darauf-
hin mit dem William-Herschel-Teleskop auf den Kanarischen Inseln
diesen Teil des Himmels ab und entdeckten
1991 einen schwachen Stern, weniger
massereich als unsere Sonne, der
von einem unsichtbaren Objekt
mit einer Masse von 12 Sonnen
umhergewirbelt wurde. V404
Cygni ist das am sichersten
nachgewiesene Schwarze Loch
in unserer Milchstraße, weil es
im Vergleich zu seinem
Partnerstern so massereich ist.

Das William-Herschel-Teleskop
fängt das Sternenlicht mit einem
4,2-m-Spiegel ein.

# Eine Theorie der Schwerkraft

SCHWARZE LÖCHER SIND EIN SO MODERNER BEGRIFF, dass man erstaunt ist zu hören, dass sie schon vor mehr als 200 Jahren vorausgesagt worden sind. 1784 dachte der englische Reverend John Michell darüber nach, ob die Schwerkraft sich auf Licht auswirkt. Er überlegte, dass einige Sterne so riesig sein könnten, dass das Licht aus ihnen nicht entweichen kann. Ein paar Jahre später – offensichtlich durch reinen Zufall – kam der französische Mathematiker Pierre Simon de Laplace zu dem gleichen Schluss. Ihren Überlegungen lag eine Theorie zugrunde, die der große Physiker Isaac Newton 1687 entwickelt hatte. Der Legende nach soll Newton, als er eines Tages einen Apfel vom Baum fallen sah, darüber nachgedacht haben, warum er fiel. Er kam zu dem Schluss, dass die Ursache eine Anziehungskraft, die Schwerkraft oder Gravitation, ist. Je massereicher (schwerer) ein Körper, desto stärker ist die Anziehungskraft. Darum fiel der Apfel zu Boden – und nicht nach oben.

*In seinem Garten im Gutshaus von Woolsthorpe, England, überlegt Isaac Newton, warum ein Apfel zu Boden fällt.*

## ENTFERNUNG IST WICHTIG

Newton zufolge ist die Schwerkraft um so schwächer, je weiter zwei Körper voneinander entfernt sind. Sie nimmt mit dem Quadrat ihres Abstandes ab: Verdoppelt man die Entfernung zwischen zwei Körpern, verringert sich die Anziehung zwischen ihnen auf ein Viertel. Selbst auf der Erde wiegt ein Gegenstand auf der Spitze eines Turms etwas weniger als auf dem Erdboden, denn die Schwerkraft wird mit zunehmender Entfernung vom Erdmittelpunkt schwächer.

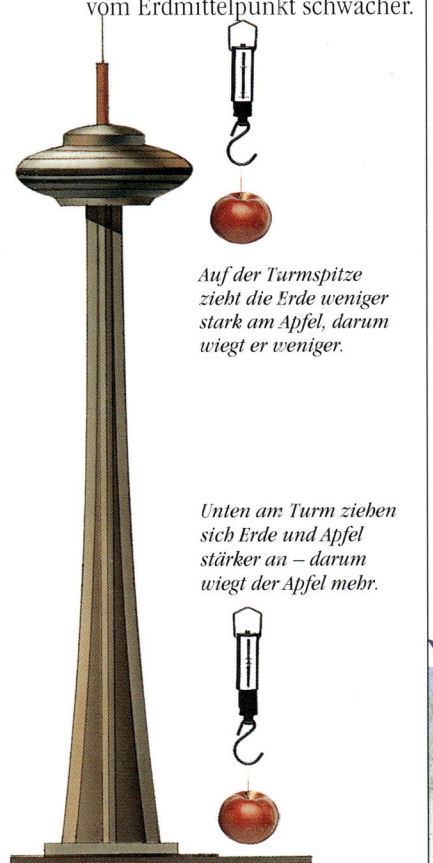

*Auf der Turmspitze zieht die Erde weniger stark am Apfel, darum wiegt er weniger.*

*Unten am Turm ziehen sich Erde und Apfel stärker an – darum wiegt der Apfel mehr.*

## Kräfte bei der Arbeit

Der Durchbruch im wissenschaftlichen Denken gelang Newton mit der Erkenntnis, dass jeder Körper mit Masse eine Anziehungskraft besitzt. Das bedeutet, dass die zwischen einem Apfel und der Erde wirkenden Kräfte und die Kräfte, die die Bewegungen ferner Gestirne lenken, die gleichen sind. Endlich konnten Wissenschaftler beginnen zu verstehen, warum Sterne und Planeten sich so bewegen, wie sie es tun, und voraussagen, wie sie sich in der Zukunft bewegen werden.

*Eine gewaltige Gemini-Rakete wird gebraucht, um zwei Astronauten von der Erde ins Weltall zu bringen.*

*Erdschwerkraft*

## WAS HÄLT DEN MOND IN SEINER BAHN?

Der Mond wird von der Anziehungskraft zwischen Erde und Mond auf seiner Bahn gehalten. Gäbe es die Erde nicht, würde der Mond geradeaus ins Weltall davonfliegen. Doch die Schwerkraft zieht ihn ständig zurück, so dass er in seiner Umlaufbahn bleibt.

*Die Anziehungskraft zieht den Mond zur Erde hin.*

*Umlaufbahn des Mondes*

*Geradlinige Bahn des Mondes, wenn die Erde nicht da wäre*

## DIE SCHWERKRAFT NIMMT MIT DER MASSE ZU

Newton entdeckte auch, dass die Schwerkraft mit der Masse zunimmt. Um der Anziehungskraft eines massereichen Körpers zu entkommen, benötigt man eine Mindestgeschwindigkeit. Will man die Erde verlassen, muss eine Geschwindigkeit von 11 km/s erreicht werden. Nur wenig langsamer, und man würde zur Erde zurückfallen. Die Fluchtgeschwindigkeit von dem viel weniger massereichen Mond beträgt 1,8 km/s.

*Der Mond mit seiner geringen Masse hat nur ein Sechstel der Erdschwerkraft. Ein kleines Landefahrzeug reicht aus, um zwei Astronauten wieder von seiner Oberfläche wegzubringen.*

*Mondschwerkraft*

## Schrumpfende Körper

Da die Schwerkraft von Masse und Entfernung abhängt, kann man sie verstärken, indem man einen Körper verkleinert. Man stelle sich vor, eine Kugel von ungefähr der Größe und der Masse der Sonne würde zusammengedrückt. Je kleiner sie wird, desto mehr nimmt die Fluchtgeschwindigkeit an der Oberfläche zu. Um die Anziehungskraft zu überwinden, braucht man immer leistungsfähigere Raketen.

### KLEINER UND SCHWERER

Könnte man die Erde mit ihrem jetzigen Durchmesser von 12 756 km auf die Größe dieses Modells, das nur wenige Zentimeter Durchmesser hat, verkleinern, würde ihre Schwerkraft so stark werden, dass die Fluchtgeschwindigkeit von 11 km/s auf 300 000 km/s – also Lichtgeschwindigkeit – ansteigen müsste. Die Erde würde ein Schwarzes Loch werden.

*Ausreichend verkleinert, würde die Erde zum Schwarzen Loch.*

### FLUCHTGESCHWINDIGKEIT

Je stärker die Anziehungskraft eines Körpers, desto höher die Fluchtgeschwindigkeit. Wenn ein sterbender Stern zusammenstürzt, wächst die Fluchtgeschwindigkeit mit der Quadratwurzel der Größenabnahme – etwa 1,4mal für einen auf die Hälfte seines früheren Durchmessers komprimierten Stern.

*Die meisten Sterne stürzen schließlich in sich zusammen und werden Weiße Zwerge mit einer Fluchtgeschwindigkeit von Tausenden von Kilometern in der Sekunde.*

*Obwohl die Gesamtmasse des Körpers immer gleich bleibt, wächst die Fluchtgeschwindigkeit, weil der Körper kleiner und dichter ist.*

*Um der Anziehungskraft eines kugelförmigen Körpers von der Größe und Masse unserer Sonne zu entkommen, benötigt eine Rakete 620 km/s – mehr als 2 Millionen km/h.*

*Wird die Kugel auf die Hälfte ihrer Größe zusammengequetscht, steigt die Fluchtgeschwindigkeit um 40 Prozent, obwohl ihre Masse gleich bleibt.*

*Wieder um die Hälfte kleiner, wächst die Fluchtgeschwindigkeit auf 1240 km/s.*

*Auf Erdgröße verkleinert, steigt die Fluchtgeschwindigkeit auf 6500 km/s.*

*Erreicht die Kugel die Größe eines Neutronensterns, beträgt die Fluchtgeschwindigkeit mehr als die Hälfte der Lichtgeschwindigkeit.*

*Gefangene Lichtstrahlen*

*Schwarzes Loch*

## Sterne so groß wie Sonnensysteme

Anstatt die Zunahme der Anziehungskraft mit dem Schrumpfen von Sternen zu erklären, argumentierte John Michell andersherum. Er berechnete, dass eine Kugel mit der gleichen Dichte und dem mehr als 500fachen Durchmesser der Sonne eine Fluchtgeschwindigkeit haben würde, die der des Lichts entspricht und darum unsichtbar wäre. In Wirklichkeit wird kein Stern so groß oder so massereich.

*Ein Stern von der Größe des Sonnensystems würde sein eigenes Licht verschlucken.*

## In ein Schwarzes Loch gezwängt

Das natürliche Endprodukt eines schrumpfenden Sterns ist ein Körper mit einer der Lichtgeschwindigkeit entsprechenden Fluchtgeschwindigkeit. Das wäre ein Schwarzes Loch – ein Körper mit einer so starken Schwerkraft, dass selbst Licht nicht entweichen kann. Alle von der Oberfläche ausgesandten Lichtstrahlen würden auf ihn zurückgezogen werden.

*Eine Blase interstellaren Gases fällt zum Schwarzen Loch. Weit weg vom Schwarzen Loch sendet das Gas Licht in alle Richtungen aus.*

*Wenn sich die Gasblase dem Schwarzen Loch nähert, werden die Lichtstrahlen zum Loch hin umgelenkt.*

*Sind die vom Gas ausgesandten Lichtstrahlen in der Ergosphäre, werden sie noch weiter nach innen und in die Richtung, in der das Loch rotiert, gelenkt. Bis das Gas den äußeren Ereignishorizont passiert, kann ein Teil des von ihm ausgesandten Lichts immer noch entweichen.*

Ergosphäre

Statische
Grenze

n Einsteins
um dichte
rd, dass es
ioniers wurde
tät – dem
nes
en
s

**rr-Loch**
t sein
chwarzes
virbelnden
ibe, könnte das
virklichen Universum
cheibe sehen: das
völlig schwarz. Doch mit
ätstheorie können wir die
warzen Loches beschreiben, in einem
was in seinem Innenraum geschieht.
ch unsichtbare Grenzen getrennt: die statische
rizont und der innere Ereignishorizont.

In einem Kerr-Loch, das rotiert, ist die Singularität ringförmig verlängert. Auch diese ist von zwei Ereignishorizonten umgeben. Jenseits des äußeren ist die Ergosphäre – ein Bereich, in dem Materie wie in einem kosmischen Whirlpool nicht nur nach innen gesogen wird, sondern auch wie ein Strudel um das Loch wirbelt.

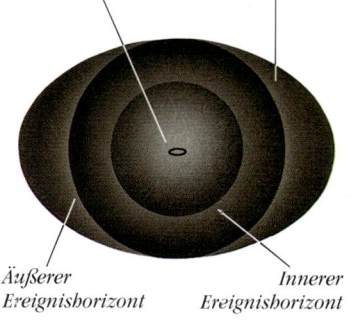

*Singularität*    *Ergosphäre*

*Äußerer
Ereignishorizont*    *Innerer
Ereignishorizont*

### SINGULARITÄT
Im Zentrum eines Schwarzen Lochs befindet sich die gesamte Masse eines toten Sterns. Er hatte der unwiderstehlichen Schwerkraft nichts entgegenzusetzen und wurde zerquetscht, bis er ein Punkt von unendlicher Dichte wurde, der absolut keinen Raum einnimmt. Den Punkt nennt man „Singularität". Jedes Schwarze Loch hat eine Singularität in seinem Zentrum.

*Das Gas in der Akkretionsscheibe rotiert um das Schwarze Loch und heizt sich dabei zu immer höheren Temperaturen auf. Elektrizität fließt durch die Akkretionsscheibe und wirkt wie ein Elektromagnet, der starke magnetische Felder erzeugt.*

# Anatomie eines Schwarzen Lochs

SCHON EINEN MONAT NACHDEM EINSTEIN seine allgemeine Relativitätstheorie veröffentlicht hatte, entdeckte der Physiker Karl Schwarzschild, dass die Gleichungen zu einer erstaunlichen Vorhersage führten: Ein Raumbereich könnte so verzerrt werden, dass er vom äußeren Universum abgeschnitten wird. Objekte könnten zwar hineinfallen, würden aber nie mehr herauskommen. Heute nennen wir so einen Raumbereich Schwarzes Loch. Einstein selbst glaubte nicht an die Existenz Schwarzer Löcher, aber darin irrte er eben einmal. Auf den ersten Blick sah Schwarzschilds Schwarzes Loch wie das mit der Newtonschen Theorie vorausgesagte aus (siehe S. 61). Doch nur Einsteins Theorie kann erklären, wie sich Raum, Licht und Materie in der Nähe eines Schwarzen Lochs verhalten. Mathematiker haben sogar mit Hilfe der allgemeinen Relativitätstheorie berechnet, was *im Innenraum* eines Schwarzen Lochs geschieht.

### EREIGNISHORIZONT

Schwarzschild berechnete mit Hilfe Gleichungen einen „magischen Kre Objekte, wo die Schwerkraft so stark kein Entrinnen gibt. Zu Ehren diese die Entfernung zwischen der Singul immens dichten Objekt im Zentrum Schwarzen Lochs – und dem magis Kreis Schwarzschild-Radius genann Heute nennen wir den magischen K Ereignishorizont – weil uns keine Information über Ereignisse jenseits dieses Horizonts erreichen kann. De Ereignishorizont ist die Grenze des Schwarzen Lochs. Bestimmte Arten von Schwarzen Löchern haben zwei Ereignishorizonte, von denen dann der äußere der magische Kreis ist.

## Immer tiefere Dellen

Während für Newton Objekte mit zunehmender Dichte immer höhere Fluchtgeschwindigkeiten haben, drückten sie für Einstein tiefere „Dellen" in den Raum.

*Lichtstrahlen, die sich dem Schwarzen Loch nähern, werden vom stark gekrümm- ten Raum abgelenkt.*

*Licht kann einem Schwarzen Loch nur entkommen, wenn es einen großen Bogen macht.*

*Licht, das näher kommt, kann auf eine Bahn um das Schwarze Loch geraten.*

Unsere Sonne macht eine ziemlich flache Delle. Objekte „rollen" darum langsam auf sie zu.

Ein Weißer Zwerg, der viel dichter ist, dellt den Raum mehr ein. Objekte rollen schneller zu ihm, wenn sie den Abhang erreicht haben.

### KEIN ENTRINNEN AUS EINEM SCHWARZEN LOCH

Ein Schwarzes Loch formt eine so tiefe Delle, dass ein Schlund ohne Ende entsteht. Die Wand dieses Schlunds ist so steil, dass selbst das Licht nicht entweichen kann. Jenseits des Ereignishorizonts – der Grenzfläche, von der Licht gerade noch der Schwer- kraft entweichen kann – gibt es kein Entkommen mehr.

Ein Neutronenstern verursacht eine sehr steile Delle. Objekte, die dort hineinrollen, erreichen die halbe Lichtgeschwindigkeit.

*Licht, das dem Schwarzen Loch gefährlich nahe kommt, fällt un- aufhaltsam dem Zentrum zu.*

*Schwarzschild-Radius*

*Ereignishorizont*

*Innerhalb des Ereignishorizonts fällt das Licht spiralförmig in den Schwerkraftschlund.*

### In einem Schwarzen

Ein massereicher Stern been Leben als schnell rotierende Loch. Eine heiße Scheibe a Gasmassen, die Akkretionss Schwarze Loch umgeben. I würden wir nur die Akkreti Schwarze Loch ist naturgen Hilfe der allgemeinen Relat verschiedenen Bereiche des Schnittbild können wir zeig Verschiedene Bereiche sind Grenze, der äußere Ereignis

### VERSCHIEDENE SCHWARZE LÖCHER

Alle Schwarzen Löcher haben die gleiche Grundstruktur: Ein Ereignis- horizont umgibt eine Singularität im Zentrum. Aber es gibt verschiedene Arten: stationäre, rotierende und solche, die eine elektrische Ladung haben. Und jede hat ihre besonderen Eigen- heiten. Die eine kann tödlich sein, während die andere vielleicht die Reise in ein anderes Universum ermöglicht.

Das einfachste ist ein Schwarzschild-Loch. Ohne Drehung und elektrische Ladung hat es lediglich eine von einem Ereignis- horizont umgebene Singularität. Alles, was den Ereignis- horizont passiert, wird zur Singularität hin gezwungen.

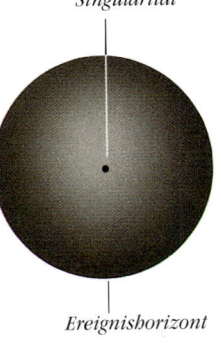

*Singularität*

*Ereignishorizont*

In einem Reissner-Nordstrøm- Loch, das elektrisch geladen ist, aber rotiert, gibt es zwei Ereignishorizonte. Der Bereich zwischen ihnen ist eine Einbahnstraße, auf der Materie nach innen stürzt. Ist sie erst einmal im inneren Ereignishorizont, wird sie nicht länger nach innen gesogen.

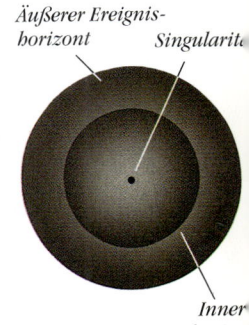

*Äußerer Ereignis- horizont*

*Singularitä*

*Inner Ereignishorizo*

# Albert Einstein verstehen

NEWTONS THEORIE VON DER SCHWERKRAFT blieb 250 Jahre lang vorherrschend, doch sie erklärte nur zum Teil, wie das Universum funktioniert. Wissenschaftler waren entsetzt, als Albert Einstein mit seiner Relativitätstheorie kam. Eigentlich waren es zwei Relativitätstheorien, die Einstein vorlegte. Die „spezielle Theorie" von 1905 betraf Materie, Energie und die Lichtgeschwindigkeit. Die „allgemeine Theorie" von 1915 befasste sich mit der Schwerkraft, der Gravitation. Einstein betrachtete die Schwerkraft nicht nur als eine Kraft, sondern sah sie als eine Krümmung des Raumes selbst. Wo Einsteins Voraussagen von Newtons abwichen, erwies sich Einsteins allgemeine Relativitätstheorie immer als genauer.

Albert Einstein war einer der größten wissenschaftlichen Denker. Seine ersten bahnbrechenden Arbeiten veröffentlichte er 1905, als er noch „Experte III. Klasse" am Patentamt in Bern war.

Einsteins Behauptung, dass Licht von der Schwerkraft abgelenkt wird, wurde während einer Sonnenfinsternis bewiesen.

*Wirkliche Position des Sterns*

*Scheinbare Position des Sterns*

*Weg des Lichstrahls*

*Die gewaltige Masse der Sonne krümmt um sich den Raum und lenkt dabei das vorbeilaufende Licht ab.*

*Einstein sagte, dass das Gravitationsfeld eines Körpers sich in der Krümmung des Raums zeigt. Hier wird der Raum als rechteckiges Gitter dargestellt, das von der Sonne eingedellt ist.*

*Merkur*

*Perihel*

*Sonne*

### EINSTEIN HAT RECHT

Merkur, der sonnennächste Planet, bewegt sich auf einer Ellipsenbahn, die nicht an den gleichen Ausgangspunkt zurückführt. Der Punkt der dichtesten Annäherung an die Sonne (Perihel) ändert sich ständig. Mit Newtons Gravitationstheorie lässt sich diese besondere Umlaufbahn nicht erklären, doch mit Einsteins geht das. Nach seiner Vorstellung von der Krümmung des Raums nahe an der schweren Sonne lässt sich die Drehung der Merkurbahn in Form einer Rosette beschreiben.

### DEN TEST BESTANDEN

Einstein sagte, dass die Schwerkraft der Sonne den Raum krümmt und das Licht der hinter ihr stehenden Sterne abgelenkt wird. Astronomen überprüften diese Aussage 1919 bei einer totalen Sonnenfinsternis – der einzigen Gelegenheit, bei der sonnennahe Sterne beobachtet werden können. Die scheinbare Position der Sterne verschob sich leicht – genau wie vorhergesagt.

## Dellen im Gefüge des Raums

Einstein stellte sich den leeren Raum wie eine dünne Gummihaut vor. Legt man einen schweren Gegenstand, zum Beispiel eine Billardkugel, auf diese Haut, entsteht eine Delle. Die Sonne, das schwerste Objekt im Sonnensystem, drückt den Raum um sich ein und schafft eine solche Delle, den sogenannten „Schwerkraftschlund". Wenn Körper, die sich durch den Raum bewegen, in den Bereich der Delle geraten, werden sie auf eine gekrümmte Bahn um die Sonne gezwungen.

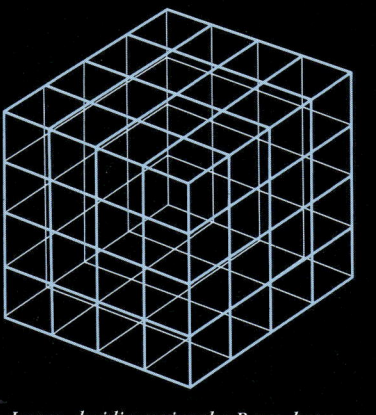

*Leerer, dreidimensionaler Raum kann durch einen von geraden, regelmäßigen Gitterlinien durchzogenen Würfel dargestellt werden.*

### KRÜMMUNGEN IN DREI DIMENSIONEN

Der gekrümmte Raum wird meist in nur zwei Dimensionen dargestellt – wie hier auf dem Hauptbild. In Wirklichkeit ist der Raum dreidimensional. Der Würfel links zeigt, wie der Raum ohne Objekte in ihm aussehen würde. Ein massereiches Objekt krümmt den Raum und verbiegt die Gitterlinien, die den Raum durchlaufen (unten). Die natürliche Bahn von Objekten im Raum verläuft nicht geradlinig, sondern gekrümmt über Buckel und Dellen; sie „rollen" auf massereichere Objekte zu.

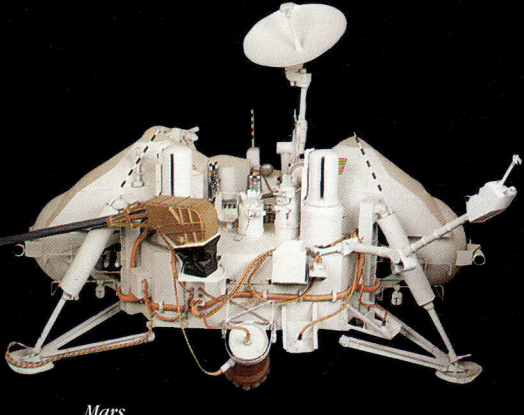

Funksignale von und zum Viking-Landefahrzeug auf dem Mars wurden von der Krümmung des Raums nahe der Sonne verzögert – sie beweisen Einsteins Theorie mit einer Genauigkeit von 0,001 Prozent.

*Mars*

*Legt man einen schweren Gegenstand in den Raum, wird die regelmäßige dreidimensionale Struktur verzerrt.*

*Venus*

*Einstein zufolge drückt die Sonne den Raum um sich ein. Die Planeten werden wie Murmeln in einem Trichter auf ihre Umlaufbahnen gezwungen und können nicht entweichen.*

*Funksignale vom und zum Mars*

### ALLGEMEINE RELATIVITÄT AM WERK

Auf der Erde ist die Wirkung des „Schwerkraftschlunds" der Sonne spürbar. Licht von fernen Sternen wird abgelenkt, und Funksignale von Raumsonden werden verzögert. Der Unterschied zwischen der Einsteinschen und der Newtonschen Theorie ist in dem schwachen Gravitationsfeld der Sonne nur schwer auszumachen, aber in der Nähe sehr kleiner, dichter Körper, wie zum Beispiel einem Neutronenstern oder einem Schwarzen Loch, ist er viel größer.

### NAVIGIEREN NACH EINSTEIN

Eine Hochsee-Yacht bestimmt ihre genaue Position nach Funksignalen von Satelliten. Die Satelliten müssen nach Einsteins allgemeiner Relativitätstheorie programmiert sein. Würde man Newtons Theorie verwenden, wäre die Position alle zwei Stunden um rund 1 km verschoben.

## KOSMISCHER WHIRLPOOL

Der Schwerkraftschlund eines rotierenden Schwarzen Lochs ähnelt einem kosmischen Whirlpool – jedes Objekt, das in seinen Anziehungsbereich gerät, rotiert wie ein Strudel um das Loch und wird schließlich aufgesogen. Außerhalb der statischen Grenze kann ein Raumschiff sich bewegen wie es will. Gerät es aber in die Ergosphäre, wird es unweigerlich vom strudelnden Schwarzen Loch erfasst – es könnte jedoch entrinnen, wenn seine Triebwerke stark genug sind. Innerhalb des äußeren Ereignishorizonts gibt es kein Entkommen, selbst wenn die Triebwerke unendliche Leistung hätten.

*Am äußeren Ereignishorizont kann eine Rakete der nach innen wirkenden Kraft eines Schwarzen Lochs nicht entkommen.*

*Äußerer Ereignishorizont*

Jeder rotierende Körper zieht den Raum um sich mit, doch ist dieser Effekt am deutlichsten in der Nähe massereicher Objekte zu bemerken. Der Raum um ein rotierendes Schwarzes Loch wird mitgezogen und dabei verdreht.

*Vergleiche diese 3-D-Struktur von dem Raum um ein rotierendes Schwarzes Loch mit der Grafik von der Raumstruktur um ein nicht-rotierendes massereiches Objekt auf S. 19.*

*Statische Grenze*

*Ergosphäre*

*Innerhalb des inneren Ereignishorizonts werden die Lichtstrahlen nicht mehr weiter nach innen gesogen, sondern die Gasblase setzt ihren einmal eingeschlagenen Weg ins Zentrum des Schwarzen Lochs fort.*

*Wenn die Gasblase das Zentrum des Schwarzen Lochs erreicht, hängt ihr Schicksal davon ab, welche Richtung sie einschlägt. Kommt sie genau über dem Äquator des Schwarzen Lochs hinein, trifft sie die Singularität und wird vernichtet. Die Bahn dieser Gasblase ist jedoch leicht geneigt und führt darum durch den Ring in der Mitte der wirbelnden Singularität.*

## Die Energiemaschinerie des Schwarzen Lochs

Schwarze Löcher haben den schrecklichen Ruf, alles zu verschlingen, doch theoretisch ist es möglich, gewaltige Energiemengen aus einem rotierenden Schwarzen Loch zu gewinnen. Rund 20 Prozent seiner immensen Energie sind in dem in der Ergosphäre herumgewirbelten Raum gespeichert.

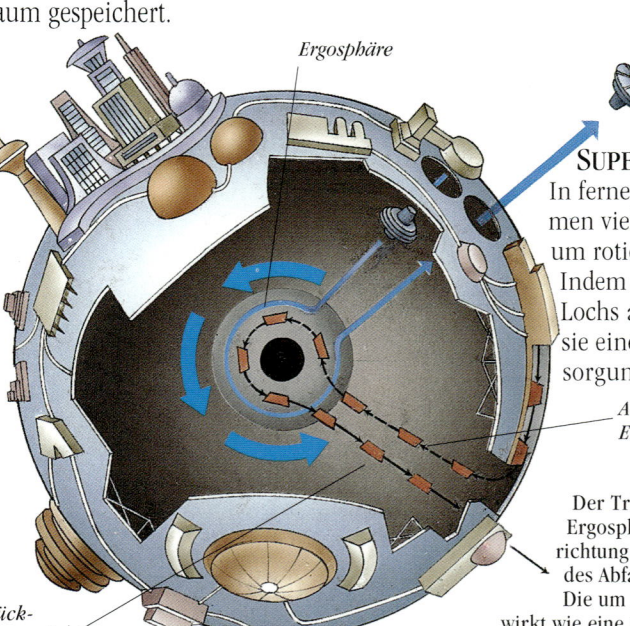

*Ergosphäre*

*Die Einwohner einer Stadt in der Nähe eines Schwarzen Lochs könnten sogar ein Raumschiff starten, in dem sie von ihm Energie aus der wirbelnden Ergosphäre holen lassen.*

### SUPERÖKOLOGISCHE STÄDTE

In ferner Zukunft bauen unsere Nachkommen vielleicht riesige Städte auf eine Sphäre um rotierende Schwarze Löcher herum. Indem sie die Rotation des Schwarzen Lochs als Energiequelle nutzen, könnten sie eine Stadt allein durch Abfallentsorgung mit Energie versorgen.

*Abfall holt Energie aus der Ergosphäre.*

Der Trick: Abfall wird auf eine Bahn in die Ergosphäre gebracht, auf der er in der Drehrichtung des Schwarzen Lochs kreist. Die Hälfte des Abfalls wird in das Schwarze Loch gekippt. Die um das Schwarze Loch wirbelnde Schwerkraft wirkt wie eine Schleuder, die die andere Hälfte des Abfalls beschleunigt und mit unvorstellbarer Geschwindigkeit wegschleudert. Die Energie des rückkehrenden Abfalls könnte einen Generator antreiben.

*Zurückkommender Abfall bringt Energie mit.*

*In Schwarzen Löchern bleiben nur Masse, Drehung und Ladung von einfallenden Objekten erhalten. Die Schwerkraft „rasiert die Haare", das heißt, sie beseitigt alle anderen Eigenschaften, darunter Gestalt und chemische Zusammensetzung.*

### SCHWARZ-LOCH-BOMBE

Stell dir vor, du umkreist ein rotierendes Schwarzes Loch mit einem kugelförmigen Spiegel und leuchtest mit einer Taschenlampe durch ein Loch im Spiegel. Das Licht wird im Innern hin- und herreflektiert und gewinnt jedesmal, wenn es durch die Ergosphäre kommt, Energie. Nun verschließe das Loch. Das Licht bewegt sich weiter im Spiegel hin und her und verstärkt sich fast unendlich, während sich ein gewaltiger Druck aufbaut – schließlich zerplatzt der Spiegel.

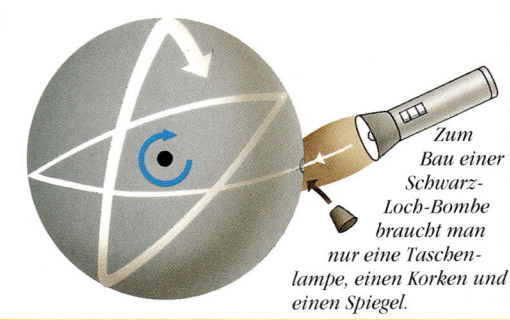

*Zum Bau einer Schwarz-Loch-Bombe braucht man nur eine Taschenlampe, einen Korken und einen Spiegel.*

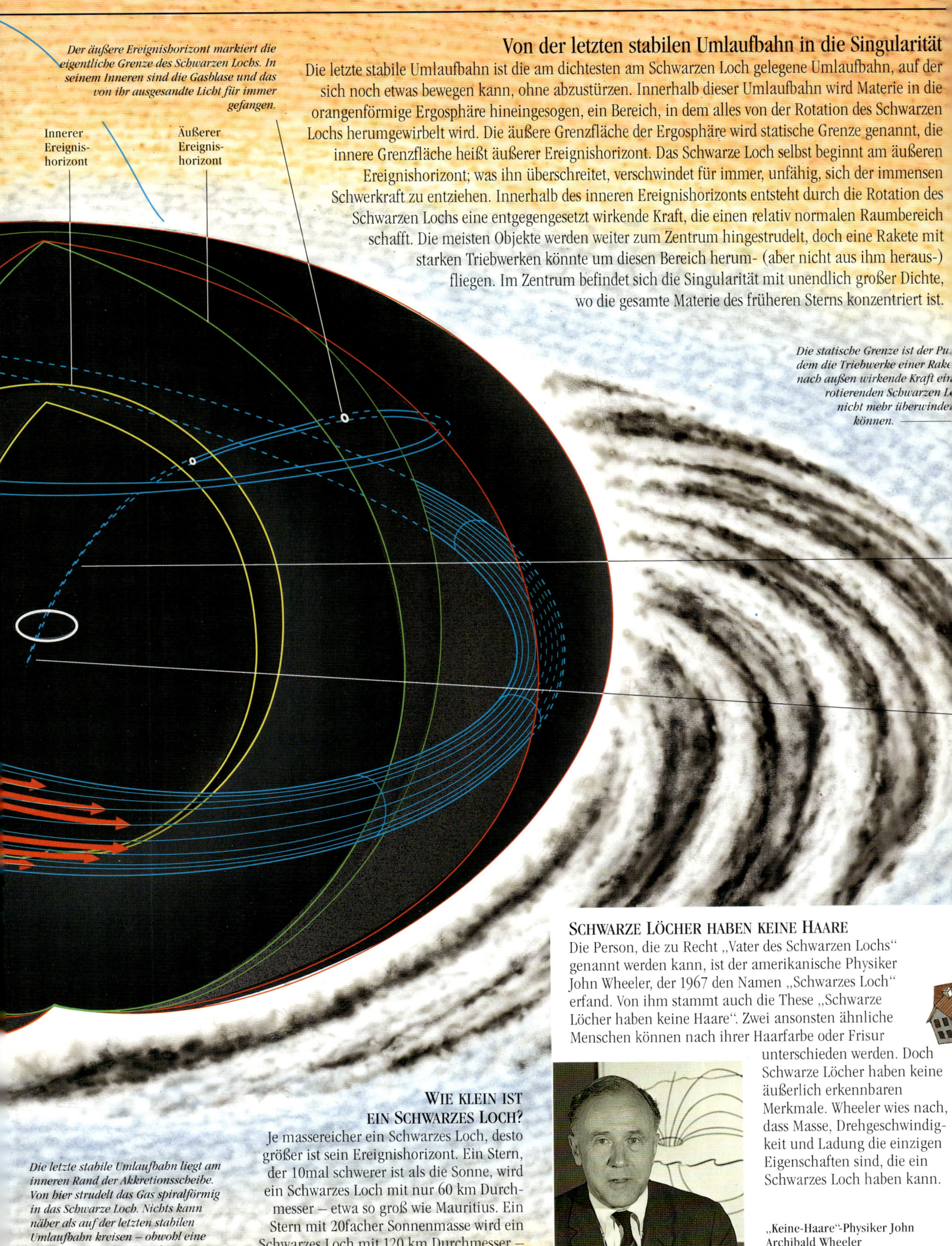

Innerer
Ereignis-
horizont

Äußerer
Ereignis-
horizont

*Der äußere Ereignishorizont markiert die eigentliche Grenze des Schwarzen Lochs. In seinem Inneren sind die Gasblase und das von ihr ausgesandte Licht für immer gefangen.*

## Von der letzten stabilen Umlaufbahn in die Singularität

Die letzte stabile Umlaufbahn ist die am dichtesten am Schwarzen Loch gelegene Umlaufbahn, auf der sich noch etwas bewegen kann, ohne abzustürzen. Innerhalb dieser Umlaufbahn wird Materie in die orangenförmige Ergosphäre hineingesogen, ein Bereich, in dem alles von der Rotation des Schwarzen Lochs herumgewirbelt wird. Die äußere Grenzfläche der Ergosphäre wird statische Grenze genannt, die innere Grenzfläche heißt äußerer Ereignishorizont. Das Schwarze Loch selbst beginnt am äußeren Ereignishorizont; was ihn überschreitet, verschwindet für immer, unfähig, sich der immensen Schwerkraft zu entziehen. Innerhalb des inneren Ereignishorizonts entsteht durch die Rotation des Schwarzen Lochs eine entgegengesetzt wirkende Kraft, die einen relativ normalen Raumbereich schafft. Die meisten Objekte werden weiter zum Zentrum hingestrudelt, doch eine Rakete mit starken Triebwerken könnte um diesen Bereich herum- (aber nicht aus ihm heraus-) fliegen. Im Zentrum befindet sich die Singularität mit unendlich großer Dichte, wo die gesamte Materie des früheren Sterns konzentriert ist.

*Die statische Grenze ist der Pu[...] dem die Triebwerke einer Rake[...] nach außen wirkende Kraft ein[...] rotierenden Schwarzen L[...] nicht mehr überwinde[...] können.*

*Die letzte stabile Umlaufbahn liegt am inneren Rand der Akkretionsscheibe. Von hier strudelt das Gas spiralförmig in das Schwarze Loch. Nichts kann näher als auf der letzten stabilen Umlaufbahn kreisen – obwohl eine Rakete noch entkommen könnte, wenn sie ihre Triebwerke zündet.*

### WIE KLEIN IST EIN SCHWARZES LOCH?

Je massereicher ein Schwarzes Loch, desto größer ist sein Ereignishorizont. Ein Stern, der 10mal schwerer ist als die Sonne, wird ein Schwarzes Loch mit nur 60 km Durchmesser – etwa so groß wie Mauritius. Ein Stern mit 20facher Sonnenmasse wird ein Schwarzes Loch mit 120 km Durchmesser – etwa so groß wie Hawaii.

### SCHWARZE LÖCHER HABEN KEINE HAARE

Die Person, die zu Recht „Vater des Schwarzen Lochs" genannt werden kann, ist der amerikanische Physiker John Wheeler, der 1967 den Namen „Schwarzes Loch" erfand. Von ihm stammt auch die These „Schwarze Löcher haben keine Haare". Zwei ansonsten ähnliche Menschen können nach ihrer Haarfarbe oder Frisur unterschieden werden. Doch Schwarze Löcher haben keine äußerlich erkennbaren Merkmale. Wheeler wies nach, dass Masse, Drehgeschwindigkeit und Ladung die einzigen Eigenschaften sind, die ein Schwarzes Loch haben kann.

„Keine-Haare"-Physiker John Archibald Wheeler

# Nackte Singularitäten

WISSENSCHAFTLER, DIE SICH MIT DER ERFORSCHUNG von Schwarzen Löchern befassten, stießen in den späten 1960er Jahren auf eine beunruhigende Möglichkeit. Wenn ein Stern zu einem Schwarzen Loch kollabiert, entsteht ein Ereignishorizont und verbirgt die Singularität. Doch in bestimmten Situationen kann sich ein Schwarzes Loch ohne Ereignishorizont bilden. Dann wäre es möglich, die Singularität zu sehen – und vielleicht zu ihr hin- und wieder zurück zu fliegen. Aber Singularitäten sind Orte von unermesslicher Dichte, wo die Gültigkeit der Naturgesetze gesprengt ist und *alles* möglich ist. Und ohne Ereignishorizonte gibt es nichts, was das Universum um sie herum schützen könnte: Kosmische Anarchie würde herrschen. „Nackte Singularitäten" könnten ein unwiderstehliches Ziel für künftige tollkühne Raumfahrer sein.

*Ein ruhender Körper schrumpft zu einem Punkt.*

### PUNKT ODER RING?

Eine Singularität ist der größte Triumph der Schwerkraft – Materie wird zu unendlicher Dichte zusammengedrückt. Wenn das Objekt, das komprimiert wird, nicht rotiert, verkleinert die Schwerkraft die Materie symmetrisch. Als Singularität ergibt sich ein unendlich kleiner Punkt (*links*). Wird ein rotierendes Objekt zusammengedrückt, lassen die Rotationskräfte es ringförmig ausbauchen. Der Ring schrumpft, und die daraus entstehende Singularität ist ein unendlich kleiner Ring (*rechts*).

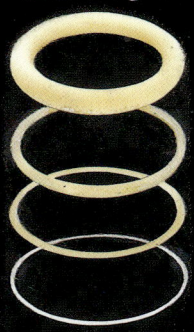

*Ein rotierendes Objekt schrumpft zu einem Ring.*

### KOSMISCHE ZENSUR

Der britische Mathematiker Roger Penrose wies 1965 nach, dass jedes Schwarze Loch eine Singularität besitzt. Doch die Vorstellung einer „*nackten* Singularität" entsetzte ihn so sehr, dass er eine „kosmische Zensur" vorschlug, die dafür sorgte, dass Singularitäten mit einem Ereignishorizont anständig bekleidet sind. Auf diese Weise bleibt die Singularität von unserem Universum ausgeschlossen. Doch Penrose konnte nicht nachweisen, dass eine kosmische Zensur besteht, und andere Mathematiker glauben, dass nackte Singularitäten existieren können, wenn auch nur kurz.

*Nach Roger Penroses Vorstellung schließt eine „kosmische Zensur" nackte Singularitäten aus.*

## Reise ins Ungewisse

Ein Raumschiff nähert sich vorsichtig einer nackten Singularität. Die durch den Kollaps eines rotierenden Sterns entstandene Singularität nimmt die Form eines glühenden Rings an. Innerhalb und außerhalb des Rings ist der Raum normal. Das Raumschiff kann die Singularität erforschen, ohne hineingesogen zu werden.

*Durch elektrische Kräfte kann dein Haar die Schwerkraft überwinden ...*

*... während schnelle Drehung dich nach außen schleudert.*

## Wie man eine nackte Singularität macht

Dazu muss man die Kräfte überwinden, die sonst einen Ereignishorizont schaffen würden. Zwei Kräfte können das erreichen: Drehung und elektrische Ladung. Wenn ein zu einem Schwarzen Loch kollabierender Stern sehr schnell rotiert oder ein starkes elektrisches Feld hat, bildet die entgegengesetzt wirkende Kraft einen inneren Ereignishorizont. Eine Zunahme der Drehung oder der Ladung nähert den inneren und den äußeren Horizont einander an. Reichen Drehung oder Ladung aus, verschmelzen die beiden Horizonte und verschwinden völlig, so dass die Singularität freiliegt. Im wirklichen Universum kann ein kollabierender Stern nicht genug elektrische Ladung aufbauen, um der Schwerkraft entgegenzuwirken, doch ein sehr schnell rotierender Stern könnte als eine nackte Singularität enden.

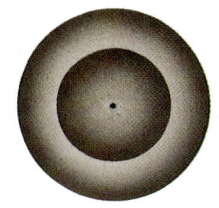

Ein rotierendes Schwarzes Loch hat einen inneren und einen äußeren Ereignishorizont mit einer Einbahnstraße zwischen beiden, auf der die Dinge nur hinein- und nicht hinauskönnen.

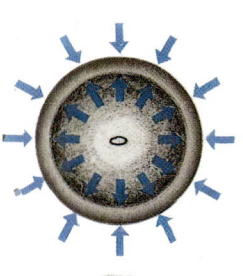

Ein schneller rotierendes Schwarzes Loch hat einen größeren inneren Ereignishorizont und einen kleineren äußeren Ereignishorizont. Die Einbahnstraße ist dünner.

Wenn das Loch schnell genug rotiert, können die beiden Horizonte verschmelzen. Die Einbahnstraße verschwindet, und die Singularität wird sichtbar – und erreichbar.

*Bei einer ringförmigen Singularität gleicht die Raumstruktur einer kreisförmigen Falte in einem Stück Stoff. Niemand kann vorhersagen, was hier geschehen wird – es könnte auch ein Ort sein, wo man über den Rand des Universums hinausfällt.*

## Kosmischer Seifenschaum

Eine ringförmige Singularität ist nicht etwa eine unendlich dünne Linie. Eine Milliarde Billion Billion mal vergrößert würden wir den Raum um sie als „Quantenschaum" ähnlich unserem Seifenschaum verzerrt sehen. Hier hat der Raum keine bestimmte Form – nur eine Auswahl verschiedener möglicher Formen.

### DIE KOSMISCHE ZENSUR SCHLAGEN

Niemand hat je eine nackte Singularität gesehen, aber Computersimulationen zeigen, dass sie in verschiedenen Formen vorkommen kann, vor allem, wenn die Materie sehr asymmetrisch zusammenstürzt. Wenn eine lange Stange unter der Schwerkraft kollabiert, produzieren die Simulationen eine dünne, längliche Singularität. Diese dauert jedoch nur kurz, bevor die ganze Masse in einem Ereignishorizont verschwindet.

*Wenn Singularitäten die kosmischen Gesetze brechen, könnte viel von ihrem Verhalten genau das Gegenteil von dem sein, was wir erwarten. Zum Beispiel müsste das komprimierteste Objekt im Universum auch das dunkelste sein. Doch Physiker vermuten, dass Singularitäten Strahlung aussenden und hell leuchten.*

### KOSMISCHE GESETZESBRECHER

Eine Singularität bildet eine Grenzfläche zum Raum, wo die Gesetze der Physik ungültig sind. Wir können nicht vorhersagen, was dort geschehen wird. Sie könnte zum Beispiel spontan eine Gaswolke in eine riesige außerirdische Katze verwandeln. Wenn es auch nur eine nackte Singularität im Universum gibt, kann sie überall, selbst auf der Erde, ein unvorhersehbares Chaos schaffen.

# Hineinfallen

SCHWARZE LÖCHER SIND SO SELTEN, dass das Risiko, von einem verschlungen zu werden, praktisch gleich Null ist. Was würde jedoch geschehen, wenn du wirklich in ein Schwarzes Loch fallen würdest? Auf den nächsten vier Seiten verfolgen wir das Schicksal einer künftigen Astronautin, die sich in ein massereiches Schwarzes Loch wagt (eines von denen, die im Zentrum der Milchstraße und anderer Galaxien lauern könnten). Doch so einfach ist das alles nicht. Einsteins allgemeine Relativitätstheorie verdeutlicht, dass die Erlebnisse der Astronautin anders sind, als ihre besorgten Crewmitglieder sie vom Raumschiff aus wahrnehmen. Das liegt daran, dass Raum und Zeit sich in der Nähe eines Schwarzen Lochs ganz anders verhalten.

## Den Sprung wagen

Von ihren Kollegen im Raumschiff beobachtet, springt die Astronautin mit den Füßen voran. Das Raumschiff ist in sicherer Entfernung außerhalb der letzten stabilen Umlaufbahn geparkt. Die Besatzung weiß, dass Raum und Zeit von Schwarzen Löchern verändert werden und beobachtet die Armbanduhr der mutigen Astronautin – sie führen auch Buch über das Licht, das von ihrer Kollegin kommt und die Krümmung des sie umgebenden Raums. Anfangs scheint alles normal zu laufen, sie lässt sich von der Schwerkraft des Lochs nach unten ziehen. Dann beginnt sie in das Loch hineinzutreiben ...

### SPAGHETTIFIZIERUNG ÜBERLEBEN

Es wäre tödlich, würde die Astronautin in ein von einem sterbenden Stern gebildetes Schwarzes Loch – eines mit einer mehrfachen Sonnenmasse – fallen. Es dellt den Raum so stark ein, dass sie in einen sehr steilen Schwerkraftschlund fallen würde. An ihren Füßen würde eine viel stärkere Kraft zerren als an ihrem Kopf. Käme sie noch näher an das Loch heran, würde sie immer länger und dünner werden. Schließlich würde diese „Spaghettifizierung" sie zerreißen.

*Spaghettifizierung am Ereignishorizont eines kleinen Schwarzen Lochs wäre so, als hinge man vom Eiffelturm und die ganze Bevölkerung von Paris zöge an den Füßen.*

### VIEL MASSE BEDEUTET SANFT

Ein massereiches Schwarzes Loch hat einen viel flacheren Schwerkraftshang. Nähme die Astronautin ein Schwarzes Loch mit 10facher Sonnenmasse, würde sie die Kräfte der Spaghettifizierung kaum spüren. Sie wären dann auch nicht tödlich.

*Weit weg vom Schwarzen Loch ist der Raum nicht gekrümmt.*

*Von der Astronautin kommende Lichtstrahlen sind normal.*

*Die Uhren der Astronautin und des Raumschiffs gehen gleich.*

## 1 BEIM START

In den ersten paar Minuten der Reise zum Schwarzen Loch geschieht nichts Außergewöhnliches. Die Armbanduhr der Astronautin – von der Besatzung durch ein Teleskop beobachtet – zeigt die gleiche Uhrzeit wie die Uhr auf dem Armaturenbrett des Raumschiffs; der umgebende Raum (dargestellt durch das regelmäßige Gitter links) ist nicht verzerrt; und das von der Astronautin kommende Licht ist völlig normal.

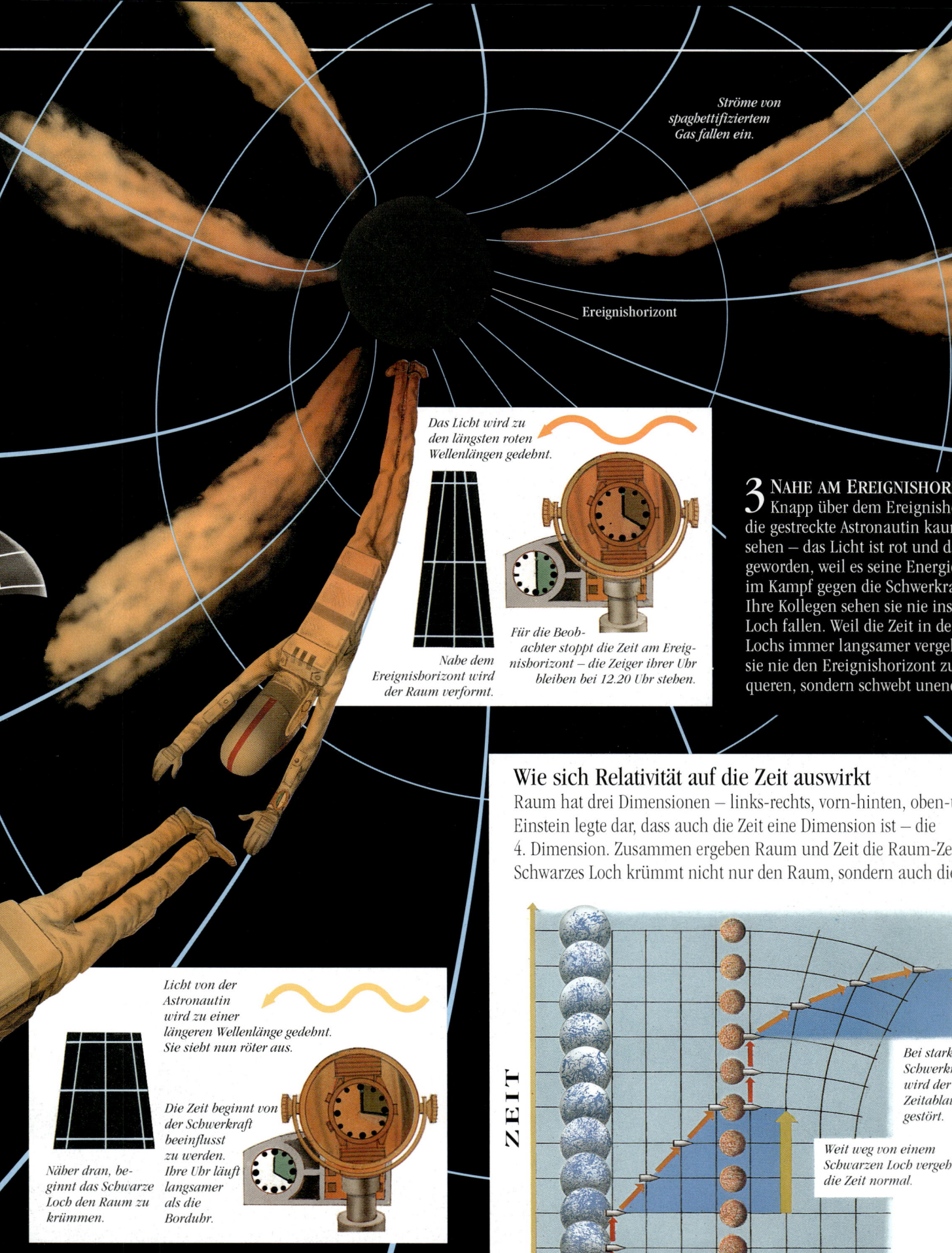

Ströme von
spaghettifiziertem
Gas fallen ein.

Ereignishorizont

Das Licht wird zu
den längsten roten
Wellenlängen gedehnt.

Nahe dem
Ereignishorizont wird
der Raum verformt.

Für die Beob-
achter stoppt die Zeit am Ereignishorizont – die Zeiger ihrer Uhr
bleiben bei 12.20 Uhr stehen.

## 3 NAHE AM EREIGNISHORIZONT

Knapp über dem Ereignishorizont ist
die gestreckte Astronautin kaum noch zu
sehen – das Licht ist rot und dämmerig
geworden, weil es seine Energie fast ganz
im Kampf gegen die Schwerkraft verliert.
Ihre Kollegen sehen sie nie ins Schwarze
Loch fallen. Weil die Zeit in der Nähe des
Lochs immer langsamer vergeht, scheint
sie nie den Ereignishorizont zu über-
queren, sondern schwebt unendlich davor.

## Wie sich Relativität auf die Zeit auswirkt

Raum hat drei Dimensionen – links-rechts, vorn-hinten, oben-unten.
Einstein legte dar, dass auch die Zeit eine Dimension ist – die
4. Dimension. Zusammen ergeben Raum und Zeit die Raum-Zeit. Ein
Schwarzes Loch krümmt nicht nur den Raum, sondern auch die Zeit.

Licht von der
Astronautin
wird zu einer
längeren Wellenlänge gedehnt.
Sie sieht nun röter aus.

Die Zeit beginnt von
der Schwerkraft
beeinflusst
zu werden.
Ihre Uhr läuft
langsamer
als die
Borduhr.

Näher dran, be-
ginnt das Schwarze
Loch den Raum zu
krümmen.

ZEIT

Bei starker
Schwerkraft
wird der
Zeitablauf
gestört.

Weit weg von einem
Schwarzen Loch vergeht
die Zeit normal.

## 2 ZEITDEHNUNG

Wenn sich die Astronautin dem Ereignishorizont nähert,
beginnt sie sich unter den Spaghettifizierungskräften zu
strecken – die Schwerkraft zieht mehr an ihren Füßen als
an ihrem Kopf. Obwohl die Zeit für sie normal vergeht, beobachtet die Raumschiffbesatzung, dass ihre Uhr langsamer
läuft. Die ungeheure Schwerkraft des Lochs verzerrt Raum
und Zeit. Ihre Kollegen bemerken auch, dass sie röter aussieht – Licht verliert im Kampf gegen die Schwerkraft Energie.

Dieses „Raum-Zeit-Diagramm" zeigt ein
Raumschiff, das durch die Planeten und
dann in die Nähe eines Schwarzen
Lochs (rechts) fliegt. Anfangs bewegt es
sich geradlinig durch ungekrümmte

Raum-Zeit. In der Nähe des Schwarzen
Lochs werden Raum und Zeit
gekrümmt. Das Raumschiff folgt einer
gebogenen Bahn durch die Raum-Zeit.
Die Zeit läuft effektiv langsamer ab.

# Durchs Schwarze Loch

D IE FURCHTLOSE ASTRONAUTIN treibt immer schneller zum Schwarzen Loch und weiß nicht, dass ihre Kollegen im Raumschiff beobachten, wie für sie über dem Ereignishorizont die Zeit stillsteht. Sie hat an ganz andere Dinge zu denken – zum Beispiel das riesige Schwarze Loch, das vor ihr gähnt. Nun gibt es kein Entrinnen mehr. Doch als sie den Ereignishorizont überquert, ist das dunkle Vakuum plötzlich von einem schwindelerregend fantastischen Ausblick ersetzt. Die Raum-Zeit im Innern des Lochs ist so gekrümmt, dass sie den Blick auf andere Universen öffnet. Wenn es der Astronautin gelingt, vorsichtig durch das Schwarze Loch zu navigieren, könnte sie vielleicht in ein anderes Universum gelangen.

Keine Rückkehr: Dicht über dem Ereignishorizont sieht die Astronautin das Schwarze Loch, umgeben von einem hell leuchtenden Ring aus eingeschlossenem, rotierendem Licht.

## 1 WECHSELNDES BILD

Während die Astronautin durch das Schwarze Loch treibt, ändert sich der Blick durch das Sichtfenster ihres Helms unentwegt. Sie sieht mehrere Universen. Diese können verschiedenartige Sterne und Dimensionen haben – und sogar unvorstellbare Lebensformen.

*Äußerer Ereignishorizont*

*Einbahnstraße – hinein*

*Innerer Ereignishorizont*

*Polroute*

*Äquatorroute*

## Brücke zu einem anderen Universum

Einstein und sein Kollege Nathan Rosen fanden heraus, dass der „Schlund" des Schwarzen Lochs sich in einen spiegelbildlichen Schlund öffnen könnte, der mit einem anderen Universum verbunden ist. Theoretisch könnte die Astronautin die Einstein-Rosen-Brücke nutzen, um in das andere Universum zu gelangen, aber es lauern beträchtliche Gefahren auf dem Weg dorthin. Ist das Schwarze Loch nicht groß genug, wird sie durch die Spaghettifizierungskräfte zerrissen. Wenn das Loch nicht rotiert, kann sie nicht verhindern, dass sie auf die unendlich dichte Singularität im Zentrum knallt und umkommt. Ein rotierendes Schwarzes Loch mit seiner ringförmigen Singularität könnte der Astronautin einen sicheren Weg bieten. Doch sie muss ihren Weg zu der Singularität sehr umsichtig suchen.

Um zu überleben, muss man das Schwarze Loch sorgfältig auswählen. Es muss groß sein und einen allmählich abfallenden Schwerkraftshang haben. Auch muss es rotieren, damit man es sicher durchqueren kann.

*Auf den Kurs kommt es an! Wenn die Astronautin über den Äquator des Schwarzen Lochs hineinkommt, knallt sie auf die Singularität. Um durchzukommen, muss sie den Weg über einen der beiden Pole einschlagen.*

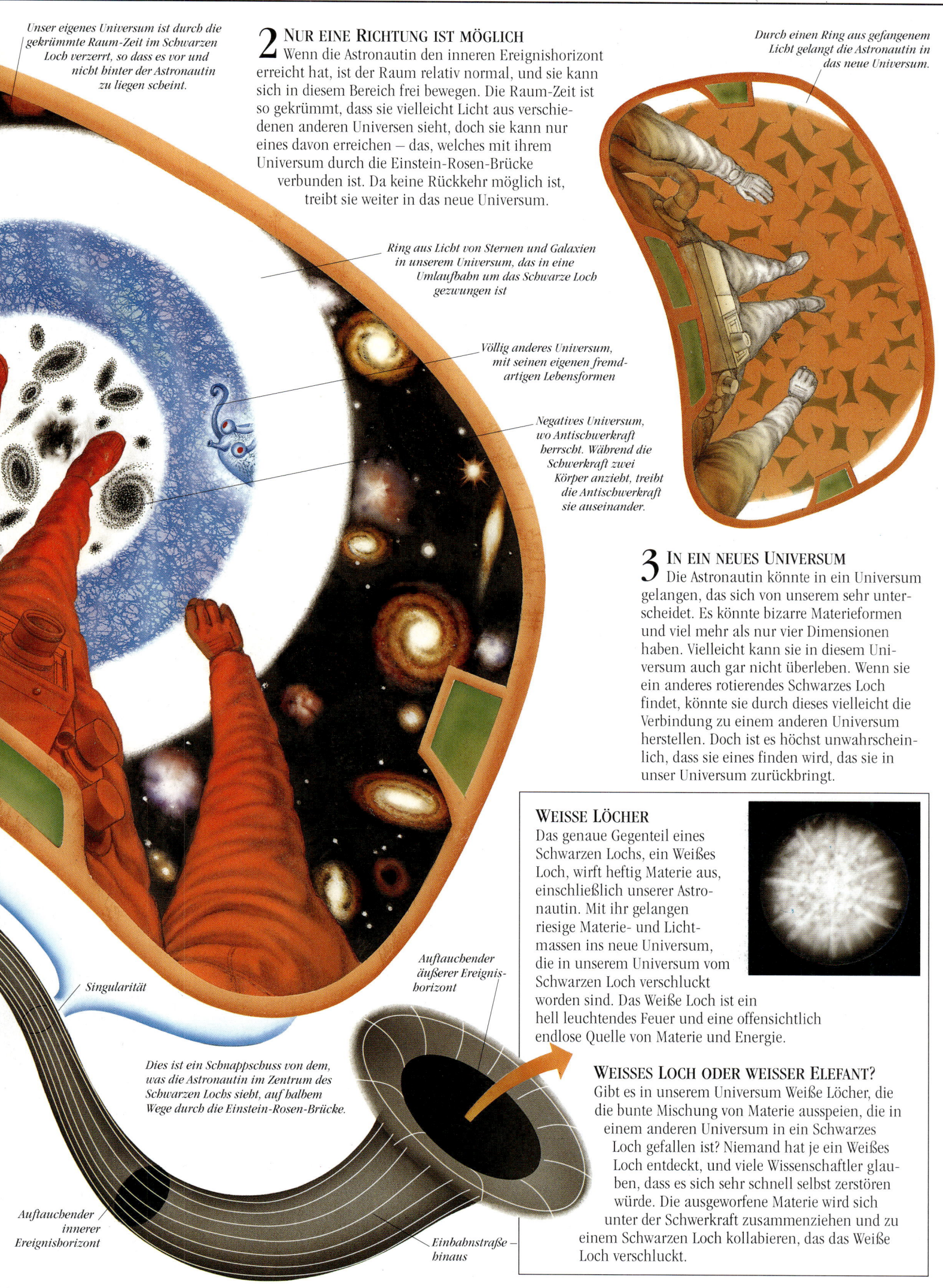

*Unser eigenes Universum ist durch die gekrümmte Raum-Zeit im Schwarzen Loch verzerrt, so dass es vor und nicht hinter der Astronautin zu liegen scheint.*

## 2 NUR EINE RICHTUNG IST MÖGLICH

Wenn die Astronautin den inneren Ereignishorizont erreicht hat, ist der Raum relativ normal, und sie kann sich in diesem Bereich frei bewegen. Die Raum-Zeit ist so gekrümmt, dass sie vielleicht Licht aus verschiedenen anderen Universen sieht, doch sie kann nur eines davon erreichen – das, welches mit ihrem Universum durch die Einstein-Rosen-Brücke verbunden ist. Da keine Rückkehr möglich ist, treibt sie weiter in das neue Universum.

*Durch einen Ring aus gefangenem Licht gelangt die Astronautin in das neue Universum.*

*Ring aus Licht von Sternen und Galaxien in unserem Universum, das in eine Umlaufbahn um das Schwarze Loch gezwungen ist*

*Völlig anderes Universum, mit seinen eigenen fremdartigen Lebensformen*

*Negatives Universum, wo Antischwerkraft herrscht. Während die Schwerkraft zwei Körper anzieht, treibt die Antischwerkraft sie auseinander.*

## 3 IN EIN NEUES UNIVERSUM

Die Astronautin könnte in ein Universum gelangen, das sich von unserem sehr unterscheidet. Es könnte bizarre Materieformen und viel mehr als nur vier Dimensionen haben. Vielleicht kann sie in diesem Universum auch gar nicht überleben. Wenn sie ein anderes rotierendes Schwarzes Loch findet, könnte sie durch dieses vielleicht die Verbindung zu einem anderen Universum herstellen. Doch ist es höchst unwahrscheinlich, dass sie eines finden wird, das sie in unser Universum zurückbringt.

### WEISSE LÖCHER

Das genaue Gegenteil eines Schwarzen Lochs, ein Weißes Loch, wirft heftig Materie aus, einschließlich unserer Astronautin. Mit ihr gelangen riesige Materie- und Lichtmassen ins neue Universum, die in unserem Universum vom Schwarzen Loch verschluckt worden sind. Das Weiße Loch ist ein hell leuchtendes Feuer und eine offensichtlich endlose Quelle von Materie und Energie.

*Singularität*

*Dies ist ein Schnappschuss von dem, was die Astronautin im Zentrum des Schwarzen Lochs sieht, auf halbem Wege durch die Einstein-Rosen-Brücke.*

*Auftauchender äußerer Ereignishorizont*

### WEISSES LOCH ODER WEISSER ELEFANT?

Gibt es in unserem Universum Weiße Löcher, die die bunte Mischung von Materie ausspeien, die in einem anderen Universum in ein Schwarzes Loch gefallen ist? Niemand hat je ein Weißes Loch entdeckt, und viele Wissenschaftler glauben, dass es sich sehr schnell selbst zerstören würde. Die ausgeworfene Materie wird sich unter der Schwerkraft zusammenziehen und zu einem Schwarzen Loch kollabieren, das das Weiße Loch verschluckt.

*Auftauchender innerer Ereignishorizont*

*Einbahnstraße – hinaus*

# Wurmlöcher

SCHWARZE LÖCHER SIND GEFÄHRLICHE REISEZIELE. Abgesehen von den Gefahren der Spaghettifizierung und von Zusammenstößen mit Singularitäten bleibt der Tunnel, der ein Schwarzes Loch mit einem anderen Universum verbindet, nur kurz geöffnet und kollabiert dann. Doch es könnte eine Alternative geben, wenn sie zur Zeit auch nur in der Theorie besteht. Eines Tages sind Wissenschaftler vielleicht in der Lage, mit Hilfe der Antischwerkraft – dem Gegenteil der Schwerkraft – die Wildheit eines Schwarzen Loches zu zähmen und ein Wurmloch zu schaffen. Ein Wurmloch hat zwei Ausgänge, die durch einen Tunnel im gekrümmten Raum miteinander verbunden sind. Anders als der Ereignishorizont eines Schwarzen Lochs ermöglicht ein Wurmloch den Verkehr in beiden Richtungen: Man kann hinein und hinaus. Und ein Wurmloch hat außerdem den großen Vorteil, dass es verschiedene Teile unseres eigenen Universums verbinden kann und so eine sichere Abkürzung zwischen zwei weit entfernten Orten bietet.

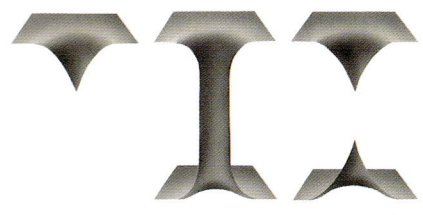

## KURZE ÖFFNUNGSZEITEN

Ein Schwarzes Loch bietet eine instabile Verbindung zwischen unserem Universum und einem anderen. Nachdem sich ein Schwarzes Loch gebildet hat (*links*), verbindet es sich kurz mit einem anderen Universum (*Mitte*), doch der Tunnel kollabiert (*rechts*). Er könnte sich sogar vorzeitig schließen, wenn er zum Beispiel durch einen Raumfahrer, der ihn durchqueren will, gestört wird.

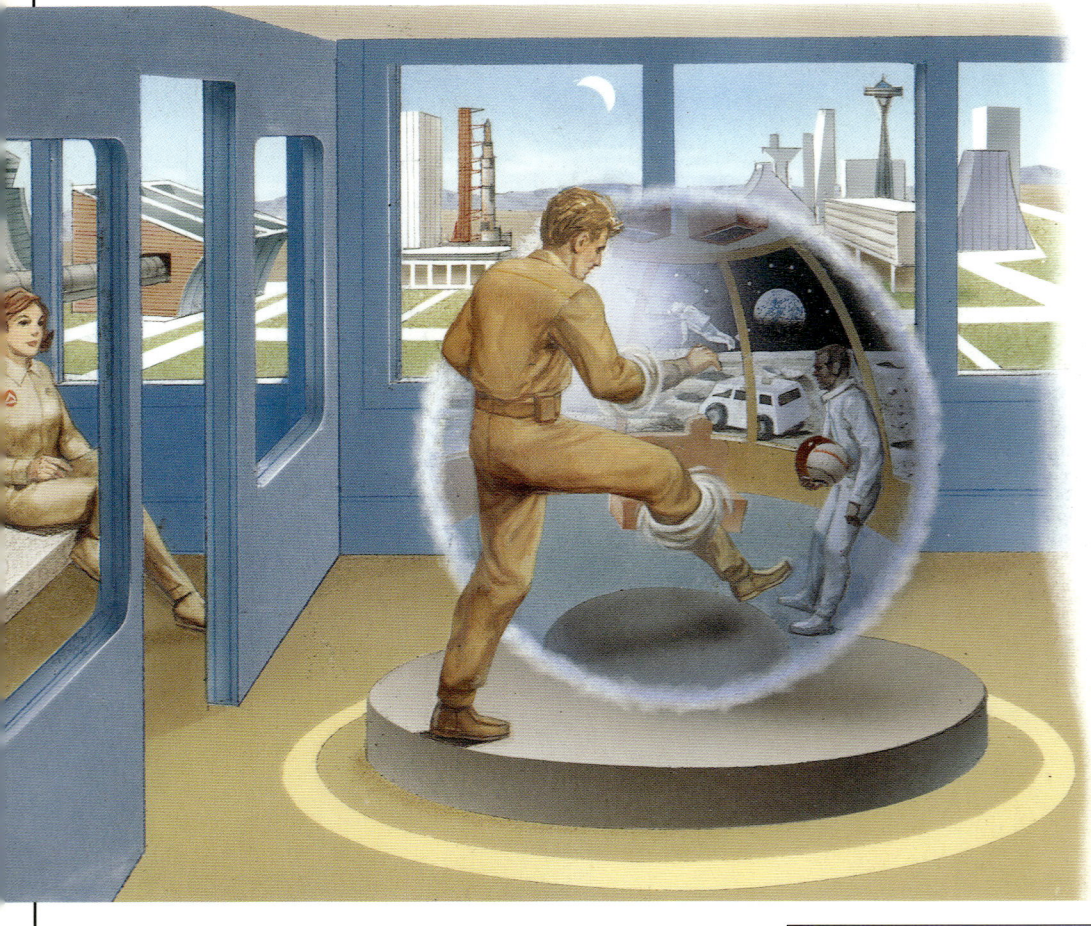

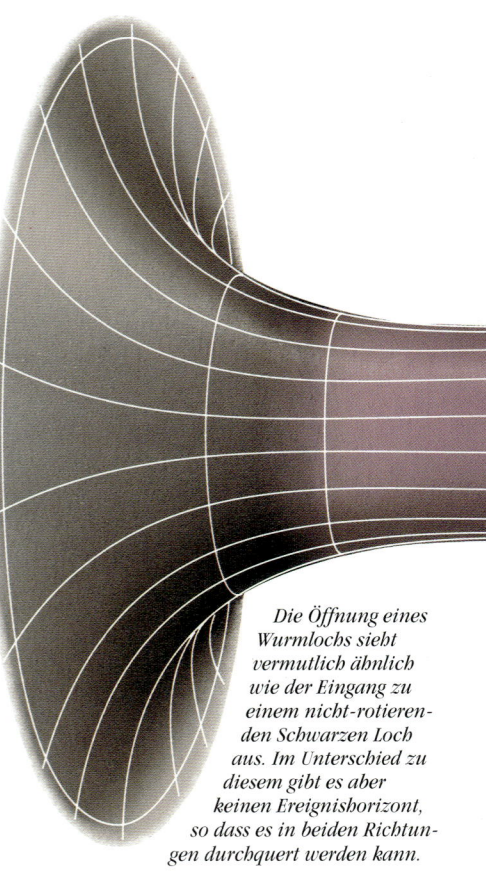

*Die Öffnung eines Wurmlochs sieht vermutlich ähnlich wie der Eingang zu einem nicht-rotierenden Schwarzen Loch aus. Im Unterschied zu diesem gibt es aber keinen Ereignishorizont, so dass es in beiden Richtungen durchquert werden kann.*

## Ein kleiner Schritt in ein Wurmloch

Es ist das 25. Jahrhundert. Im Kennedy-Raumfahrtzentrum in Cape Canaveral macht sich ein Wissenschaftler der NASA auf den Weg zur Arbeit. Doch er benutzt keine Rakete. Das macht man schon seit Jahrhunderten nicht – darum rostet die Armada der NASA-Raumfahrzeuge auf dem Ausstellungsgelände vor sich hin, eine Erinnerung an die schöne alte Zeit der Raketentechnik. Stattdessen legt er seinen Raumanzug an – und steigt in die Öffnung des Kennedy-Wurmlochs, das mit Antischwerkraftmaterial ausgekleidet ist. Dieser „kleine Schritt für einen Menschen" ist in Wirklichkeit ein Riesensprung. Durch diesen Eingang gelangt der Wissenschaftler in eine andere Welt.

## Mach dir dein eigenes Wurmloch

Ein bestehendes Wurmloch offenzuhalten ist eine Sache, doch vielleicht ist nicht immer eines vorhanden, das dich dorthin bringt, wohin du willst. Also mach dir eins. Bohre eine Vertiefung in den Raum und biege dann den Raum vorsichtig um, bis dein Ziel dicht am Boden der Vertiefung ist. Mache ein kleines Loch in den Boden der Vertiefung und ein anderes bei deinem Zielort. Klebe die Ränder der Löcher zusammen. Fertig ist dein Wurmloch, mit dem du dich frei im Universum bewegen kannst.

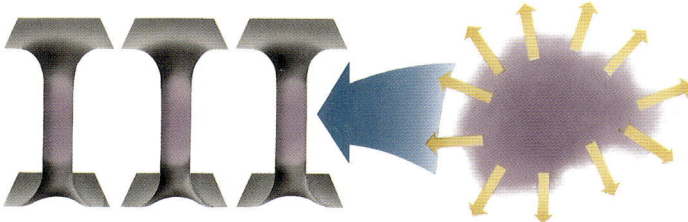

## WURMLÖCHER MIT ANTISCHWERKRAFT OFFEN HALTEN

Der zwischen den beiden Öffnungen eines Wurmlochs gebildete Tunnel ist stabil: Er wird nicht zugeschnürt. Aber wie kann man dafür sorgen, dass der Tunnel offen bleibt? Nach Kip Thorne braucht man dazu nur die Wände des Tunnels mit irgendeinem exotischen Material zu verkleiden, das die Wurmlochwände auseinander drückt. Anstatt Schwerkraft muss dieses Material Antischwerkraft ausüben, die alles von ihm weg schiebt. Thorne glaubt, dass eines Tages eine sehr weit fortgeschrittene Gesellschaft das Know-how für die Fertigung eines solchen Materials entwickeln wird.

## Die Idee kam auf einer Autofahrt

Kip Thorne, ein amerikanischer Physiker, war der erste, der – 1985 – auf die Idee kam, man könnte Wurmlöcher für Raumreisen nutzen. Vom Astronomen Carl Sagan um Mithilfe bei seinem Roman *Contact* gebeten, löste Thorne das Problem auf einer langen Autofahrt. Sagan plante, seine Heldin durch ein Schwarzes Loch zum Stern Wega – 26 Lichtjahre entfernt – zu transportieren. Mitten auf der Landstraße wurde Thorne klar, dass der einzig mögliche Weg durch ein Wurmloch führt.

Kip Thorne erfand das Wurmloch, doch erst eine wesentlich höher entwickelte Gesellschaft als unsere wird in der Lage sein, eines zu bauen.

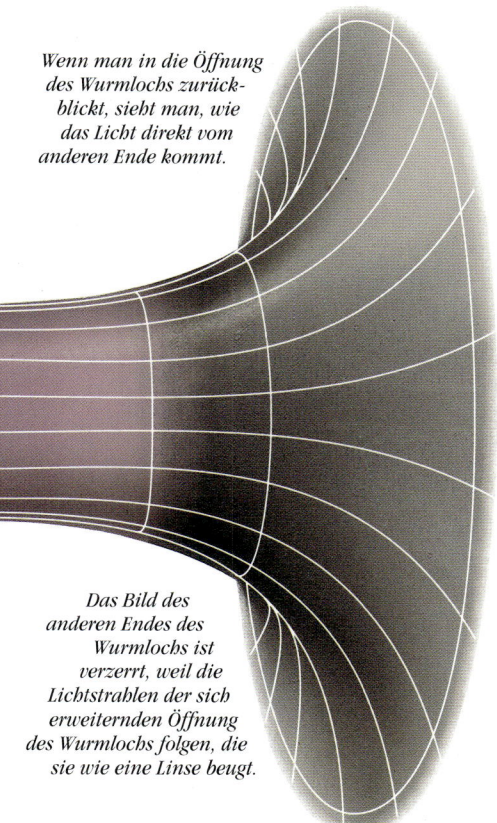

*Wenn man in die Öffnung des Wurmlochs zurückblickt, sieht man, wie das Licht direkt vom anderen Ende kommt.*

*Das Bild des anderen Endes des Wurmlochs ist verzerrt, weil die Lichtstrahlen der sich erweiternden Öffnung des Wurmlochs folgen, die sie wie eine Linse beugt.*

## GERADE ABKÜRZUNG

Ein Wurmloch kann eine schnelle, direkte Verbindung zwischen zwei Teilen unseres Universums schaffen, unabhängig davon, wie weit sie voneinander entfernt sind. Da Raum gekrümmt sein kann, kann die Länge des Wurmlochs gleich bleiben, ob es nun ferne oder nahe Teile des Universums verbindet. Durch ein Wurmloch reist man viel schneller zu sehr weit entfernten Teilen des Universums als mit Lichtgeschwindigkeit.

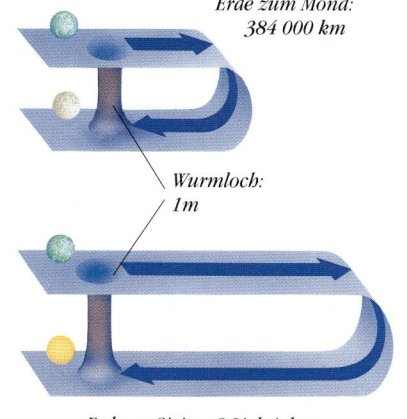

Erde zum Mond: 384 000 km

Wurmloch: 1m

Erde zu Sirius: 8 Lichtjahre

## Einen Riesensprung durch den Raum

Der NASA-Wissenschaftler kommt durch das Wurmloch in der Mondbasis an. Er brauchte überhaupt keine Zeit, um die 384 000 km zwischen Erde und Mond zurückzulegen – eine Reise, für die die Apollo-Astronauten noch drei Tage unterwegs waren. Durch die Öffnung des Wurmlochs kannst du das Bild der rostigen Raketen unten auf der Erde erkennen. Denn auch Licht pflanzt sich durch das Wurmloch fort, obwohl es vom Antischwerkraftmaterial verzerrt ist, das die Lichtstrahlen auseinanderdrückt. Auf dem Bild vom Kennedy-Raumfahrtzentrum auf der gegenüberliegenden Seite siehst du ebenso das Bild der Mondbasis durch die andere Öffnung des Wurmlochs.

# Zeitreise

EINES TAGES KÖNNTEN SCHWARZE LÖCHER ES UNS ERMÖGLICHEN, durch die exotischen Weiten des Raums zu reisen – und möglicherweise in andere Universen. Sie könnten sogar der Schlüssel zu Reisen durch die Zeit sein. Als Zeitreisender brauchst du ein „gezähmtes" Schwarzes Loch: ein Wurmloch. Die Vorstellung von Zeitreisen durch ein Wurmloch erscheint gar nicht so weit hergeholt, wenn man bedenkt, dass Wurmlöcher Abkürzungen zu entlegenen Orten im Weltraum sind (siehe S. 74). Sie bringen dich fast im Nu zu weit entfernten Plätzen, so dass du schneller bist als das Licht. Und Einsteins spezielle Relativitätstheorie besagt, dass sich etwas, das schneller ist als Licht, rückwärts durch die Zeit bewegt. Darum könnten Wurmlöcher Tore in die Vergangenheit sein. Sieh dir an, welch fantastische Erfahrungen der Wissenschaftler macht, wenn er sich mit einem Wurmloch eine Zeitmaschine baut.

*Bills und Teds tolles Abenteuer:* In diesem Film holen sich zwei Studenten für ihre Geschichtsvorlesung mit einer Zeitmaschine in Telefonzellenform historische Persönlichkeiten in die Gegenwart.

*Auf Erden sind 20 Jahre vergangen, und der Wissenschaftler ist 40 Jahre alt.*

*Nach weiteren 10 Jahren ist der Wissenschaftler 50 Jahre alt.*

*In einem fast mit Lichtgeschwindigkeit fliegenden Raumschiff läuft die Zeit langsamer ab als auf der Erde. Bei ihrer Rückkehr ist die Astronautin 35 Jahre alt, während ihre auf der Erde gebliebene Zwillingsschwester 70jährig ist*

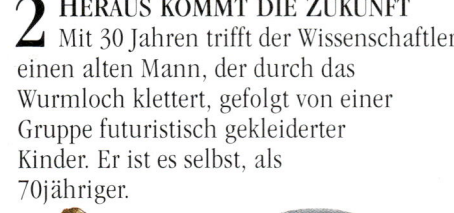

**2 HERAUS KOMMT DIE ZUKUNFT**
Mit 30 Jahren trifft der Wissenschaftler einen alten Mann, der durch das Wurmloch klettert, gefolgt von einer Gruppe futuristisch gekleideter Kinder. Er ist es selbst, als 70jähriger.

*Nachdem auf der Borduhr 5 Jahre vergangen sind, kehrt der Zwilling im Raumschiff um und nimmt wieder Kurs zur Erde.*

*Der Zwilling im Raumschiff entfernt sich mit 98 Prozent der Lichtgeschwindigkeit von der Erde.*

*Auf der Erde vergeht die Zeit. Der Wissenschaftler ist jetzt 26 Jahre alt.*

**ZEIT**

## Das Zwillingsparadoxon

Wir bewegen uns alle in die Zukunft, während die Zeit vergeht, doch Einsteins spezielle Relativitätstheorie kann eine Abkürzung durch die Zeit bieten. Beginnen wir mit den Zwillingsschwestern. Während die eine auf der Erde bleibt, hebt ihre Astronautenschwester in einer Rakete ab, die fast Lichtgeschwindigkeit erreicht. Die Relativitätstheorie besagt: Je schneller ein Objekt sich bewegt, desto langsamer scheint die Zeit in ihm zu vergehen – das nennt man Zeitdehnung. Wenn die Astronautin zurückkommt, ist sie kaum älter geworden, aber ihre Zwillingsschwester auf der Erde ist eine alte Frau.

*Beim Start sind die Zwillinge 25 Jahre alt. Beide leben auf der Erde, und die Zeit vergeht für beide gleich schnell.*

*Der Wissenschaftler ist 20 Jahre alt, als das Raumschiff abhebt.*

# Wurmloch in die Vergangenheit

Wenn man das „Zwillingsparadoxon" mit einem Wurmloch kombiniert, könnte man eine Zeitmaschine schaffen, mit der man in beide Richtungen der Zeit reisen kann. Kip Thorne schlägt vor, dass man ein Ende eines Wurmlochs an einem schnellen Raumschiff befestigt und das andere Ende auf der Erde lässt. In diesem Beispiel vergehen auf der Erde 50 Jahre, bis das Raumschiff zurückkehrt. Aber im Raumschiff sind erst 10 Jahre vergangen, so dass das Wurmloch das Raumschiff mit der Erde, wie sie vor 40 Jahren war, verbindet. Menschen der Zukunft könnten sich in einem Raumschiff durch ein Wurmloch bewegen und auf diese Weise in eine Jahrzehnte zurückliegende Vergangenheit reisen.

## DAS GROSSMUTTER-PARADOXON

Ein verrückter, auf böse Taten sinnender Wissenschaftler baut ein Wurmloch. Er reist durch das Wurmloch in die Vergangenheit und trifft seine Großmutter als junges Mädchen – und bringt sie um. Doch wenn er seine Großmutter tötete, hätte sie doch nicht seine Mutter gebären können. Und ebenso hätte diese ihn nicht auf die Welt bringen können. Es gäbe den Wissenschaftler also nicht – aber wie könnte er dann in die Vergangenheit reisen und seine Großmutter töten? Wegen solcher Widersprüchlichkeiten halten manche Wissenschaftler Zeitreisen für unmöglich.

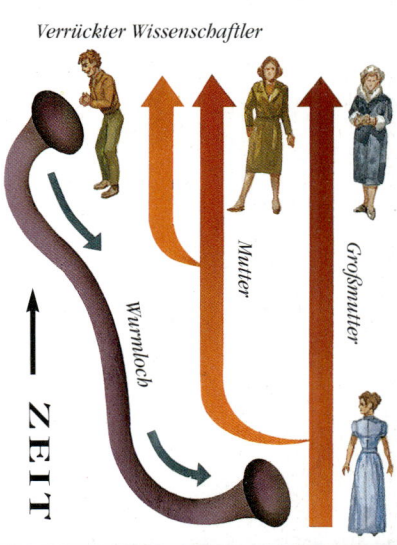

*Verrückter Wissenschaftler*

*Großmutter*

*Mutter*

*Wurmloch*

**ZEIT**

*Das Raumschiff war 40 Jahre lang unterwegs, und der Wissenschaftler ist nun 60 Jahre alt.*

## 3 HINEIN IN DIE VERGANGENHEIT

Fünfzig Jahre nach seinem Start landet das Raumschiff im Garten des 70jährigen Wissenschaftlers – das Wurmloch ist immer noch an ihm befestigt. Wegen der speziellen Relativitätstheorie sind an Bord des Raumschiffs erst 10 Jahre vergangen. Das bedeutet, dass die andere Öffnung des Wurmlochs mit der Erde verbunden ist, wie sie 10 Jahre nach dem Start war – vor 40 Jahren. Wenn der Wissenschaftler durch das Wurmloch des Raumschiffs steigt, kann er durch die Zeit zurückreisen und sich selbst im Alter von 30 Jahren treffen.

*Junge Leute stehen vor dem Wurmloch Schlange, um eine Zeitreise zu machen – sie möchten wissen, wie die Welt vor ihrer Geburt aussah.*

*Das Raumschiff ist jetzt zur Erde zurückgekehrt. Zehn Jahre sind im Raumschiff seit seinem Start vergangen.*

*Nachdem auf der Borduhr 5 Jahre abgelaufen sind, schießt das Raumschiff zur Erde zurück.*

## WIE KÖNNTEN ZUKÜNFTIGE ZEITMASCHINEN AUSSEHEN?

Wissenschaftler haben sich noch andere Zeitmaschinen ausgedacht, doch die sind dann noch abwegiger als Wurmlöcher. Eine dieser Ideen sieht zum Beispiel einen unendlich langen Zylinder vor, der sich extrem schnell dreht. Eine andere geht von exotischen Gebilden, sogenannten „kosmischen Strings", aus – im frühesten Universum gebildete fadenähnliche Rohre aus konzentrierter Energie. Wenn zwei kosmische Strings schnell aneinander vorbeibewegt werden, haben sie Einfluss auf die Raum-Zeit und könnten so Zeitreisen ermöglichen. Auch eine rotierende nackte Singularität (S. 68) könnte eine Zeitmaschine sein.

*Das Raumschiff ist kurz nach dem Start fast so schnell wie das Licht.*

## 1 START VON DER ERDE

Ein genialer junger Wissenschaftler auf der Erde beschließt, eine Zeitmaschine zu bauen. Als erstes macht er ein Wurmloch. Ein Ende davon befestigt er auf der Erde und das andere an einem unbemannten Raumschiff. Dann startet er das Raumschiff mit einer Geschwindigkeit, die in der Nähe der Lichtgeschwindigkeit liegt. Er hat das Raumschiff so programmiert, dass es später zurückkommt. Nun braucht er nur noch abzuwarten ...

*Ein schnell rotierender, unendlich langer Zylinder könnte als Zeitmaschine funktionieren. Doch er müsste aus ultradichter Materie sein, damit er nicht zerbirst.*

# Explosion Schwarzer Löcher

SCHWARZE LÖCHER KÖNNEN WEISS GLÜHEND AUFLEUCHTEN, zusammenschrumpfen und dann sogar explodieren. Als der britische Physiker Stephen Hawking im Jahre 1974 seine These vorbrachte, war die Wissenschaftswelt verblüfft. Schwarze Löcher galten bisher als die perfektesten Schlucklöcher des Alls: Nichts konnte heraus, und die Löcher konnten nur größer werden, weil sie durch das Verschlucken von Gas und Sternen an Masse zunahmen. Stephen Hawkings Theorie war revolutionär: Sie verband die allgemeine Relativitätstheorie mit der Quantentheorie – der Physik des ganz Kleinen. Er fand heraus, dass das Gravitationsfeld um das Schwarze Loch Energie aussendet. Dadurch verliert das Schwarze Loch Energie und Masse. Für die meisten Schwarzen Löcher ist diese „Hawking-Strahlung" praktisch zu vernachlässigen, doch sehr kleine strahlen große Mengen an Energie ab, bis sie schließlich mit einem Energieblitz explodieren.

## Die Quanten-Sicht

Auf sehr kleinem Maßstab hat der Raum merkwürdige Eigenschaften. Ein Teilchenpaar kann aus dem Nichts erscheinen, geschaffen durch einen aus einem Gravitationsfeld geborgten Energieausbruch. Es entsteht immer ein normales Teilchen, wie beispielsweise ein Elektron, und sein Antimaterie-Zwilling, ein Positron. Treffen sie aufeinander, vernichten sie sich gegenseitig innerhalb eines Bruchteils einer Sekunde und geben dabei die geborgte Energie frei. Doch in der Nähe eines Schwarzen Lochs kann es vorkommen, dass ein Teilchen in den Ereignishorizont hineingezogen wird, und das andere entkommt. Im äußeren Universum scheint auf diese Weise ein Materieteilchen neu geschaffen worden zu sein.

*Teilchen-Antiteilchen-Paare bilden sich ständig neu und vernichten sich wieder.*

*In der Nähe eines Schwarzen Lochs geraten die Paare in den Schwerkraftsog.*

*Ein Teilchen fällt in das Loch; sein Zwilling entkommt. Diese Teilchen bilden einen hell glühenden Ring um das Schwarze Loch.*

### DAS ERSTAUNLICHE SCHRUMPFENDE SCHWARZE LOCH

Wenn ein Teilchen aus einem Schwarzen Loch entkommt, ohne die Energie zurückzugeben, geht dem Loch dieser Energiebetrag aus seinem Gravitationsfeld verloren. Und nach Einsteins Formel $E = mc^2$ geht, wenn Energie verlorengeht, auch Masse verloren. Das Schwarze Loch wird leichter und schrumpft.

### DAS TEILCHEN UND SEIN ANTITEILCHEN

Atome – die Grundeinheiten, aus denen sich alles in unserem Universum aufbaut – bestehen aus Teilchen, den Protonen, Neutronen und Elektronen. Diese subatomaren Teilchen haben Antiteilchen, „Zwillinge" mit entgegengesetzten Eigenschaften (wie die elektrische Ladung). Ein Energieausstoß kann ein Teilchen und ein Antiteilchen schaffen: Treffen diese wieder aufeinander, vernichten sie sich gegenseitig paarweise mit einer gleich starken Explosion.

Physiker können Teilchen-Antiteilchen-Paare in Teilchenbeschleunigern erzeugen. Hier entsteht bei einem Energieausstoß ein Elektron (grün) und sein Antiteilchen, ein Positron (rot). Sie bewegen sich auf entgegengesetzten Spiralbahnen.

*In der Nähe eines massereichen Schwarzen Lochs ist der Raum leicht gekrümmt. Die meisten der Teilchen-Antiteilchen-Paare treffen hier wieder aufeinander und vernichten sich.*

*Zwei Paare haben ihre Partner verloren.*

## EINE FRAGE DES ZEITPUNKTS

Stephen Hawking widmet sein Leben der Erforschung der Schwarzen Löcher und des Ursprungs unseres Universums. Der körperlich behinderte Physiker kann weder sprechen noch schreiben (er muss komplizierte Zusammenhänge in seinem Kopf speichern). Allein aufgrund von Kopfrechnungen stellte er seine These auf, dass Schwarze Löcher einmal explodieren, wobei die massereichsten Löcher die längste Lebenszeit haben. Hawking folgerte, dass mit dem Urknall geborene Schwarze Minilöcher jetzt explodieren müssten.

   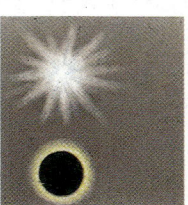

*Mehrere Schwarze Löcher wurden durch die ungeheuren Kräfte geschaffen, die kurz nach dem Urknall herrschten, mit dem unser Universum entstand.*

*Das kleinste, mit einem Gewicht von einer Million Tonnen – etwa so schwer wie ein Supertanker – explodierte schon nach 10 Jahren.*

*Schwarze Minilöcher – sie wiegen eine Milliarde Tonnen – müssten jetzt explodieren, etwa 15 Milliarden Jahre nach dem Urknall.*

*Ein Schwarzes Loch, das so schwer ist wie ein Asteroid, wird viel länger leben als das Universum – länger als eine Million Million Million Jahre.*

*Hawkings Schwarze Minilöcher haben die Masse eines Berges, aber die Größe eines Atomkerns.*

## Verdampft und zerstört

Alle Schwarzen Löcher verdampfen, doch große kochen länger vor sich hin. Ihre Strahlung ist so schwach, dass sie nicht aufgespürt werden können. Doch wenn das Loch kleiner wird, beschleunigt sich der Vorgang rapide. Je mehr das Loch schrumpft, desto steiler wird der Schwerkraftschlund, so dass mehr Teilchen entstehen, die entweichen und dem Schwarzen Loch immer mehr Energie und Masse rauben. Das Loch schrumpft mehr und mehr und treibt so eine immer schnellere Verdampfung an. Der umgebende Lichtring wird heller und heißer. Wenn seine Temperaturen eine Billiarde Grad erreichen, zerstört sich das Schwarze Loch in einer Explosion.

*Im Endstadium explodiert das Schwarze Loch in weniger als einer millionstel Sekunde mit der Energie einer Milliarde Wasserstoffbomben.*

*Beim Schrumpfen sendet das Loch mehr Teilchen aus. Sein Lichtring wird immer heißer und heller.*

## WER ENERGIE AM SCHNELLSTEN VERLIERT

Die Geschwindigkeit, mit der ein Schwarzes Loch schrumpft, hängt von seiner Masse ab. Seltsamerweise verlieren kleine Schwarze Löcher mit weniger Masse am schnellsten Energie. Wichtig ist dabei die Krümmung des Raums um das Schwarze Loch. Ein kleines Schwarzes Loch hat einen viel steileren Schwerkraftschlund als ein großes Schwarzes Loch mit viel Masse. Ähnlich wie die „Spaghettifizierung" eines Astronauten um so stärker wird, je näher er einem Schwarzen Loch kommt (s. S. 70), wird im steileren Schlund eines kleinen Lochs ein Teilchen eher von seinem Antiteilchen getrennt.

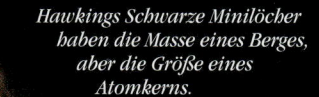

*Im stark gekrümmten Raum um ein Schwarzes Loch haben vier Paare ihren Partner verloren.*

## VERRÄTERISCHE ZEICHEN

Ein Schwarzes Miniloch explodiert und sendet dabei Gammastrahlung aus, die energiereichste Strahlung überhaupt. Astronomen halten nach solchen Strahlungsausbrüchen Ausschau, doch obwohl viele Objekte im All Gammastrahlen aussenden, ist noch keines davon als ein explodierendes Schwarzes Loch identifiziert worden.

# Mitten in der Milchstraße

D AS UNIVERSUM ENTHÄLT einige immens massereiche Schwarze Löcher – millionen-
oder milliardenfach schwerer als die Sonne. Ihre Geburt fand vermutlich in den
frühen Tagen des Universums statt, als sich gewaltige Gaskugeln zusammenballten
und unter ihrer eigenen Schwerkraft zusammenstürzten. Bis vor kurzem glaubten die
Astronomen, dass sie alle sehr weit entfernt wären, doch eines könnte in unserer eigenen
Galaxis, der Milchstraße, leben. Neue Teleskope und Satelliten haben ungewöhnliche
Verdichtungen in ihrem Zentrum, das 25 000 Lichtjahre von der Sonne entfernt ist,
entdeckt. Ein ausbrechender Ring dunkler Wolken, verzerrte Magnetfelder, wirbelnde
Wolken heißer Gasmassen und eine merkwürdige Radioquelle weisen alle auf einen
einzigen Schuldigen hin: ein supermassives Schwarzes Loch, das im Zentrum unserer
Milchstraße lauert.

Das fußballfeldgroße Radioteleskop in
Effelsberg bei Bonn kann in jede Himmels-
richtung geschwenkt werden. Es entdeckte
magnetische Schlaufen im Zentrum der
Milchstraße.

In einer klaren Nacht sieht man die fernen Sterne
unserer Galaxis als das leuchtende Band der
Milchstraße.

## Durch den Nebel blicken

Von den Außenbezirken unserer Galaxis ist die Sicht ins
Zentrum so gut wie versperrt, weil die Milchstraße voller
winziger Staubkörner und Ruß von sterbenden Sternen
ist. Doch Teleskope, die Infrarotstrahlen, Radiowellen und Röntgenstrahlen empfangen, können
durch den Nebel „sehen". Sie zeigen, dass die
Galaxis eine zentrale „Nabe" aus alten, aus der
Zeit ihrer Entstehung von 14 Milliarden Jahren
stammenden Sternen hat und enthüllen eine
Brutstätte von Aktivität in ihrem Zentrum.

### RADIOAKTIVITÄT IM STERNBILD SCHÜTZE

Das Herz unserer Galaxis liegt tief in den
Sternenwolken des Sternbilds Schütze. In der
Frühzeit der Radioastronomie entdeckten
Forscher hier zwei starke Radioquellen –
Sagittarius A und B. Heute wissen wir, dass
es sich um Wolken heißen Gases handelt,
die mit heftiger Aktivität im galaktischen
Zentrum verbunden sind.

### COBE

Der Satellit *Cobe*
(*Cosmic Back-
ground
Explorer*)
wurde 1989 auf
die Suche nach
aus dem Urknall
stammender
Wärmestrahlung ins
All geschickt. Er ent-
deckte aber gleichzeitig infrarote Strahlung
aus den Zentralregionen der Milchstraße,
die zeigt, dass die Sterne hier auf einer
ovalen Nabe oder „Balken" angeordnet sind.

## Ruhe in den Vororten

Unter den Galaxien gehört die Milchstraße
zu den größeren. Sie enthält etwa 200 Milliarden in Spiralarmen angeordnete Sterne.
Ein Lichtsignal durchquert sie in 100 000
Jahren. Die Sonne liegt in den Vororten in
einem Spiralarm etwa auf halbem Wege vom
Zentrum entfernt. Die Arme sind reich an Gas und
Staub – die Rohsubstanz der Sterne –, so dass hier
neue Sternenbabys entstehen. Im Gegensatz dazu sind die
Sterne in der zentralen Nabe alt, und es gibt hier wenig Aktivität
– abgesehen von einem winzigen, energiereichen Kern ganz im Zentrum.

*Die alten
Sterne in
der zentralen
Nabe sind
abgekühlt und
leuchten orange
oder rot.*

### RAUCHRING

Ein riesiger Rauchring von
dunklen Wolken, voller
Staub und Moleküle, dehnt
sich nach einer giganti-
schen Explosion vor mehreren Millionen Jahren rapide
aus. Der Auslöser muss ein
kleines, mächtiges Objekt im
innersten Kern gewesen sein.

# Schwarzes Loch im Herzen

Im Herzen unserer Galaxis – es hat nur 10 Licht-jahre Durchmesser – geschehen merkwürdige Dinge. Zwar gibt es keine Beweise, aber sie könnten das Werk eines Schwarzen Lochs sein, das dreimillionenmal schwerer ist als die Sonne und aus der Ent-stehungszeit des Universums stammt. Nur die ungeheure Schwerkraft dieses „Monsters" könnte die Brutstätte der Aktivität erklären.

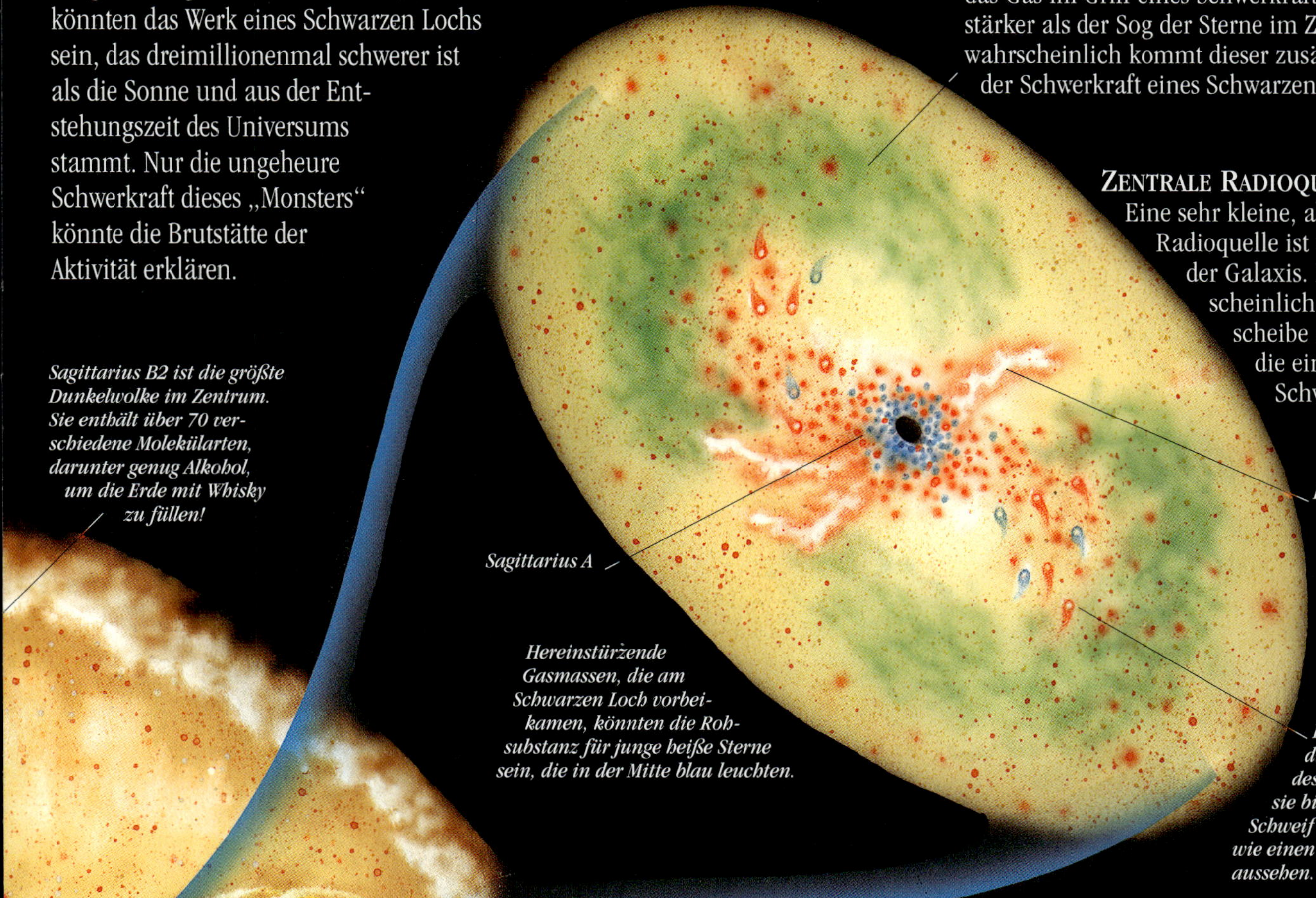

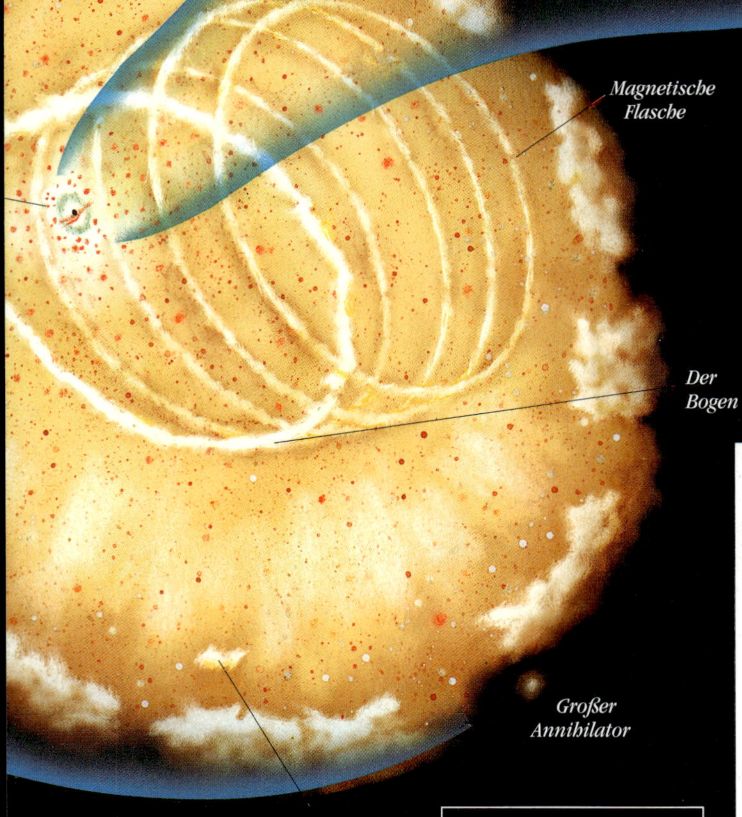

*Sagittarius B2 ist die größte Dunkelwolke im Zentrum. Sie enthält über 70 ver-schiedene Molekülarten, darunter genug Alkohol, um die Erde mit Whisky zu füllen!*

*Das dichte Gedränge im galaktischen Zentrum enthält sowohl junge blaue Sterne als auch alte rote und orangene Sterne.*

## HEISSE GASWOLKEN

Ein heißer Gasring, Sagittarius A, wirbelt mehrere Lichtjahre vom Zentrum der Galaxis entfernt durchs All. Seine Geschwindigkeit deutet darauf hin, dass das Gas im Griff eines Schwerkraftsogs ist – viel stärker als der Sog der Sterne im Zentrum. Sehr wahrscheinlich kommt dieser zusätzliche Sog von der Schwerkraft eines Schwarzen Lochs.

## ZENTRALE RADIOQUELLE

Eine sehr kleine, aber enorm starke Radioquelle ist das genaue Zentrum der Galaxis. Es handelt sich wahr-scheinlich um eine Akkretions-scheibe aus superheißem Gas, die ein massereiches Schwarzes Loch umgibt.

*Sagittarius A*

*Hereinstürzende Gasmassen, die am Schwarzen Loch vorbei-kamen, könnten die Roh-substanz für junge heiße Sterne sein, die in der Mitte blau leuchten.*

*Heiße Gasströme werden aus dem Kern ausge-schleudert – möglicher-weise als Folge von Explosionen in der energiereichen Akkretionsscheibe.*

*Der Gassturm reißt die äußeren Hüllen des roten Riesen weg, sie bilden einen langen Schweif und lassen den Stern wie einen gewaltigen Kometen aussehen.*

*Magnetische Flasche*

## MAGNETISCHE FLASCHE

Ein schlauchförmiges Gebiet starker magnetischer Felder umgibt das Zen-trum der Milchstraße. Dazu gehört das Bogen genannte gedrehte Band – ein 150 Lichtjahre langer, doch nur ein halbes Lichtjahr breiter, schmaler ma-gnetischer Schweif. Die Form des Bogens lässt erkennen, dass ein gewaltiger Elektrodynamo im galaktischen Zentrum wirken muss. Könnte dies das Werk eines rotierenden Schwarzen Lochs sein?

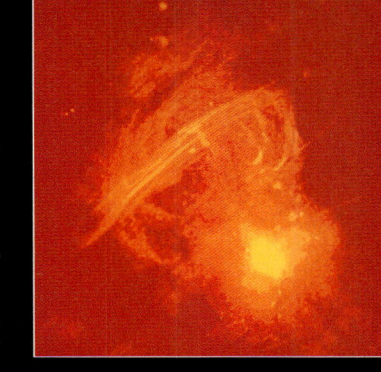

*Der Bogen*

## ROSAT

Der internationale Satellit *Rosat* wurde 1990 zur Messung von Röntgenstrahlen ins All geschickt. Er wies fast 100 000 neue Quellen von Röntgenstrahlen nach und bestimmte die Lage vieler kurioser Objekte, darunter des Großen Annihilators oder Vernichters.

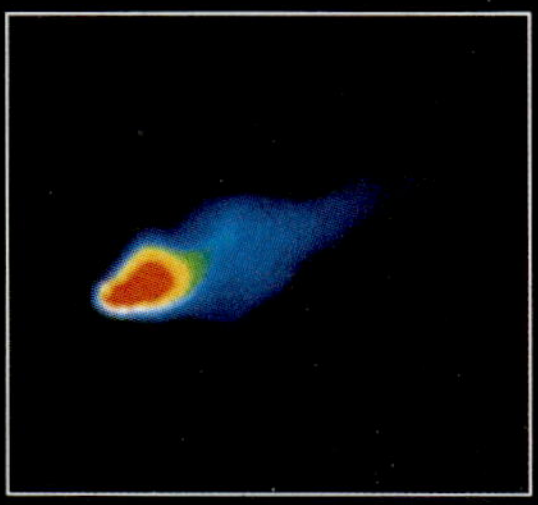

## GROSSER ANNIHILATOR

Nur 300 Lichtjahre vom Zentrum der Galaxis ent-fernt, speit ein Objekt zwei Strahlen Antimaterie aus, die normale Materie aus der Umgebung vernichtet (englisch: annihilate). Die Doppel-strahlen werden wahrscheinlich von einer Akkretionsscheibe erzeugt, die ein Schwarzes Loch mit der Masse von ungefähr 10 Sonnen umkreist. Dies ist eines der 100 Millionen vermuteten Schwarzen Löcher, die in unserer Galaxis durch den Tod massereicher Sterne entstanden sind.

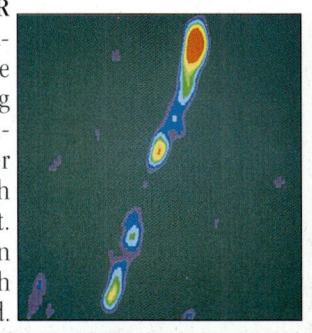

*Großer Annihilator*

## DIE MAUS

Radioteleskope zeigen isolierte Magnetismusflecken. Dieser hier, wie eine Maus geformt, wurde von einem Pulsar verursacht, der einen magnetischen Wirbel hinterließ, als er durch das All raste.

# Quasare

ALS QUASARE 1963 ENTDECKT WURDEN, konnte sich niemand vorstellen, dass sie die größten Schwarzen Löcher im Universum beherbergen. Schließlich sahen sie nur wie schwache Sterne aus. Astronomen errechneten schon bald, dass Quasare Milliarden Lichtjahre entfernt sind und enorme Leuchtkraft haben müssten, wenn sie in dieser Entfernung noch sichtbar sind. Sie sind keine Sterne, sondern die Zentren aktiver, junger Galaxien – Sternenstädte in solchem Aufruhr, dass die Aktivität der Milchstraße dagegen geradezu lahm wirkt. Die einzige Erklärung dafür, dass so viel Energie aus einem nur winzigen Gebiet ausgestrahlt wird, liegt in der Schwerkraft, die von einem superschweren Schwarzen Loch ausgeübt wird. Das helle Licht ist eine Akkretionsscheibe aus spiralförmig in das Loch stürzenden Gasen. Astronomen können das Schwarze Loch in einem Quasar wiegen, indem sie die Geschwindigkeit rotierender Sterne oder Gasmassen messen: je höher die Geschwindigkeit, desto schwerer das Loch. Den Rekord hält ein Schwarzes Loch mit 100 Milliarden Sonnenmassen – so massereich wie die ganze Milchstraße.

*Ströme geladener Teilchen – meist Elektronen – schießen aus dem Zentrum der Akkretionsscheibe. Die Düsenjets können Tausende von Lichtjahren lang sein.*

## Halsbrecherisch schnell

Dies ist das Herz eines Quasars – eine stark leuchtende Akkretionsscheibe aus Gas, Sternenmüll und Staub rotiert mit halsbrecherischer Geschwindigkeit um ein superschweres Schwarzes Loch mit der Masse von Milliarden Sonnen. Diese Aktivität treibt Düsenstrahlen an, die fast lichtschnell in den Raum hinausschießen.

### GASSCHÜSSEL

Das helle Licht eines Quasars wird von heißen Gasmassen im Zentrum der Akkretionsscheibe erzeugt. Die Ausdehnung dieser Gase sowie die Kräfte der Gravitation und der Rotation drücken die beiden Flächen der Scheibe auseinander, so dass eine Schüsselform entsteht. Starke Magnetfelder beschleunigen atomare Teilchen im Gas und schleudern sie wie zwei entgegengesetzte Jets in den Raum.

### AKTIVE FAMILIE

Quasare sind Verwandte der Radiogalaxien und Blasare: Alle drei werden oft „aktive Galaxien" genannt. Sie könnten allerdings auch ein und dasselbe sein. Was wir sehen, hängt von dem Blickwinkel ab: ob wir die Akkretionsscheibe und Düsenstrahlen von oben, von der Seite oder schräg zu uns geneigt betrachten.

*Ist die Akkretionsscheibe uns zugeneigt, sehen wir einen Quasar: wir beobachten den heißen Kern der Scheibe, und die Jets sind schwach.*

*Das starke Licht eines Blasars kommt überwiegend aus dem Strahl: dieser und die Akkretionsscheibe zeigen auf uns.*

*In einer Radiogalaxie ist der Rand der Akkretionsscheibe zu uns gerichtet und versperrt die Sicht auf den heißen, hellen Kern. Die Strahlen sind vielleicht mit einem Radioteleskop zu beobachten.*

Die Galaxie M87, hier vom *Hubble-Weltraumteleskop* aufgenommen, hat einen Strahl, der in der Nähe eines drei Milliarden Sonnen schweren Schwarzen Lochs ausgestoßen wird.

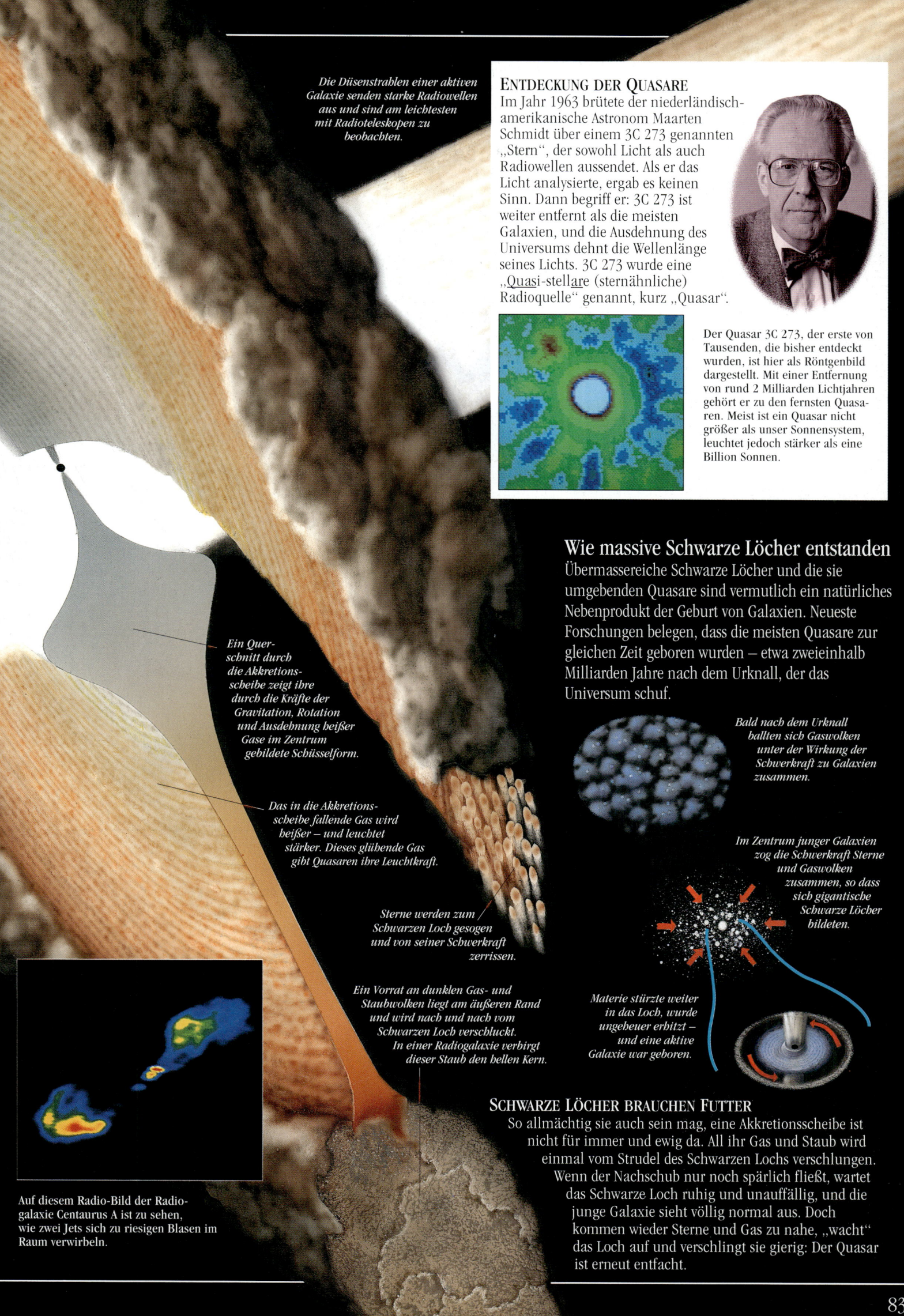

Die Düsenstrahlen einer aktiven Galaxie senden starke Radiowellen aus und sind am leichtesten mit Radioteleskopen zu beobachten.

Der Quasar 3C 273, der erste von Tausenden, die bisher entdeckt wurden, ist hier als Röntgenbild dargestellt. Mit einer Entfernung von rund 2 Milliarden Lichtjahren gehört er zu den fernsten Quasaren. Meist ist ein Quasar nicht größer als unser Sonnensystem, leuchtet jedoch stärker als eine Billion Sonnen.

Ein Querschnitt durch die Akkretionsscheibe zeigt ihre durch die Kräfte der Gravitation, Rotation und Ausdehnung heißer Gase im Zentrum gebildete Schüsselform.

Das in die Akkretionsscheibe fallende Gas wird heißer – und leuchtet stärker. Dieses glühende Gas gibt Quasaren ihre Leuchtkraft.

Sterne werden zum Schwarzen Loch gesogen und von seiner Schwerkraft zerrissen.

Ein Vorrat an dunklen Gas- und Staubwolken liegt am äußeren Rand und wird nach und nach vom Schwarzen Loch verschluckt. In einer Radiogalaxie verbirgt dieser Staub den hellen Kern.

## Wie massive Schwarze Löcher entstanden

Übermassereiche Schwarze Löcher und die sie umgebenden Quasare sind vermutlich ein natürliches Nebenprodukt der Geburt von Galaxien. Neueste Forschungen belegen, dass die meisten Quasare zur gleichen Zeit geboren wurden – etwa zweieinhalb Milliarden Jahre nach dem Urknall, der das Universum schuf.

Bald nach dem Urknall ballten sich Gaswolken unter der Wirkung der Schwerkraft zu Galaxien zusammen.

Im Zentrum junger Galaxien zog die Schwerkraft Sterne und Gaswolken zusammen, so dass sich gigantische Schwarze Löcher bildeten.

Materie stürzte weiter in das Loch, wurde ungeheuer erhitzt – und eine aktive Galaxie war geboren.

Auf diesem Radio-Bild der Radiogalaxie Centaurus A ist zu sehen, wie zwei Jets sich zu riesigen Blasen im Raum verwirbeln.

## SCHWARZE LÖCHER BRAUCHEN FUTTER

So allmächtig sie auch sein mag, eine Akkretionsscheibe ist nicht für immer und ewig da. All ihr Gas und Staub wird einmal vom Strudel des Schwarzen Lochs verschlungen. Wenn der Nachschub nur noch spärlich fließt, wartet das Schwarze Loch ruhig und unauffällig, und die junge Galaxie sieht völlig normal aus. Doch kommen wieder Sterne und Gas zu nahe, „wacht" das Loch auf und verschlingt sie gierig: Der Quasar ist erneut entfacht.

# Trugbilder und Raumwellen

BEI DER SUCHE NACH SCHWARZEN LÖCHERN sind Astronomen sehr ideenreich. Um etwas so Dunkles ausfindig zu machen, müssen sie nach verräterischen Anzeichen Ausschau halten. Heiße Gase, die aus einem Partnerstern abströmen, Störungen in den Herzen von Galaxien und Quasaren, Ausbrüche von Gammastrahlen – all dies könnte auf die Tätigkeit eines Schwarzen Lochs hindeuten. Erst kürzlich entdeckten Astronomen noch zwei weitere Nachweismethoden. Beide stehen mit der Schwerkraft und ihrer von Einstein vorhergesagten Wirkung im Zusammenhang. Zum einen hilft die Suche nach kosmischen Trugbildern. Wenn Licht von einem fernen Objekt dicht an einer Region mit starker Gravitation vorbeikommt, wird es abgelenkt oder verzerrt, so dass es zu bizarren optischen Täuschungen kommt. Die andere Methode hängt mit der Entdeckung von „Raumwellen im All" – Gravitationswellen – zusammen, die von der Bewegung schwerer Objekte verursacht werden.

## Kosmische Trugbilder

Einsteins Relativitätstheorie besagt, dass Licht, wenn es dicht an einem massereichen Objekt wie der Sonne, vorbeikommt, abgelenkt wird (siehe S. 62). Ein Schwarzes Loch hat ein so starkes Schwerefeld, dass Licht von einem fernen Stern abgelenkt und gebündelt wird, so dass es heller als normal wirkt.

*Gravitationswellen können von zwei massereichen Körpern verursacht werden – Schwarze Löcher oder Neutronensterne –, die sich beide umrunden. Sie können auch durch eine Supernova-Explosion oder das Verschmelzen zweier Neutronensterne entstehen.*

*Die „Raumwellen im All" breiten sich von ihrem Entstehungsort mit Lichtgeschwindigkeit aus.*

*Licht von einem Stern in der Großen Magellanschen Wolke geht auf eine 170 000 Lichtjahre weite Reise zur Erde.*

*Die Lichtstrahlen dringen in den galaktischen „Halo" ein – ein Bereich verstreuter alter Sterne, der die Milchstraße umgibt.*

*Im Halo läuft das Licht an einem Schwarzen Loch vorbei, wo der gekrümmte Raum die Lichtstrahlen bündelt.*

### GALAKTISCHE TRUGBILDER

Ein Schwarzes Loch wirkt wie eine kleine Linse, durch die ein hinter ihm stehender Stern heller aussieht. Die Krümmung des Raums in der Nähe einer Galaxis wirkt dagegen wie eine riesige Linse, die das Licht eines fernen Objektes so umlenkt, dass statt des einen mehrere Objekte zu sehen sind. Hier lenkt eine 400 Millionen Lichtjahre entfernte Galaxie das Licht von einem 8 Milliarden Lichtjahre hinter ihr stehenden Quasar ab und verteilt es so, dass vier Bilder des Quasars um die zentrale Galaxie herum zu sehen sind.

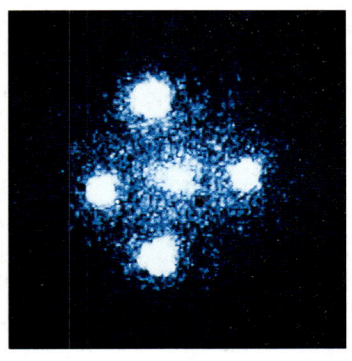

*Vier Bilder des Quasars 2237 + 0305, allgemein als Einstein-Kreuz bekannt, aufgenommen vom Hubble-Weltraumteleskop.*

## Machos am Werk

Der gekrümmte Raum bei einem Schwarzen Loch wirkt wie eine Linse in einem Teleskop: Er lenkt die von einem fernen Stern kommenden Lichtstrahlen ab und bündelt sie, so dass der Stern vorübergehend heller erscheint. Astronomen haben diesen Effekt in Sternen der Großen Magellanschen Wolke beobachtet, einer kleinen Galaxie, die die Milchstraße umkreist. Sie glauben, dass die Ursache dafür in Schwarzen Löchern oder Neutronensternen in den Außenbereichen der Milchstraße, dem sog. Halo, zu suchen ist. Sie nannten sie Machos (aus englisch: Massive Compact Halo Objects, Massive kompakte Halo-Objekte).

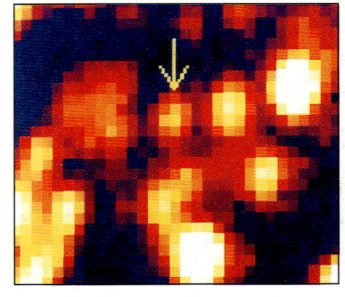

*Ein Stern in der Großen Magellanschen Wolke in normaler Helligkeit.*

# Kräuselwellen im Raum

Sind beide Partner eines Doppelstern-Systems überschwere Riesen, die ihr Leben mit einer Supernova-Explosion beenden, könnte das Resultat ein Schwarzes-Doppelloch-System sein. Wie zwei kreisende Rennboote umrunden sich die Schwarzen Löcher gegenseitig und hinterlassen ein wellenartiges Muster im Raum: Gravitationswellen, die sich als Kräuselwellen ausbreiten.

Hin- und herreflektierte Laserstrahlen sollten mikroskopisch kleine Veränderungen in der Distanz zwischen zwei mehrere Kilometer entfernten Spiegeln feststellen können, wenn eine Gravitationswelle auf der Erde eintrifft. Mit diesem kleinen Prototyp werden Lasersysteme für die Entdeckung von Gravitationswellen getestet.

*Während die Schwarzen Löcher Schwerkraftwellen ins All schicken, kommen sie sich in Spiralen näher und näher. Immer schneller und turbulenter senden sie Wellen aus. Schließlich verschmelzen sie miteinander.*

## WELLEN DEHNEN AUS UND ZIEHEN ZUSAMMEN

Gravitationswellen sind wie ein Zittern im Gefüge des Raums, verursacht von der Bewegung schwerer Körper. Einstein sagte die Existenz solcher Wellen voraus, doch bisher ist noch keine nachgewiesen worden. Theoretisch müssten sie alles, was sie durchdringen, abwechselnd ausdehnen und schrumpfen lassen. Doch die Veränderung ist nur minimal. Eine durch einen 1 m dicken Eisenstab dringende Gravitationswelle würde seine Länge nur um den Durchmesser eines Atomkerns verändern. Detektoren müssen extrem empfindlich sein.

*Gravitationswellen verursachen Verzerrungen in der Form des Raums, vergleichbar mit Wellen, die die Oberfläche des Meeres kräuseln.*

*Die kompaktesten Objekte werden verzerrt, wenn eine Gravitationswelle durch sie hindurchläuft. Doch ist das Ausmaß der Ausdehnung oder des Zusammenziehens nur minimal.*

*Im Laser Interferometer Gravitational Wave Observatory in Kalifornien wird versucht, mit durch 4 km lange Tunnel geschickten Laserstrahlen die durch Gravitationswellen hervorgerufenen Veränderungen zu registrieren.*

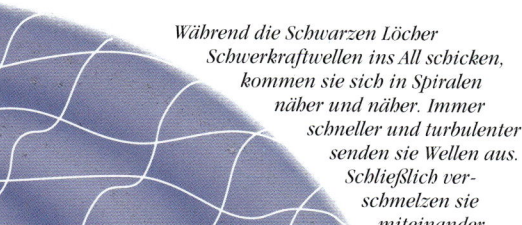

## KURZES AUFLEUCHTEN

1993 entdeckten Astronomen einen Stern, der plötzlich in der Großen Magellanschen Wolke heller leuchtete. Nach einem Monat nahm seine Leuchtkraft wieder ab. Die beste Erklärung hierfür ist, daß ein Schwarzes Loch vor ihm vorbeizog und das Licht des Sterns kurz in unsere Richtung bündelte. Das Loch wog nur ein Zehntel der Sonnenmasse und lag 20 000 Lichtjahre entfernt.

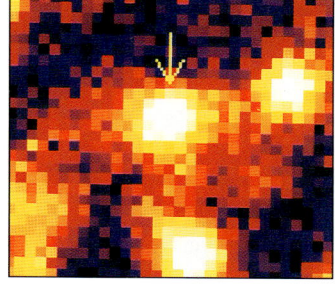

Ein Stern leuchtet auf, wenn ein Schwarzes Loch vor ihm vorbeizieht und sein Licht bündelt.

*Ein optisches Teleskop beobachtet das Hellerwerden eines Sterns in der Großen Magellanschen Wolke.*

# Größtes Schwarzes Loch

SEIT EIN PAAR JAHREN GIBT ES EINE ÄUSSERST GEWAGTE VORSTELLUNG: Vielleicht leben wir in einem Schwarzen Loch! Manche Wissenschaftler meinen sogar, dass das ganze Universum ein riesiges, wenn auch ganz anders geartetes Schwarzes Loch ist. Es ist nicht von einem Ereignishorizont umgeben, sondern krümmt sich um sich selbst wie die Hülle eines Ballons. Das Ergebnis ist das gleiche: Aus ihm gibt es kein Entrinnen. Das Universum hat keine zentrale Singularität. Stattdessen hatte es in der Vergangenheit eine Singularität, den „Big Bang" (Urknall), in dem das Universum begann – und es könnte in Zukunft wieder in eine Singularität kollabieren, den „Big Crunch" (Zusammensturz). Die Theorie verbindet Schwarze Löcher und Universen so eng miteinander, dass aus einem Schwarzen Loch auch ein neues Universum entstehen könnte.

**ZEIT**

*Das Universum dehnt sich weiter aus und drängt die Galaxien auseinander, so dass sich der Raum zwischen ihnen vergrößert.*

*Mit der Zeit kühlt das Universum ab und dehnt sich aus, die Aktivität der Quasare lässt nach, zurück bleiben normale Galaxien.*

*Wenige Milliarden Jahre nach dem Urknall ist das Universum voll von Quasaren.*

### DER ANFANG
Niemand weiß, was den Urknall verursacht hat: Es könnte eine buchstäblich aus dem Nichts entstandene Schwankung gewesen sein. Sekundenbruchteile danach waren die Temperatur und die Dichte in dem kosmischen Feuerball fast unendlich. In dem Inferno wurden Dutzende Sorten erster Elementarteilchen erschaffen, die, als das Universum abkühlte und sich ausdehnte, die Kerne der ersten Atome bildeten. Rund 2 Milliarden Jahre später klumpten diese sich zu Quasaren zusammen – turbulente junge Galaxien mit Schwarzen Löchern in ihrer Mitte. Währenddessen dehnte sich das Universum weiter aus.

*Das Universum heute – 15 Milliarden Jahre nach dem Urknall – hat sich ausgedehnt und besteht aus weit verstreuten Galaxien.*

*Wenn das Universum dreimal so alt oder noch viel älter als jetzt ist, hört die Ausdehnung auf – wenn genug Materie vorhanden ist, um dem durch den Urknall erzeugten Urschwung entgegen zu wirken.*

## Von einem Schwarzen Loch geboren
Schwarze Löcher sind nicht etwa nur kosmische Schlucklöcher, sondern können auch neue Universen gebären. „Baby"-Universen können sich durch „Knospung" von Schwarzen Löchern abtrennen und zu Universen mit völlig anderen Dimensionen und anderen Eigenschaften werden. Abhängig von der Materiemenge in den einzelnen Universen werden sie zwar unterschiedlich groß sein, sich aber wie unseres ausdehnen und zusammenziehen und im Laufe der Zeit noch mehr Universen erzeugen.

Universum 1

Universum 1

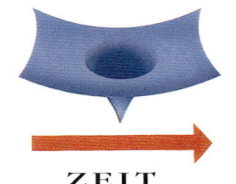
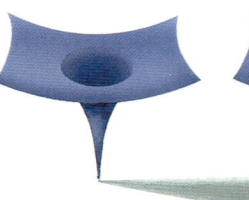
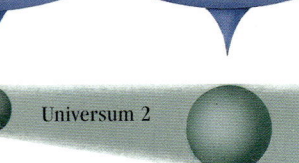

Universum 2

**ZEIT**

*Der Supernova-Rest in unserem Universum (Universum 1) beginnt zu kollabieren und wie üblich ein Schwarzes Loch zu bilden.*

*Ein Baby-Universum (Universum 2) trennt sich vom Schwarzen Loch ab. Es löst sich in eine andere Dimension und wird unabhängig. Das ist der Urknall für Universum 2.*

*Universum 2 beginnt sich auszudehnen. Schwarze Löcher, die sich in ihm bilden, schaffen Gebiete, wo sich andere Universen abtrennen können.*

## Vom „Big Bang" zum „Big Crunch"

Wenn unser Universum ein Schwarzes Loch ist, dann hat es eine endliche und vorhersagbare Lebenszeit. Beim Urknall beginnt das Universum sich auszudehnen – hier (nicht maßstabsgetreu) als eine Reihe von sich aufblasenden Ballons gezeigt. Die Galaxien und anderen Bestandteile des Universums liegen auf der Haut des Ballons, die den Raum darstellt und beim Aufblähen die Galaxien immer weiter auseinandertreibt. Die Entstehungsgeschichte des Universums ist in Streifen auf dem Ballon dargestellt. Das Universum dehnt sich aus, bis es seine maximale Größe erreicht; dann siegt die Schwerkraft über den Schwung aus dem „Big Bang". Das Universum beginnt sich zusammenzuziehen. Die Galaxien nähern sich einander an und stürzen in eine andere Singularität – den „Big Crunch".

### DUNKELMATERIE ZIEHT DIE SCHWERKRAFTBREMSEN

Entscheidend für das Schicksal des Universums ist, wieviel Materie es enthält. Ist es zu wenig, reicht sie nicht aus, um die Masseanziehung auszuüben, die das Wachstum des Universums „abbremst"; es wird sich ewig ausdehnen. Ist genug Materie da, wird es wieder kollabieren. Alle sichtbare Materie im Universum zusammengenommen ergibt nur 10 Prozent der für die Bremswirkung erforderlichen Masse. Doch Astronomen nehmen an, dass das Weltall riesige Mengen von „dunkler Materie" enthält. Wahrscheinlich füllt dieser

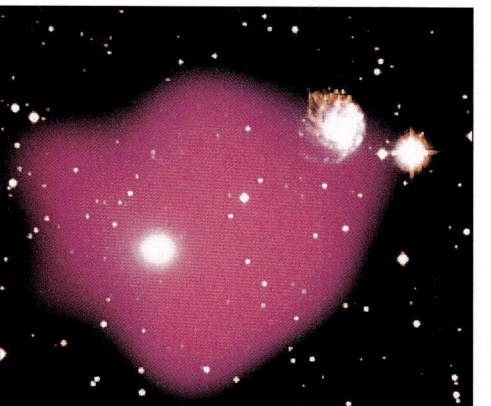

unsichtbare Stoff, der aus exotischen, noch unbekannten Teilchen oder sogar aus riesigen Mengen Schwarzer Löcher besteht, 90 Prozent des Universums aus.

*Der Galaxienhaufen NGC 2300 liegt in einer Gaswolke (rot gefärbt), die 500 Milliarden Sonnen wiegt. Die Schwerkraft einer gewaltigen Menge dunkler Materie muss die Gaswolke zusammenhalten.*

*Galaxien stoßen zusammen. Die Temperatur des Universums steigt.*

*Vielleicht wird unser Universum in einem neuen Urknall zurückprallen, aus dem ein neues – und völlig anderes – Universum entsteht.*

### DAS ENDE
Nach vielleicht einer Million Million Million Jahren wird die Schwerkraft möglicherweise alles wieder zum Einsturz bringen – im „Big Crunch". Etwa ein Jahr davor werden Galaxien kollidieren, und die Temperatur des Raums wird höher sein als an der Oberfläche eines Sterns. Eine Stunde davor werden superschwere Schwarze Löcher in den Zentren von Galaxien verschmelzen, und das Universum wird zu einem Punkt von unendlicher Dichte kollabieren.

*Das Universum könnte ständig zwischen Big Bangs und Big Crunches hin- und herschwanken.*

*Je mehr das Universum schrumpft, desto näher kommen sich die Galaxien.*

*Die Schwerkraft gewinnt die Oberhand, und das Universum beginnt einzustürzen.*

**ZEIT**

*Universum 1 kollabiert in einem Big Crunch. Universum 5 trennt sich ab.*

*Ein Schwarzes Loch in 5 lässt ein neues Universum 6 entstehen.*

Universum 1

*Universum 2 löst sich von einem Schwarzen Loch in Universum 1 ab.*

*Universum 7 entsteht bei einem Big Crunch in 5.*

*Ein Schwarzes Loch in 2 lässt Universum 3 entstehen.*

*Universum 4 trennt sich ab, wenn Universum 2 in einem Big Crunch kollabiert.*

Aus unserem Universum könnte eine Reihe neuer Universen entstehen.

### Absichtlich erschaffen

Schwarze Löcher und Big Crunches können beide „Knospungsgebiete" schaffen, in denen neue Universen starten können. Aus einem Universum können sie ein ganzes Netz von einzelnen Universen produzieren. Obwohl jedes Baby-Universum anders ist, wird es einige „Gene" von seinen Eltern erben. So könnte unser Universum entstanden sein. Der amerikanische Kosmologe Edward Harrison nimmt sogar an, dass unser Universum für die Entwicklung intelligenten Lebens so günstige Voraussetzungen hatte, weil es von einer fortgeschrittenen Zivilisation in einem anderen Universum geschaffen worden sein könnte. Vielleicht waren die Wissenschaftler in diesem Universum in der Lage, Schwarze Löcher im Labor zu erzeugen, und eines davon trennte sich ab und bildete ein neues Universum. Wir könnten also das Ergebnis eines Experiments sein!

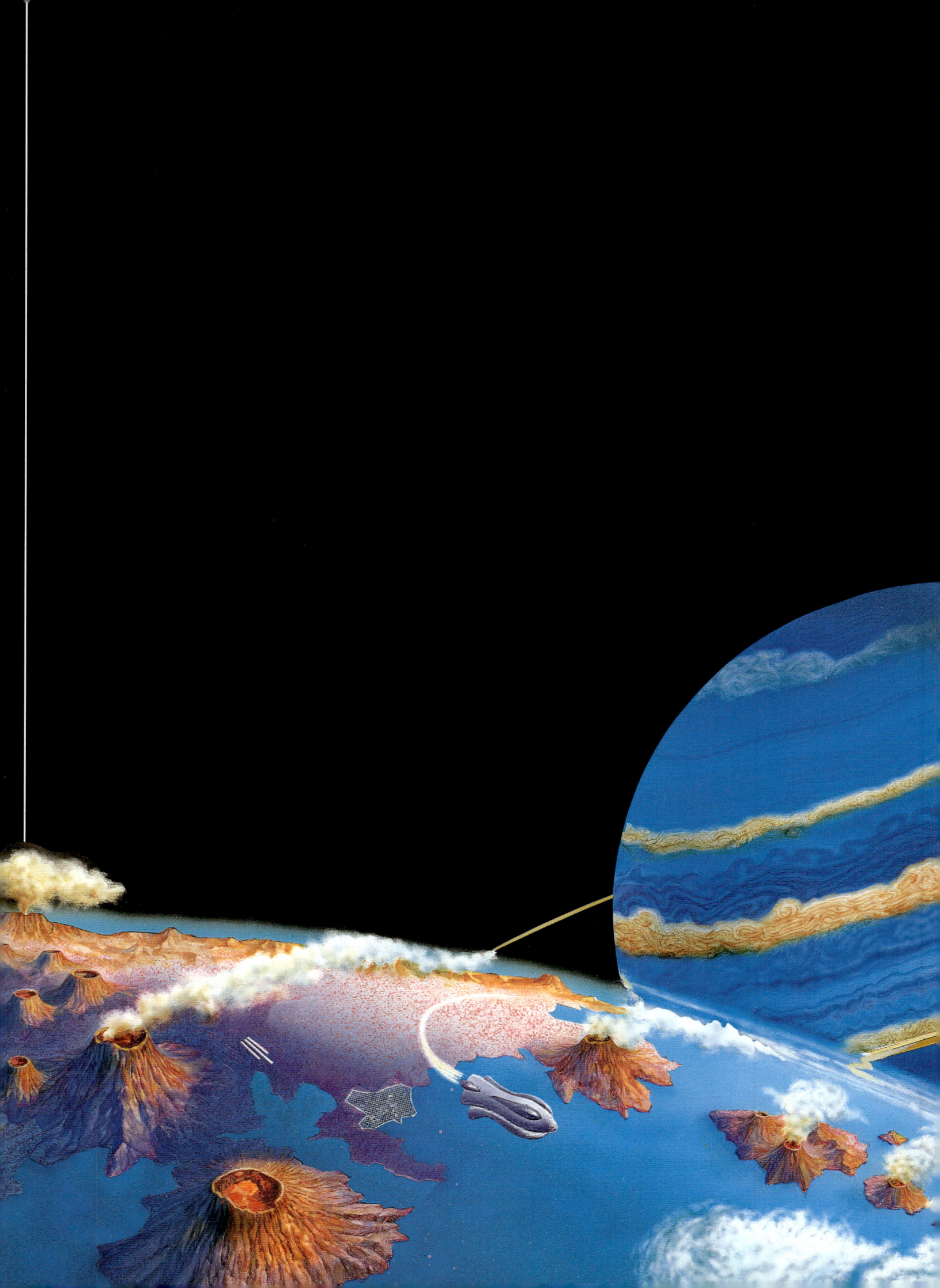

# Sind wir allein im All?

Existiert ausserhalb unseres Planeten intelligentes Leben?

Am Beginn des dritten Millenniums ist dies die Frage, auf deren Antwort alle warten.

Angebliche Besuche von Außerirdischen, UFOs und Leben auf dem Mars machen immer wieder Schlagzeilen. Wissenschaftler forschen seit etwa 40 Jahren nach außerirdischen Lebensformen, lauschen mit riesigen Radioteleskopen, konnten aber bisher noch keine Botschaft von einer anderen Welt empfangen. Sie haben Signale ins All ausgestrahlt und Nachrichten in Raumsonden ausgesandt. Dieses Forschungsprojekt heißt SETI: Search for Extraterrestrial Intelligence, Suche nach außerirdischer Intelligenz.

Wie wahrscheinlich ist die Existenz von intelligenten Wesen in anderen Teilen des Weltalls? Mit dieser Frage befasst sich der folgende Buchabschnitt, der untersucht, wie auf der Erde Leben entstehen konnte; wie viele Planeten mit ähnlichen Bedingungen es geben könnte; ob wir bereits von Außerirdischen besucht wurden; und sogar, wie sie aussehen könnten.

*Ist dort draußen jemand?* berichtet von unseren Versuchen, Signale aus fremden Welten zu empfangen — angefangen von der Pionierzeit und den Tagen des rätselhaften „Wow!"-Signals, bis hin zu den aktuellen Plänen, auf der erdabgewandten Seite des Mondes eine SETI-Anlage zu errichten. Und es stellt die unumgängliche Frage: Was werden wir tun, wenn wir endlich eine Botschaft empfangen? Sollen wir antworten — oder birgt der Kontakt mit außerirdischer Intelligenz große Gefahren für die Menschheit?

# Sehen sie so aus?

AUSSERIRDISCHE. SIE SPRINGEN AUS DEN SEITEN von Sciencefiction-heften, spuken bei uns zu Hause im Fernseher herum und werden zu Stars der großen Leinwandfilme. Doch gibt es sie wirklich? Noch bis vor kurzem haben die meisten Wissenschaftler nicht einmal die Möglichkeit außerirdischen Lebens in Betracht gezogen. Heute aber wissen wir so viel über unseren Platz im Universum, dass die Frage nach außerirdischem Leben einfach nicht mehr übergangen werden kann. Die Erde ist ein ganz normaler Planet und umkreist einen durchschnittlichen Stern: Wenn es hier Leben gibt, warum dann nicht auch anderswo? Doch eines ist sicher: Es würde nicht so aussehen wie eines der vielen in Filmen dargestellen außerirdischen Wesen – Aliens –, die hier abgebildet sind: In vielen Fällen ist ihre menschenähnliche Erscheinung eher auf die mageren Film- und Fernsehbudgets zurückzuführen als darauf, wie die Biologie sich in einer wirklich außerirdischen Welt entwickeln würde.

Zu Beginn dieses Jahrhunderts dachten sich Schrift-steller und Künstler nicht nur Aliens aus, sondern träumten auch von der Zukunft des Planeten Erde. In der Zeitschriftenserie „Städte in der Luft" (1929) erhebt sich New York auf einem Antischwerkraft-kissen über die verschmutzte Erde.

**Flash Gordon (1936)**
*Angesichts eines solchen Feindes konnte der tapfere Flash Gordon kaum sicher sein, ob es mit Außerirdischen oder mit teuto-nischen Kriegern zu tun hatte.*

**Flash Gorden (1940)**
*Dieser spätere Alien, der Dale Arden gefangen nimmt, hat schon einen ziemlich guten „extraterrestrischen" Kopf, aber noch einen äußerst menschlichen Körper.*

**Man from Planet X (1951)**
*Im Gegensatz zur üblichen Vor-stellung von außerirdischen Besu-chern, hat dieser „extraterrest-rische" Gast ausgesprochen nette Absichten. Die Menschen hingegen waren alles andere als freundlich.*

**Der Tag, an dem die Erde stillstand (1951)**
*Ein Außerirdischer und sein Roboter landen auf der Erde und protestieren gegen Atomversuche. Er hat sich als Mensch verkleidet.*

**Zombies of the Stratosphere (1952)**
*Wieder besuchen Außerirdische die Erde in recht menschenähnlicher Gestalt, darunter ein Marsmensch, der die Erde vor der Zerstörung rettet.*

**Invasion vom Mars (1953)**
*Wären nicht seine Augen und Hände, könnte dieser Alien – der hier die Bewohner einer Kleinstadt zu willenlosen Befehls-empfängern umfunktioniert – als Mensch durchgehen.*

**Formicula (1954)**
*Nach einem Atom-bombenversuch hat radioaktive Strahlung Ameisen in den Erbanlagen verändert und zu gigantischen Ungeheuern umgeformt.*

## Außerirdische in der Geschichte

Viele Astronomen des 17. und 18. Jahrhunderts hatten die Vorstellung, dass alle Planeten von Wesen bewohnt wären, die wie wir gerne essen, Musik hören und Kunst lieben. Im 17. Jahrhundert schrieb der holländische Astronom und Physiker Christian Huygens, der die Saturnringe entdeckt hatte, dass Jupiter und Saturn ideale Welten für Seefahrer wären, weil sie so viele Monde besäßen, nach denen man navigieren könne. Andere Astronomen glaubten, dass Leben sogar auf der Sonne existieren könne! Mit zunehmendem Wissen wurden diese Ideen allerdings verworfen. Sie wurden jedoch neu belebt, als man im späten 19. Jahrhundert die „Marskanäle" entdeckte. Die waren doch sicherlich von intelligenten Marsbewohnern gebaut worden, um einen vom Austrocknen bedrohten Planeten zu bewässern? Zum ersten Mal setzte sich die Vorstellung von außerirdischem Leben im öffentlichen Bewusstsein durch, und die Faszination, die davon ausging, lebt bis heute fort.

In einer Comic-Serie, die 1853 in der *New York Times* erschien, sind Außerirdische durch ein in Südafrika stehendes Teleskop auf dem Mond gesichtet worden.

**Unheimliche Begegnung der dritten Art (1977)**
*Statt der üblichen Furcht vor Invasionen aus dem All macht Steven Spielberg in einem seiner ersten Erfolgsfilme die Freude über ihre Landung zum Thema. Auf einem Tafelberg in den USA kommt es zur „Begegnung der dritten Art" zwischen Erdbewohnern und außerirdischen Lichtwesen.*

**Superman (1978)**
*Superman, der beliebteste Superheld, wurde als Baby von Außerirdischen auf der Erde in Sicherheit gebracht, bevor sein eigener Planet, Krypton, explodierte.*

**Star Trek (1979)**
*Der Film – und die Fernsehserie „Raumschiff Enterprise" – befasst sich mehr mit Problemen der Gesellschaft und der Umwelt als mit der Frage nach außerirdischem Leben. Die menschenartigen Aliens sprechen daher oft ein perfektes Englisch!*

**Metaluna IV antwortet nicht (1954)**
*Diese Aliens, die Wissenschaftler von der Erde entführen, damit sie ihren Planeten retten, haben zwar merkwürdige Hände und Füße – doch die Größe und Form ihrer Körper ist uns vertraut.*

**Invasion of the Star Creatures (1962)**
*Die Räuber kamen vielleicht von den Sternen, haben sich jedoch ganz ähnlich den Menschen entwickelt – inklusive Knieschützer!*

**Invasion vom Mars (1986)**
*Bei der Neuverfilmung 30 Jahre später sahen die Marsbewohner schon etwas weniger menschenähnlich aus.*

**Spaced Invaders (1990)**
*Marsbewohner besuchen die Erde und sehen aus, als hätten sie sich zum Fasching kostümiert.*

# Die Geburt des Lebens

UNSERE SUCHE NACH INTELLIGENTEM LEBEN im Universum muss zu Hause beginnen. Planet Erde ist der einzige Ort, von dem wir mit Sicherheit wissen, dass Leben auf ihm existiert. Schon in der durch Vulkanausbrüche geprägten Frühzeit brachte die Erde erste mikroskopisch kleine lebende Zellen hervor, die sich im Laufe von Jahrmilliarden zu einer unglaublichen Vielfalt von Pflanzen und Tieren weiterentwickelten. Wenn wir verstehen, unter welchen Bedingungen sich das irdische Leben aus Gesteinen, Gas und Wasser entwickelt hat, können wir darüber nachdenken, wie außerirdisches Leben auf anderen Planeten entstanden sein könnte.

## Heftige Anfänge

Manche Wissenschaftler sind der Meinung, dass das Rohmaterial für das Leben von Vulkanen ausgestoßene Gase war: einfache Moleküle im Gas wurden mit Hilfe der Energie aus Blitzen und möglicherweise von Sonnenstrahlen zu größeren, komplexeren Molekülen zusammengeschweißt.

## KOHLENSTOFF, ORGANISCHE MOLEKÜLE UND LEBEN

Kohlenstoffatome sind die einzige mögliche chemische Basis für das Leben, weil sie sich miteinander und mit anderen Atomen zu komplizierten und vielseitigen Verbindungen zusammentun. Solche Kohlenstoffatome wurden erstmals in lebenden Zellen entdeckt, so dass Chemiker sie „organisch" nannten. Astronomen haben inzwischen kohlenstoffreiche „organische Moleküle" im Universum entdeckt, die *nicht* von Lebewesen stammen. Sie sind oft schwarz und ähneln Kohle oder Teer.

### 1 DICKE „LUFT"

Vulkanische Gase hüllten die Erde in eine dichte Atmosphäre aus Wasserdampf, Kohlendioxid und Stickstoff – dazu noch etwas Methan, Wasserstoff und Ammoniak. Diese durch Blitze aufgespalteten Moleküle gruppierten sich wieder zu komplizierten organischen Verbindungen, darunter Aminosäuren.

*Bestandteile der Atmosphäre*

### 2 ATMOSPHÄRISCHE VERÄNDERUNGEN

Wasserdampf kondensierte zu einem Jahrmillionen währenden, planetenweiten Wolkenbruch. Die meisten der durch Blitze geschaffenen organischen Moleküle wurden in die Ozeane gespült, so dass eine „Luft" aus Kohlendioxid und Stickstoff zurückblieb – wie sie heute auf Venus und Mars vorhanden ist.

| 4,6 Mrd. J. | 4 Mrd. J. | 3 Mrd. J. | 2 Mrd. J. |
|---|---|---|---|

*Drei Milliarden Jahre lang verbanden sich organische Moleküle miteinander und brachten die ersten Lebensformen hervor. Sie waren sehr einfach und bestanden nur aus einer einzigen Zelle, vergleichbar mit Algen, Bakterien und Amöben.*

## DIE URSPRÜNGE DES LEBENS

Im Jahre 1953 füllte der amerikanische Chemiker Stanley (geb. 1930) ein Gasgemisch – mit dem er die frühe Atmosphäre der Erde simulierte – in einen Glaskolben und zündete darin elektrische Entladungen, mit denen er Blitze nachahmte. Wasser in dem Kolben spielte die Rolle des Urozeans. Am nächsten Morgen hatten sich die farblosen Gase in eine im Wasser gelöste, rotbraune „Schmiere" verwandelt. In der Flüssigkeit waren mehrere neue, komplizierte Verbindungen enthalten, darunter Aminosäuren.

*Stanley Miller – der erste, der den Beginn des Lebens im Experiment nachvollzog.*

## URSUPPE

Die in der Atmosphäre entstandenen organischen Moleküle wurden in die Ozeane geschwemmt und bildeten eine dünne „Ursuppe". In Felstümpeln konzentrierte sich die Suppe, und Aminosäuren verbanden sich zu Eiweißen. Andere Moleküle reagierten und bauten Desoxiribonukleinsäure (DNS) auf, während Fettmoleküle eine Membran bildeten, die alles nach außen abgrenzten. Die ersten lebendigen Zellen waren geboren.

*Die australischen Stromatolithe – riesige Kolonien von Einzellern – zeigen, wie das erste Leben auf der Erde ausgesehen haben könnte.*

## Im Innern der Zelle

Alles Leben auf der Erde – ob Tiere, Pflanzen oder Mikroben – besteht aus den gleichen Arten von organischen Molekülen, die einige der häufigsten Elemente im Universum enthalten: Kohlenstoff, Wasserstoff, Sauerstoff und Stickstoff. Sie sind in winzigen Zellen verpackt, die alle auf erstaunlich gleiche Weise funktionieren. Die verschiedenen Teile einer Zelle begannen vermutlich als „Minizellen", die sich zusammentaten, um erfolgreicher zu sein.

*Der menschliche Körper besteht aus über 50 Milliarden Zellen. Haut-, Nerven- und Muskelzellen sehen innen alle gleich aus.*

*Pflanzenzellen enthalten grünes Chlorophyll, mit dem aus dem Kohlendioxid der Sauerstoff abgespalten wird. Ansonsten sind sie Tierzellen sehr ähnlich.*

*Mitochondrien*

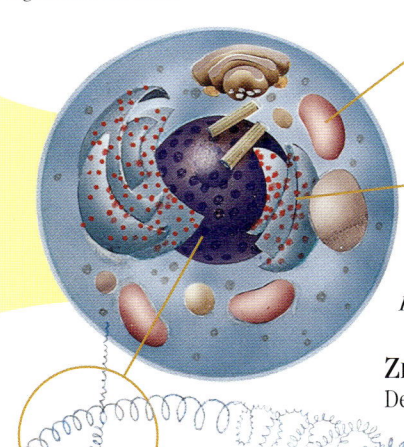

### MITOCHONDRIEN

Die Mitochondrien sind das Kraftwerk der Zelle – in ihnen wird Zucker abgebaut und dabei Energie gewonnen. Statt eine Flamme zu erzeugen, bilden sie ständig Moleküle, die Energie abgeben, wo sie benötigt wird.

### RIBOSOM

Das Ribosom ist die Fabrik – es fügt die kleinen „Baustein"-Moleküle, Aminosäuren, zu Eiweißen zusammen. Einige der Eiweiße bilden die Zellstrukturen; andere, Enzyme genannt, steuern die Reaktionen, die die Zelle am Leben erhalten.

*Ribosome*

### ZELLKERN

Der Zellkern enthält die lange Doppelspirale der DNS, in der die chemischen Anweisungen für alle Vorgänge in der Zelle gespeichert sind.

*DNS*

### FORTPFLANZUNG

Wenn eine Zelle sich teilt, sorgt die Erbsubstanz DNS dafür, dass die „Tochterzellen" ihr genau gleichen.

## 3 GANZ ANDERS!

Während der nächsten 2 Milliarden Jahre wandelten die sich entwickelnden Pflanzen das meiste Kohlendioxid in Sauerstoff um. Nachdem es aus atmosphärischen Gasen geschaffen war, veränderte das Leben nun die Atmosphäre nach seinen eigenen Bedürfnissen!

## 4 EINZIGARTIGE ATMOSPHÄRE

Das Leben schuf eine Atmosphäre, die hauptsächlich aus Stickstoff und Sauerstoff besteht und im Sonnensystem einzigartig ist. In der oberen Atmosphäre bildeten Sauerstoffatome die Ozonschicht, die die Erde vor den zerstörerischen Strahlen der Sonne schützt.

| 1 | 0,5 | Zeit in vergangenen Jahrmillionen |
| Mrd. J. | Mrd. J. | |

*Vorfahr der Fische*

*Ozonschicht ermöglichte das Leben an Land*

### FRÜHE VERSUCHE

Die frühen Zellen vereinigten sich später und bauten zusammen komplizierte Pflanzen und Tiere auf. In den Ozeanen der Erde wimmelte es vor 570 Millionen Jahren von einer Vielzahl biologischer Experimente. Die meisten gibt es heute nicht mehr; aber eins oder zwei wurden die Vorfahren der Fische.

### AUFS LAND

Einige Fische entwickelten sich zu Amphibien und krochen aus dem schützenden Ozean ans Land, das nun von der Ozonschicht abgeschirmt war. Mit ihnen kamen Seetange, die später zu Gräsern, Bäumen und Blumen wurden. Bestimmte Amphibien entwickelten sich zu Reptilien, Dinosauriern, Vögeln, Säugetieren und später Menschen.

# Bomben aus dem All

DAS LEBEN IM UNIVERSUM ist ständig von Geschossen aus dem All bedroht. In der Frühzeit hagelte ein ziemlich heftiges Bombardement von felsigen oder metallenen Asteroiden und gefrorenen Kometen auf die junge Erde herab – Trümmer, die von der Entstehung der Sonne und Planeten übrig geblieben waren. Doch diese offensichtliche Bedrohung für das werdende Leben sollte sich als ein wahrer Segen entpuppen! Durch den Beschuss aus dem All wurden schwache Lebensformen ausgelöscht und stärkere, flexiblere Stränge konnten sich weiterentwickeln. Heute sind manche Wissenschaftler der Auffassung, dass das meiste Wasser der Erde und die anderen für das Leben wichtigen Rohstoffe nicht aus Vulkanen stammen, sondern aus dem All auf unseren Planeten geflogen sind.

## Kometen: Lebenspender?

Kometen sind lange Zeit mit Unheil und Zerstörung in Verbindung gebracht worden: Früher, als noch niemand wusste, was Kometen sind, muss die Erscheinung eines Kometen am Himmel – der wie ein gezückter Geisterdolch aussah – die Menschen in Angst und Schrecken versetzt haben. Doch Weltraumsonden wie *Giotto* haben gezeigt, dass Kometen auch Lebenspender sein können, weil sie große Mengen organischer Moleküle und Wasser enthalten. In seiner fernen Heimat, weit weg von der Sonne, ist ein Komet ein wenige Dutzend Kilometer durchmessender Klumpen aus Wassereis und Staubteilchen. Bei der Annäherung an die Sonne verdampfen die gefrorenen Substanzen und bilden eine leuchtende Gaswolke um den Kern, die sich zu einem vom Sonnenwind von der Sonne weggeblasenen, leuchtenden Schweif von Millionen Kilometer Länge entwickelt.

*Europas Sonde* Giotto *flog 1986 dicht am Halleyschen Kometen vorbei. Es zeigte sich, dass Gasjets aus einem „schmutzigen Schneeball" schossen, der 10 km Durchmesser hatte und, zur Überraschung der Astronomen, von tiefschwarzem organischen „Pech" überzogen war.*

*Kometen in ihrem Urzustand sind meist in der Oortschen Wolke zu Hause – einer großen, kugelförmigen Schale weit außerhalb der Planetenbahnen, in der Millionen Klumpen aus Staub und Eis treiben und die sich vielleicht bis zu den uns nächsten Sternen ausdehnt.*

*In der fernen Vergangenheit, als noch mehr „Baumaterial" herumflog, prallten Kometen viel häufiger mit der Erde zusammen. Heute kommen solche Zusammenstöße in Abständen von ungefähr 100 Millionen Jahren vor.*

### SIR FRED — DER AUSSENSEITER

Fred Hoyle, später zum Sir geadelt, kann kaum als konventionell gelten. Eine seiner Ideen ist, dass das Leben vollständig ausgeformt – vielleicht sogar ausgebrütet – in „Eiern" von Kometen auf die Erde gebracht wurde. Nach einer anderen Idee besteht der dunkle, rußige „Staub", der sich im All zu riesigen Wolken zusammenballt, aus gefriergetrockneten Bakterien; diese sollen auf der Erde Seuchen wie AIDS und Grippe verursachen.

Der britische Astrophysiker Fred Hoyle (geb. 1915) ist vor allem durch seine „Steady-State"-Theorie bekannt geworden, der zufolge das Universum weder einen Anfang noch ein Ende hat.

*Im Wassereis eines Kometen sind Unmengen organischer Moleküle eingefroren. Kometen könnten die Erde mit diesen Rohstoffen des Lebens „übersät" haben.*

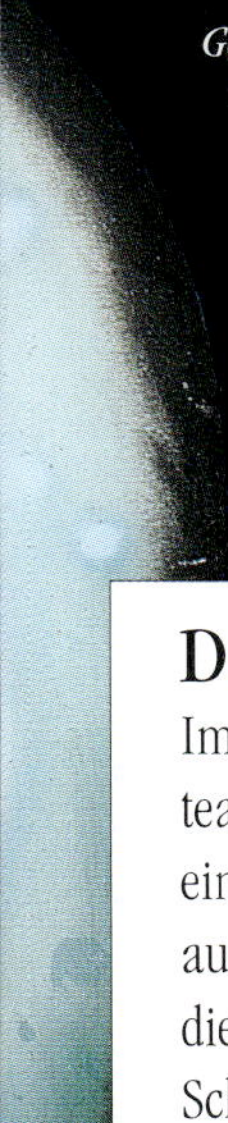

*Gerät ein Komet in eine sonnennahe Umlaufbahn, löst er sich allmählich auf. Nach etwa 250 000 Jahren sind nur noch kleine Staubteilchen von ihm übrig.*

*Die junge Erde – und vermutlich auch andere Planeten – wurde aus dem Kosmos bombardiert. Doch mit den Himmelsgeschossen wurden auch Wasser und dunkle Flecken organischer Moleküle deponiert.*

## KOSMISCHER SCHUTT

Die Lücke zwischen den Umlaufbahnen von Mars und Jupiter ist mit Tausenden von Brocken aus Stein und Metall angefüllt, die man Asteroiden nennt. Die starke Anziehungskraft Jupiters verhindert, dass sich die Asterioden zu einem Planeten zusammenfügen.

## Was hat die Dinosaurier vernichtet?

Die Dinosaurier – die einmal über 100 Millionen Jahre lang auf der Erde vorherrschten – starben vor 65 Millionen Jahren aus, zusammen mit vielen anderen Arten. Gleichzeitig aber wurden weltweit Gesteine mit großen Mengen des Elements Iridium angereichert, das auf unserem Planeten kaum vorkommt, in Kometen und Asteroiden aber häufig ist. Man nimmt an, dass ein Objekt mit ungefähr 10 km Durchmesser auf der mexikanischen Halbinsel Yucatan aufschlug, wo sich heute ein riesiger Krater befindet. Die gewaltige Explosion schickte eine Wolke iridiumhaltigen Staubs in den Himmel, die die Sonne für Monate verbarg. Das Pflanzenleben erlosch, und nur wenige Tiere überlebten.

Dinosaurier starben vermutlich bei einem kosmischen Einschlag aus – einem von mehreren, die vielleicht Massensterben verursacht haben.

## Der große Crash im Jupiter

Im März 1993 entdeckte das bewährte Kometenjägerteam Carolyn und Gene Shoemaker und David Levy einen Kometen bei Jupiter. Er sah ganz merkwürdig aus – wie eine Perlenkette. Mit Verwunderung stellten die Astronomen fest, dass er von Jupiters gewaltiger Schwerkraft in über 20 kleine Stücke zerrissen worden war. Noch erstaunter aber waren sie, als sie sahen, dass sich Komet Shoemaker-Levy 9 auf Kollisionskurs mit dem Planeten befand. Im Juli 1994 schlugen die Fragmente mit einer Geschwindigkeit von 216 000 km/h auf Jupiter ein und lösten gigantische Explosionen aus.

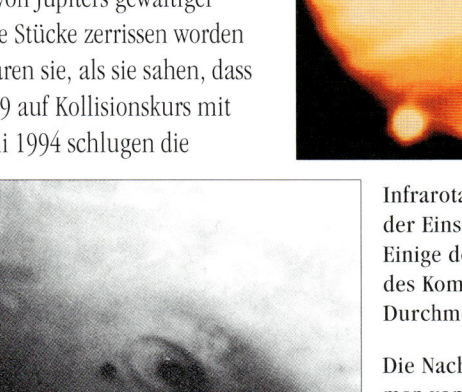

Infrarotaufnahme eines der Einschläge von 1994: Einige der Bruchstücke des Kometen hatten 4 km Durchmesser.

Die Nachwehen, aufgenommen vom *Hubble-Weltraumteleskop*: Der Aufprall hinterließ schwarzbraune „Brandmale" aus organischen Molekülen.

## HIMMELSWACHT!

Obwohl die meisten Asteroiden jenseits von Mars fliegen, befinden sich einige – schätzungsweise rund 2000 – auf Umlaufbahnen, die nahe an der Erde vorbeilaufen. Eines Tages könnte uns ein Asteroid wie dieser treffen. Ein internationales Frühwarnsystem soll zum Einsatz kommen, wenn ein Asteroid auf Kollisionskurs entdeckt würde. Dann könnte man versuchen, den Asteroiden durch einen Atomsprengkopf, der in seiner Nähe gezündet würde, aus seiner Bahn zu lenken.

*Atomsprengköpfe*

*Explodierende Atomsprengköpfe lenken einen erdbedrohenden Asteroid von seinem Kurs ab.*

# Den Marsianern auf der Spur

D ER PLANET MARS IST DER NÄCHSTE denkbare Ort, wo sich außerirdisches Leben entwickelt haben könnte. Gerüchte von intelligenten Marsmenschen entstanden im 19. Jahrhundert durch die Entdeckung von „Kanälen" auf dem Mars und wurden immer wieder erneut angefacht. 1939 verbreitete eine Hörspielfassung von Orson Welles, die erschreckend echt von einer Invasion von Marsmenschen auf der Erde „berichtete", weltweite Panik! Zu einer sehr optimistischen Begeisterung kam es erst kürzlich, als möglicherweise Fossilien vom Mars entdeckt wurden (Seite 98–99). Doch die „Hochs" sind von „Tiefs" abgelöst worden. Die ersten Sondenbilder des Planeten enthüllten eine öde und leblose Welt und machten die Hoffnungen der Astronomen zunichte.

## Bombardierter Planet

Noch bis Ende der 1950er Jahre hofften die Astronomen, dass vielleicht primitive Pflanzen, wie Moose oder Flechten, auf dem Mars lebten. Doch die ersten Bilder der Marssonden waren eine bittere Enttäuschung. Sie zeigten eine fast luftlose Welt – von Einschlagkratern wie von Pocken verunstaltet –, die eher dem Mond als der Erde glich. Doch die Sonden hatten nur eine Hemisphäre des Planeten erforscht – später zeigte sich, dass Mars eine viel interessantere Seite hat.

Die kahle, von Kratern übersäte Oberfläche des Mars wurde 1965 von der NASA-Raumsonde *Mariner 4* zum ersten Mal fotografiert.

*Der Marsboden ist rot, weil er von Rost bedeckt ist – er ist eisenhaltig, und einst floss hier Wasser.*

*Panorama einer heutigen Marslandschaft.*

### SUCHE NACH MARSMÄNNCHEN

Um 1877 berichtete der italienische Astronom Giovanni Schiaparelli, er habe lange, gerade Linien auf Mars entdeckt. Er nannte sie „canali" (italienisch für Gräben). Doch der amerikanische Amateurastronom Percival Lowell – ein reicher Geschäftsmann aus Boston – übersetzte das Wort fälschlich als „Kanäle" (künstlich angelegte Bewässerungsgräben). Mars sei dabei auszutrocknen, so behauptete er, und intelligente Marsbewohner, die in der trockenen Äquatorgegend lebten, hätten die Kanäle gebaut, um das Wasser der vereisten Polkappen umzuleiten und ihre Welt zu retten.

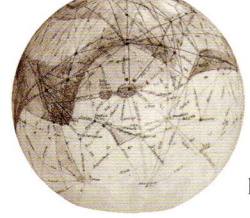

Der marsbesessene Lowell richtete in Arizona ein großes Observatorium zur Beobachtung des Planeten ein.

Die Kanäle waren in Wirklichkeit durch optische Täuschung hervorgebrachte Strukturen. Sondenaufnahmen zeigen keinerlei Spuren von ihnen.

### VIKING: AUF DER SUCHE NACH LEBEN

Im Jahre 1971 sah *Mariner 9* die andere Seite des Mars. Der erste Satellit, der den Roten Planeten umkreiste, enthüllte eine Hemisphäre, auf der gewaltige Vulkane und riesige Schluchten eine der wildesten – und erdähnlichsten – Landschaften des Sonnensystems schufen. Doch als wichtigstes Ergebnis entdeckte *Mariner 9* ausgetrocknete Flussbetten. Sollte es je Wasser auf Mars gegeben haben, könnte es die Grundlage für Leben gewesen sein. Diese Entdeckungen ermutigten die US-Weltraumbehörde NASA, zwei *Viking*-Sonden zu bauen – die ersten Forschungssonden, die einen anderen Planeten nach Leben absuchten. Jedes Vehikel bestand aus einem *Orbiter* und einem *Lander*.

*Beide Lander setzten Mitte 1976 weich auf der nördlichen Halbkugel von Mars auf. Mit einem Abstand von 6 460 km voneinander befanden sie sich fast auf entgegengesetzten Seiten des Planeten.*

*Der lange Schürfarm kratzte Gesteinsproben vom Marsboden, die später im Lander analysiert wurden.*

## Roboter-Labor

Die *Viking*-Wissenschaftler hofften, dass der Marsboden mikroskopisch kleine, Bakterien oder Hefe ähnliche Zellen enthielte. Auf der Suche nach Lebensspuren führte jeder *Lander* vier Experimente in einem papierkorbgroßen Minilabor durch. Sie ergaben zwar auf eine Reaktion hinweisende Chemikalien im Boden – doch kein Leben.

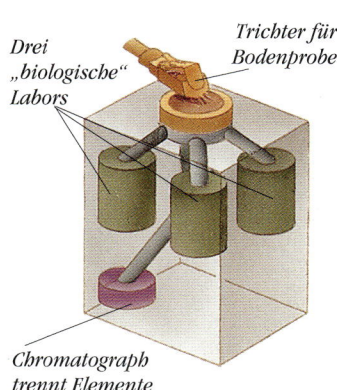

Drei „biologische" Labors

Trichter für Bodenprobe

Chromatograph trennt Elemente

### KRIMINALISTIK

Wie ein Polizeilabor, das Verbrechensspuren analysiert, zerlegte der Gaschromatograph den Marsboden in seine Grundatome. Er entdeckte viele chemische Elemente, darunter Eisen, Silizium und Sauerstoff. Doch keine Spur von Kohlenstoff – dem Grundbaustein des Lebens.

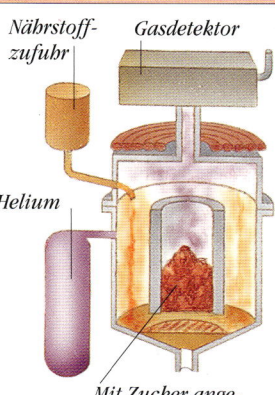

Nährstoffzufuhr

Gasdetektor

Helium

Mit Zucker angefeuchteter Boden

### ABSCHWÄCHUNG

Alle Zellen produzieren Gase, wenn sie Nährstoffe aufnehmen. Im Gasaustauschexperiment bildete der Marsboden Gas, wenn er mit Zuckerlösung angefeuchtet wurde. Doch das Gas verschwand schnell wieder: ein sicheres Zeichen für eine nur chemische Reaktion.

### GÄRUNG

Bei dem Experiment würden vorhandene Hefebakterien wie bei der Weingärung Gase erzeugen. Gas entwich tatsächlich, hörte aber gleich wieder auf zu strömen und zeigte so eine chemische Reaktion an.

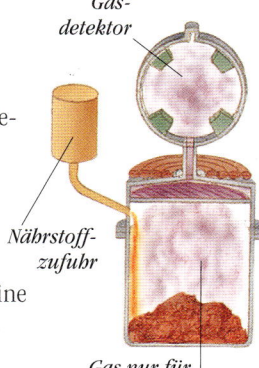

Gasdetektor

Nährstoffzufuhr

Gas nur für kurze Zeit erzeugt

### KOCHEN

Im Experiment zur Freisetzung von Pyrolit sollte eine helle Lampe pflanzliche Zellen, falls vorhanden, zum Wachsen und dann zur Fortpflanzung bringen. Nach fünf Tagen war der Boden erhitzt, und eine Detektor „erschnüffelte" alle Geruchsstoffe von frisch gekochten Zellen. Das Ergebnis gab keinen Aufschluss.

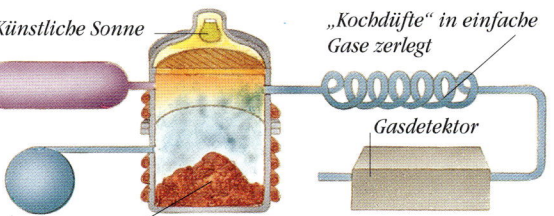

Künstliche Sonne

„Kochdüfte" in einfache Gase zerlegt

Gasdetektor

Hitze zerlegt die im Boden enthaltenen Chemikalien

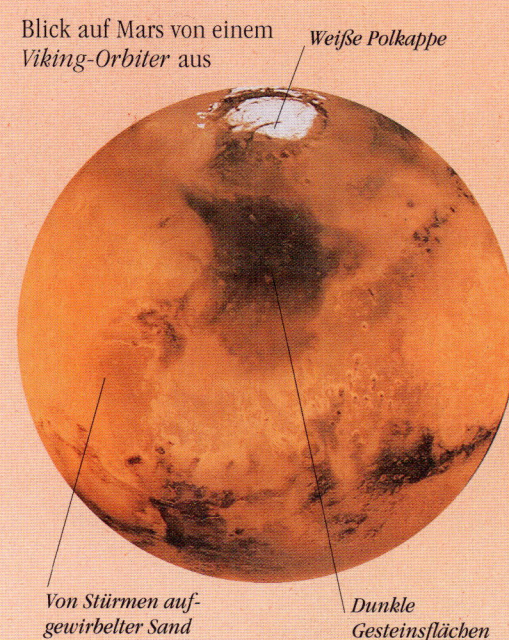

Blick auf Mars von einem *Viking-Orbiter* aus

Weiße Polkappe

Von Stürmen aufgewirbelter Sand

Dunkle Gesteinsflächen

## Mars: die sterile Welt

Mars scheint heute eine leblose Welt zu sein. Die wandernden dunklen Gebiete, die man früher für Vegetation hielt, sind nach heutigem Wissen Gesteinsflächen, die zeitweise von Staubstürmen überweht sind. Das Wasser, das einst reichlich auf dem Planeten vorhanden war, ist heute als Permafrost im Boden gefroren; und die weißen Polkappen bestehen weitgehend aus gefrorenem Kohlendioxid. Am aufschlussreichsten allerdings ist, dass Mars heute ein planetenweites Ozonloch hat. So kann die ultraviolette Sonnenstrahlung ungehindert bis zur Oberfläche vordringen – sie macht den Boden unfruchtbar und löscht keimendes Leben aus.

Zwei Kameras lieferten räumliche Ansichten.

Die Antenne sandte Signale an Viking Orbiter, *der in der Umlaufbahn mit der Kartierung des Planeten beschäftigt war. Er übermittelte sie zur Erde.*

Ein meteorologischer Messarm erfasste Windgeschwindigkeit und Lufttemperatur.

In der dünnen Luft schwebende Teilchen des roten Bodens färben den Marshimmel lachsrot.

### ROBOTER AUF DEM ROTEN PLANETEN

Die beiden *Viking-Lander* waren die technisch ausgereiftesten Sonden, die je gebaut worden waren. Jede war ein wahrhaft intelligenter Roboter, mit räumlichem Farbsehen, biochemischen Labors, einer Wetterstation und einer Antennenschüssel.

# Mars: Ein Platz für Leben?

DER HEUTE ÖDE MARS war in ferner Vergangenheit alles andere als eintönig. Erkundungen mit Raumsonden aus nächster Nähe lieferten den Beweis, dass Mars einst reißende Ströme und eine dichte Atmosphäre besaß. Vor Milliarden von Jahren war auch der Planet selbst viel aktiver, mit Vulkanausbrüchen und Marsbeben, und es war sehr viel wärmer. Wissenschaftler vermuten sogar, dass es flache Ozeane gegeben hat. Unter diesen Bedingungen – die denen auf der jungen Erde glichen – könnte sich sehr wohl Leben entwickelt haben.

## Er schaut dich an!

Das „Marsgesicht" ist als riesiges Bauwerk einer versunkenen Marszivilisation gedeutet worden, vergleichbar vielleicht mit einer ägyptischen Pyramide! Sieht man es jedoch aus einer anderen Perspektive, wie auf diesem computererzeugten Bild (unten links), erkennt man, was das 1,5 km lange „Gesicht" wirklich ist: ein winderodierter Hügel, wie er in der Gegend zahlreich vorkommt.

## Mars greift an!

Auf dem jungen Mars ging es hoch her. Vulkane explodierten, während Marsbeben den Boden erschütterten. Zusammen mit dem reichlich vorhandenen Wasser und der dicken Atmosphäre waren alle Zutaten für die Lebensentstehung vorhanden. Häufige Einschläge von Kometen und Meteoriten lieferten neues Material. Doch am Ende haben die niederprasselnden Himmelsgeschosse wahrscheinlich die Lebenschancen erstickt – indem sie die Atmosphäre dieses kleinen, schwerkraftarmen Planeten ins All bliesen.

*Der vom Wind erodierte Hügel ist auf dem Computerbild deutlich zu erkennen.*

*Bombardements haben möglicherweise dazu beigetragen, dass Leben entsteht, doch auf dem Mars können sie es auch ausgelöscht haben.*

*Das gleiche Panorama wie auf den Seiten 14–15, doch 3 Milliarden Jahre früher. Mit aktiven Vulkanen und schnellfließenden Strömen ähnelt der junge Mars der jungen Erde.*

*Vulkanausbrüche und Einschläge von Eiskometen lieferten Wasser für die Flüsse, die einst auf der Oberfläche von Mars zu finden waren.*

## Die Marsianer sind gelandet!

Im August 1996 sorgten NASA-Wissenschaftler für eine weltweite Sensation, als sie verkündeten, dass winzige Strukturen, die sie in einem in der Antarktis gefundenen und einst vom Mars auf die Erde geschleuderten Meteoriten entdeckt hatten, Fossilien von primitivem Leben sein könnten. Sie schätzten das Alter der Fossilien auf 3,6 Milliarden Jahre. Doch als sich die Aufregung gelegt hatte, untersuchten andere Wissenschaftler den Fund – und kamen zu dem Schluss, dass die „Fossilien" eher mineralischer als tierischer Herkunft waren.

### BOTSCHAFTER VOM MARS

ALH84001 – der Gesteinsbrocken vom Mars – stürzte vor 13 000 Jahren in die Antarktis und blieb im Eispanzer erhalten. Er ist einer von zwölf Marsmeteoriten, die zur Zeit untersucht werden.

### MARSIANISCHE KRABBELTIERE

Die 100 000-mal vergrößerten, bakterienähnlichen „Fossilien", die in ALH84001 entdeckt wurden, haben nur den hundertstel Durchmesser eines Menschenhaares – sind also für ein Lebewesen ziemlich klein.

*Die Sonde* Mars Pathfinder *bremste ihren Eintritt in die Marsatmosphäre mit einem Hitzeschild ab.*

*Bei Erreichen der unteren Schichten der Atmosphäre entfaltete sich ein riesiger Fallschirm.*

*Die NASA-Sonde* Global Surveyor *wird Mars aus ihrer Umlaufbahn erkunden.*

*Japans* Planet B *wird die obere Atmosphäre von Mars erkunden.*

## Mars – die Suche geht weiter

Nach einer Pause von etwa 20 Jahren – als es keine erfolgreichen Missionen zum Mars gab –, wurde Ende der 1990er Jahre eine wahre Flotte von Raumsonden zum Roten Planeten geschickt. Als erstes brachte die NASA *Mars Pathfinder* und *Global Surveyor* auf den Weg. Ihnen werden eine Serie von amerikanischen, russisch-europäischen und japanischen Forschungssonden folgen. Sie werden Mess-Kapseln in den Marsboden schießen und mit Ballons und Geländefahrzeugen die gesamte Marsoberfläche nach Lebensspuren durchkämmen.

*Bei der Landung klappte die Landeeinheit auf und gab die wissenschaftlichen Instrumente frei.*

Mars Pathfinder *landete in einer geröllhaltigen Ebene, die einst das Überschwemmungsgebiet eines mächtigen Flusses gewesen sein muss.*

*Die erste Marsbasis aus der Sicht eines Künstlers.*

Heute gibt es kaum noch Zweifel, dass das nächste Ziel der Menschheit der Mars sein wird. Manche Experten gehen davon aus, dass die erste bemannte Mission noch vor 2020 stattfinden wird. Etwa 100 Jahre nach dieser Landung werden die ersten Marsstationen gebaut sein.

Mars Pathfinder *beförderte das erste Elektromobil auf einen anderen Planeten – es heißt „Sojourner" (Reisender) nach Sojourner Truth (1797–1883), einem freigelassenen Sklaven, der sich für die Rechte der Frauen einsetzte.*

*Marsvulkane sind vielleicht noch bis vor ein paar Millionen Jahren aktiv gewesen.*

### VERSCHWUNDENE FLÜSSE

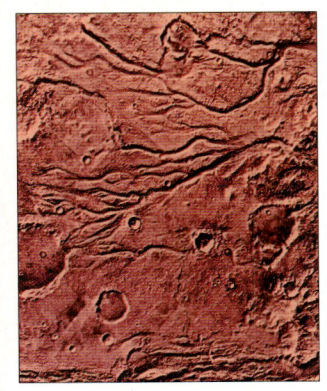

Lange, gewundene Täler, fotografiert von den *Viking-Orbitern,* sehen wie ausgetrocknete Flussbetten aus. Diese Wasserläufe müssen in der Jugend des Planeten einen eindrucksvollen Anblick geboten haben. Manche waren über 100 km breit – ein Ergebnis von sturzflutartigen Überschwemmungen. Doch als sich die Atmosphäre in den Raum verflüchtigte, wurde der Planet kälter, und das Wasser gefror im Boden als Permafrost.

## errirdischen Zivilisationen

 du selbst errechnen, wie viele außerirdische Zivilisationen „da draußen" in der
 versuchen, Botschaften ins All zu senden. Es beruht auf einer von Frank Drake
hts) aufgestellten Formel. Beginne oben und mache schrittweise nach unten
 ragen in jeder Stufe beantwortest. Um eine Antwort zu finden, kannst du dich auf
 das Thema behandelt ist. Die gewählte Antwort bestimmt darüber, in welches
 Reihe weiterrücken darfst. Wenn du in der untersten Reihe angekommen bist,
 viele kommunikationsfähige Zivilisationen es in deiner Galaxie gibt. Es gibt
 rt! Selbst die Wissenschaftler, die sich mit extraterrestrischem Leben befassen,
 ntworten geben und könnten in jedem der Felder in der letzten Reihe landen.


 ufgeklappten Seiten.
 ke für jeden Spieler.
 le Personen mitspielen.


 rke in das obere Feld. Lies Frage 1 links vom Feld. Du kannst zwischen
 . 10% bedeutet, dass einer von 10 der neuen Sterne ein Planetensystem hat;
 le neuen Sterne Planeten haben. So unsicher sind sich nämlich Astronomen.
 ach deiner Meinung der Wahrheit näher kommt, und gehe nach unten und
 on den Pfeilen neben der Frage angegeben.
 von dieser Reihe. Entscheide dich für 10% oder 100% und gehe entsprechend


 gibt es vier Möglichkeiten: Einige Wissenschaftler würden sagen, die Chance,
 eträgt nur 0,1% (eins zu tausend). Gehe entsprechend weiter.
 nach unten weiter, beantworte die Fragen, bis du in einem Feld der unteren
 hast du die gewünschte Antwort – die Anzahl der Zivilisationen, die mit uns
 ollen!

 en entstanden
 ance, dass es
 lt, mit der es

**4** Wenn einfaches Leben – „grüner Schleim" – entstanden ist, wie groß ist die Chance, dass es sich zu intelligentem Leben weiterentwickeln wird?

0,1%  1%  10%  100%

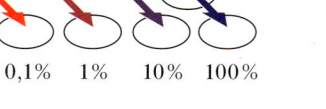

100%

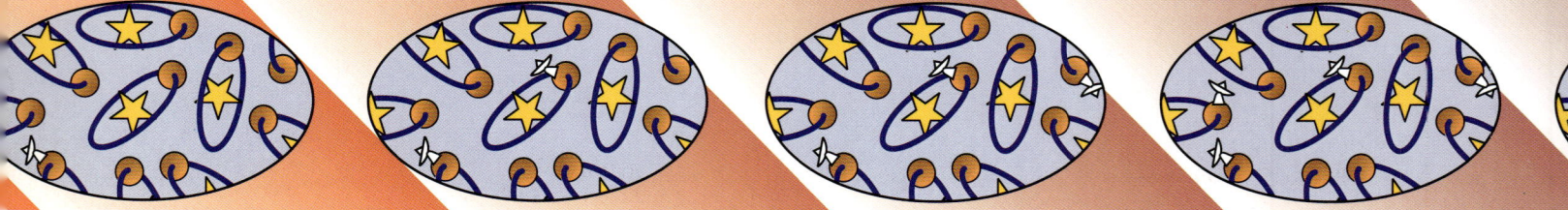

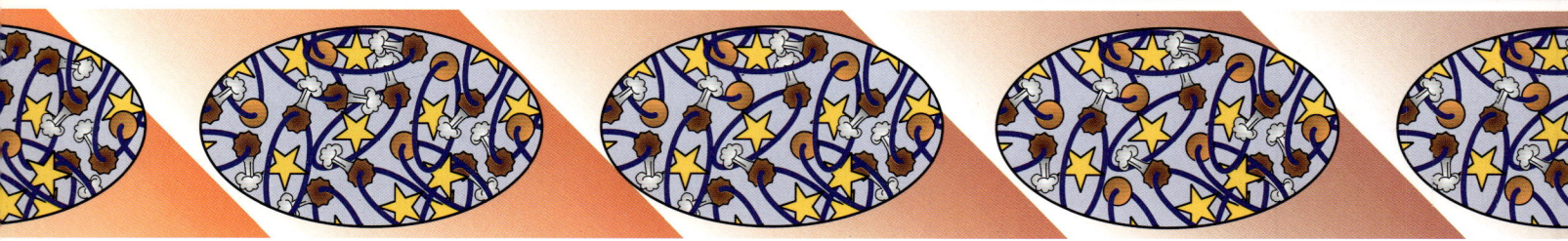

| 1 Zivilisation | 10 Zivilisationen | 100 Zivilisationen | 1 000 Zivilisationen |
|---|---|---|---|
| 0 000 Lj entfernt | 10 000 Lj entfernt | 4 600 Lj entfernt | 2 200 Lj entfernt |

# Kosmisches Ratespiel

BISHER HABEN WIR INNERHALB DER GRENZEN unseres Sonnensystems nach Leben Ausschau gehalten. Doch es gibt da draußen noch ein ganzes Universum, das von Milliarden sonnenähnlichen Sternen bevölkert ist. Könnten sie Planetensysteme wie das unsere haben, auf denen Leben möglich ist? Das scheint sehr wahrscheinlich: Astronomen wissen heute, dass Planeten als Nebenprodukte bei Sterngeburten entstehen und haben erst kürzlich die ersten „extrasolaren" Planeten entdeckt. Wenn wir ein paar kluge Denkmodelle aufstellen, die auf dem basieren, was wir über das Leben in unserem Sonnensystem wissen, könnten wir in etwa abschätzen, wie häufig Leben im weiteren Universum ist.

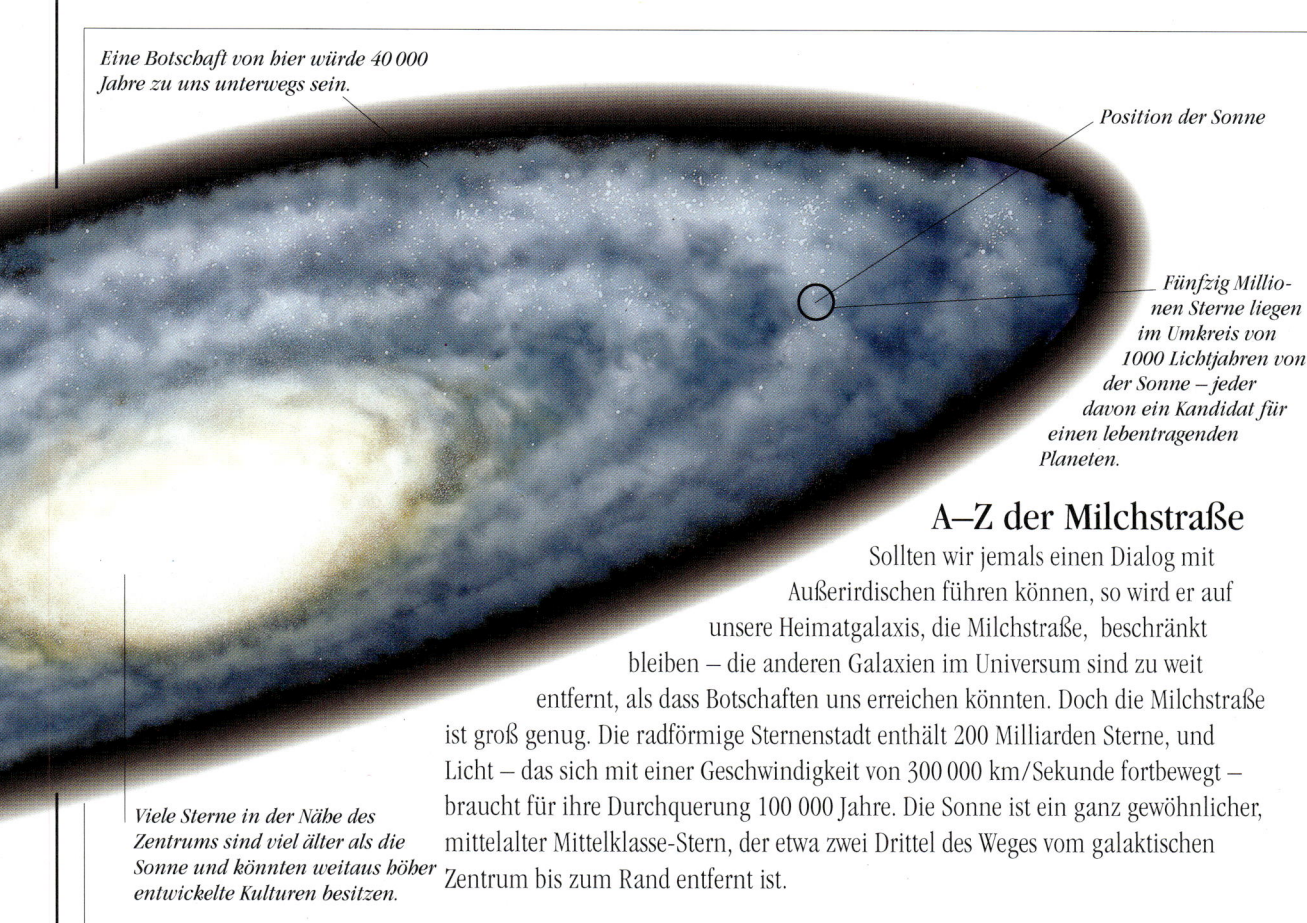

*Eine Botschaft von hier würde 40 000 Jahre zu uns unterwegs sein.*

*Position der Sonne*

*Fünfzig Millionen Sterne liegen im Umkreis von 1000 Lichtjahren von der Sonne – jeder davon ein Kandidat für einen lebentragenden Planeten.*

*Viele Sterne in der Nähe des Zentrums sind viel älter als die Sonne und könnten weitaus höher entwickelte Kulturen besitzen.*

## A–Z der Milchstraße

Sollten wir jemals einen Dialog mit Außerirdischen führen können, so wird er auf unsere Heimatgalaxis, die Milchstraße, beschränkt bleiben – die anderen Galaxien im Universum sind zu weit entfernt, als dass Botschaften uns erreichen könnten. Doch die Milchstraße ist groß genug. Die radförmige Sternenstadt enthält 200 Milliarden Sterne, und Licht – das sich mit einer Geschwindigkeit von 300 000 km/Sekunde fortbewegt – braucht für ihre Durchquerung 100 000 Jahre. Die Sonne ist ein ganz gewöhnlicher, mittelalter Mittelklasse-Stern, der etwa zwei Drittel des Weges vom galaktischen Zentrum bis zum Rand entfernt ist.

### Zähle die au

In diesem Spiel kan Milchstraße sind, u (siehe Kasten ganz weiter, indem du di die Seiten beziehen Feld du in der unte kannst du ablesen, keine „richtige" An würden verschieder

**DU BRAUCHST:**
Dieses Buch mit de Eine farbige Spieln Es können beliebig

**SPIELREGELN:**
● Lege deine Spiel 10% und 100% wäh 100% bedeutet, dass Wähle, welche Zah zur Seite weiter, wi
● Lies Frage 2 link weiter nach unten.
● Lies Frage 3. Hie dass Leben entsteht
● Mache die Reihe Reihe ankommst. N Kontakt aufnehmer

**5** Wenn intelligentes l ist, wie groß ist die eine Technologie entwi in einer „kommunikati Phase" im Kosmos Botschaften aussendet?

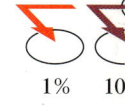

1%   10

**6** Wenn technologische Zivilisationen entstanden sind, wie viele Jahre werden sie bestehen, bevor sie sich selbst mit Hilfe ihrer Technik zerstören?

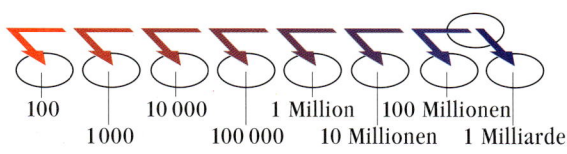

| 100 | 10 000 | 1 Million | 100 Millionen | |
|---|---|---|---|---|
| 1000 | 100 000 | 10 Millionen | 1 Milliarde |

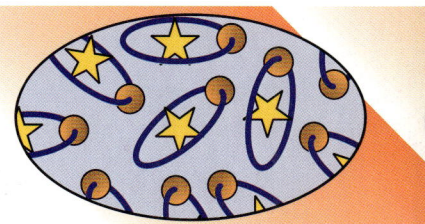

| Anzahl der Zivilisationen | 0,001 Zivilisation | 0,01 Zivilisation | 0,1 Zivilisation |
|---|---|---|---|
| Entfernung zur nächst-gelegenen in (Lj) | 50 Millionen Lj entfernt | 10 Millionen Lj entfernt | 3 Millionen Lj entfernt |

# Fische auf Jupiter

DER AUSSICHTSREICHSTE KANDIDAT BEI DER SUCHE NACH LEBEN im Sonnensystem scheint Mars zu sein, aber es gibt noch andere Möglichkeiten. Einige Planeten können von vornherein ausgeschlossen werden: Merkur und Venus sind zu heiß, Uranus, Neptun und Pluto zu kalt. Doch Jupiter und Saturn, zusammen mit ihren großen Mond-familien, könnten eine Chance bieten – schließlich wird das Leben auf der Erde mit härtesten Umweltbedingungen fertig. Zur Zeit konzentriert sich das Interesse auf Jupiters Monde, die von Jupiters Anziehungskraft „geknetet" werden, so dass sie wärmer sind, als sie bei so großer Entfernung von der Sonne eigentlich sein dürften.

### KALLISTO

Walhalla

Kallisto besitzt von allen Jupitermonden die meisten Einschlagkrater, von denen einer – Walhalla – 300 km Durchmesser hat. Er sieht aus wie der Erdmond, besteht aber aus Eis.

### FERNE TROMMELN

Während Raumsonden auf oder in unseren planetarischen Nach-barn nach Leben suchen, glauben viele Wissenschaftler, dass wir zuerst von Außerirdischen durch Radiosignale aus viel größeren Entfernungen erfahren werden. Wie die ausklappbaren Seiten unter dieser Seite zeigen, lässt sich sogar errechnen, wie viele fortschrittliche Zivilisationen „da draußen" auf diese Weise Kontakt mit uns aufnehmen könnten.

## Wasserwelt?

Blendend weiß und glatt wie eine Billiardkugel gleicht Europa keinem anderen Mond im Sonnensystem. Nahaufnahmen der NASA-Raumsonde *Galileo* offen-baren, dass er von treibenden Eisschollen wie von arktischem Packeis bedeckt ist. Manche Wissenschaftler sind der Meinung, dass sich darunter ein Ozean befinden müsse, der von Ausbrüchen untermeerischer Vulkane erwärmt wird. Auf dem Meeresboden unserer Erde gibt es ähnliche heiße Tiefseequellen, in deren Nähe exotische Geschöpfe leben. In seinem Roman *2010* erdachte sich der britische Autor Arthur C. Clark Lebensformen auf Europa. Es könnte gut sein, dass er damit prophetisch richtig lag.

## Bei Jupiter!

Jupiter ist bei weitem der größte Planet des Sonnensystems - so groß, dass alle anderen Planeten oder 1300 Erden in ihn hinein-passen würden. Anders als die inneren Planeten, wie Erde oder Mars, besteht er fast ganz aus Gasen, darunter auch solche aus organischen Molekülen wie Methan und Acetylen. In seinem Zentrum hat er aller-dings einen kleinen Kern aus schweren Stoffen, der von den umliegenden Schichten auf 35 000° C erhitzt wird, und darum ist Jupiter heißer, als man bei einer Entfernung von 778 Millionen Kilometern von der Sonne erwarten sollte. Der Planet wird von 16 Monden umkreist, von denen vier – Io, Europa, Ganymed und Kallisto – so groß wie die Planeten Merkur und Pluto sind.

Europa

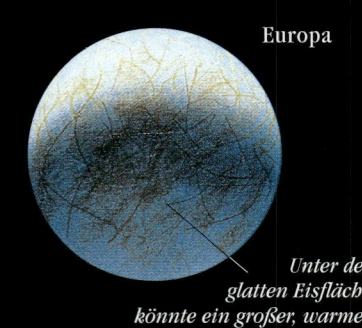

*Unter der glatten Eisfläche könnte ein großer, warmer Ozean ruhen.*

*Eisscholle*     *Wasser*     *Sprudelndes Heißwasser frisst die Eiskruste an*

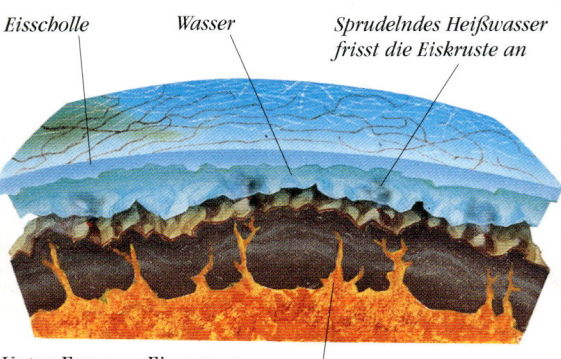

Unter Europas Eispanzer könnte ein gewaltiger Ozean Leben bergen, das seine Ener-gie aus vulkanischer Hitze anstatt Sonnenlicht bezieht.

*Hitze aus dem Kern steigt durch Tiefsee-quellen („untermeeri-sche Vulkane") auf und erhitzt das Wasser.*

*Jupiter ist wegen seiner schnellen Ro-tation (er dreht sich in etwa 10 Stun-den um sich selbst) streifig. Die weißen „Zonen" sind Eiskristalle in der hohen Atmosphäre; die farbigen Gürtel können durch organische Verbindungen gefärbt sein.*

### GANYMED

Mit einem Durchmesser von 5260 km ist Ganymed der größte Mond im Sonnensystem. Obwohl er vermutlich zu kalt für jegliches Leben ist, hat die Raumsonde *Galileo* organische Moleküle auf seiner Oberfläche entdeckt.

*...eds Ober-*
*...ist von*
*...inschlags-*
*...und*
*...scher*
*...t*
*...t.*

*Io ist der vulkanisch aktivste Mond im Sonnensystem. Noch heute brechen Vulkane aus, die auf seiner Oberfläche heiße Flecken mit bis zu 1500 °C schaffen.*

*...n Vulkanaus-*
*...en zerstörte Ober-*
*...Ios verändert sich*
*...d. Io wird im*
*...n von Jupiters*
*...enkräften durch-*
*...und erhitzt. Zahl-*
*...Vulkane speien*
*...elhaltige Lava-*
*...en bis zu 300 km*
*...Raum.*

*Der Große Rote Fleck ist ein Wirbelsturm, in dem die Erde gut dreimal Platz fände. Die rote Farbe entsteht durch Phosphor, einem für lebende Organismen wichtigen Element.*

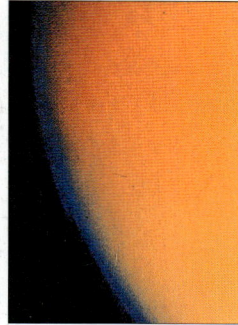

Titans orangefarbene Wolkendecke, hier von *Voyager 1* aus gesehen, besteht vermutlich aus öligen, organischen Tröpfchen.

## Saturns Mond Titan

Titan ist mit 5150 km Durchmesser Saturns größter Mond. Er ist der einzige Mond im Sonnensystem mit einer dichten Atmosphäre, die wie die der Erde hauptsächlich aus Stickstoff besteht. Die Sonde *Voyager 1*, die 1980 dicht an dem Planeten vorbeiflog, konnte durch die dicke Wolkendecke nichts erkennen, bestätigte aber das Vorhandensein von Methan. Wissenschaftler spekulieren, dass Titan vielleicht wie „eine frühe Erde in der Tiefkühltruhe" ist, auf deren Oberfläche organische Moleküle eingefroren sind. Erwärmt durch einen nahen Vulkan, könnten sie sich vielleicht zusammenfinden und Leben entstehen lassen.

### DEN SCHLEIER ZERREISSEN

Im Jahre 2004 wird die Raumsonde *Cassini* Saturn erreichen. Die huckepack mitgeflogene Sonde *Huygens* wird sich abkoppeln, in Titans Wolken eintauchen und Aufnahmen von seiner Oberfläche machen. Wissenschaftler nehmen an, dass sie eine Welt mit Seen voll flüssigem Methan und Äthan – wie Erdgas auf der Erde – mit Anreicherungen von organischen Molekülen sowie Berge, die vielleicht aktive Vulkane sind, vorfinden wird. Es besteht sogar die vage Möglichkeit, dass sich in der Wärme der vulkanischen Schlote primitive Bakterien entwickelt haben.

### JUPITER-FISCHE

Der amerikanische Astronom Carl Sagan (Seite 124) behauptete, dass Jupiters Wolken von „Jupiter-Fischen" bevölkert sein könnten. Diese hypothetischen Geschöpfe atmen Gas durch ihr Vorderende ein und durch ihr Hinterende aus, wodurch sie sich auch vorwärtsbewegen. Sinn dieser nicht ernst gemeinten Behauptung war es, das Interesse der Öffentlichkeit für eine mögliche Vielfalt von Leben im Universum zu wecken.

*Große, langsame Pflanzenesser, so riesig wie Island*

*Kleinere, schnellere Jäger*

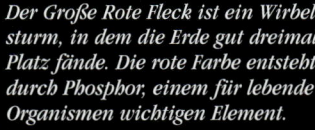

n du landest, gibt die Anzahl
ilchstraße existierenden
ationen an, basierend auf *deiner*
Planeten und die Entwicklung
hrscheinliche Entfernung zu
Nachbarn (siehe „Wie weit weg").

RNGEBURTEN
Galaxis pro Jahr neu
Sie wird allgemein
10 pro Jahr geschätzt.

## Drake-Gleichung – eine mathematische Formel fürs Außerirdische

Das „Ratespiel" auf den aufklappbaren Seiten basiert auf einer Gleichung, die der amerikanische Radioastronom Frank Drake (Seite 114) entwickelte, um die Anzahl der heute in unserer Galaxis existierenden kommunikationsfähigen Zivilisationen zu ermitteln. Sie schreibt sich so:

$$N = R_* \times f_p \times n_e \times f_l \times f_i \times f_c \times L$$

Im Spiel gibt es für jede Stufe nur eine begrenzte Anzahl von Möglichkeiten (wie 1%, 10% oder 100%). In der Gleichung kann man auch konkrete Zahlen einsetzen – zum Beispiel kann man, wenn man den Prozentsatz der Sterne mit Planeten mit 37 ansetzen will, $f_p$ = 0,37 schreiben. Wenn Astronomen heute auch über viel verlässlichere Zahlen beispielsweise für den Anteil von Sternen mit Planeten verfügen, sind doch viele Faktoren ungesichert: Wie lang ist die Lebensdauer einer Zivilisation? Wie viele Zivilisationen suchen die Kommunikation? Das ist der Grund, warum die von Astronomen geschätzte Anzahl der Zivilisationen in unserer Galaxis zwischen einer und vielen Millionen schwankt.

### $f_p$ STERNE MIT PLANETEN
Der Prozentsatz der Sterne, bei deren Geburt ein Planetensystem mitentsteht (Seite 108–109).

### SIND WIR ALLEIN IM ALL?
Wenn du ein Pessimist bist, wirst du vielleicht ganz links landen, wo das Ergebnis weniger als eine Zivilisation in einer Galaxie wie der Milchstraße ist. Die Zahl 0,01 bedeutet zum Beispiel, dass nur in einer von hundert Galaxien eine kommunikationsfähige Zivilisation entstehen wird. Dann müssten wir die einzige Zivilisation in der Milchstraße sein und viel weiter „draußen" nach anderen suchen.

### WIE WEIT WEG?
Wenn es sehr viele Zivilisationen in einer Galaxie gibt, müssen sie ziemlich dicht nebeneinander liegen, und unsere galaktischen Nachbarn wären recht nahe an der Erde. Gibt es nur wenige Zivilisationen, ist unser nächster Nachbar wahrscheinlich viel weiter entfernt. Sind zum Beispiel 10 Millionen Zivilisationen gleichmäßig in unserer Galaxis verteilt, würden sie 100 Lichtjahre voneinander entfernt sein – und das ist die wahrscheinliche Entfernung zu unserem nächsten Nachbarn. Für jede mögliche Anzahl von Zivilisationen gibt die Zahl unter der Linie am unteren Ende der Seite die Entfernung (in Lichtjahren) von der Erde zur nächstgelegenen an.

### $n_e$ BEWOHNBARE PLANETEN
Die Anzahl der Planeten, die sich in der richtigen Entfernung von ihrem Stern befinden und die richtige Größe haben, um Leben zu tragen (Seite 108–109).

*Lebensfreund-
liche Zone*

### $f_l$ PLANETEN MIT LEBEN
Der Prozentsatz der Planeten, auf denen tatsächlich Leben entsteht (Seite 92–95, 100–101).

*Lebende
Organismen*

### $f_i$ INTELLIGENTES LEBEN
Prozentsatz der Planeten, wo Lebensformen sich zu „intelligenten" Geschöpfen weiterentwickelt haben (Seite 110–111).

*Intelligente
Lebensformen*

*Ein Lichtjahr ist die Entfernung, die Licht oder eine Radiowelle in einem Jahr zurücklegt – rund 9,5 Billionen Kilometer.*

### $f_c$ KOMMUNIKATIONSFÄHIGES LEBEN
Der Prozentsatz der Planeten, auf denen intelligente Lebensformen sich technologisch so weit entwickelt haben, dass sie zu anderen Zivilisationen Kontakt suchen können (Seite 114–119).

*Kommunikation*

### L LEBENSDAUER DER ZIVILISATIONEN
Die Zeit, in der eine technologisch fortgeschrittene Zivilisation existiert und Signale senden und möglicherweise empfangen kann.

*Zerstörerische
Technologie*

onen Zivilisationen          1 000 Millionen Zivilisationen          10 000 Millionen Zivilisationen          Anzahl der Zivilisationen in der Milchstraße

6 Lj entfernt          22 Lj entfernt          10 Lj entfernt          Entfernung von der Erde zur nächstgelegenen Zivilisation in Lichtjahren (Lj)

# Beginnt hier ...

Legt eure Spielfiguren in das obere Feld – „Jährliche Anzahl der Sterngeburten". Alle Astronomen stimmen darin überein, dass in der Milchstraße jährlich 10 neue Sterne geboren werden. Nun beantwortet nacheinander Frage 1 und bewegt euch nach unten und zur Seite dem Pfeil nach, der eurer Antwort am nächsten kommt. Wenn alle dran gewesen sind, beantwortet Frage 2 und macht so weiter, bis ihr in der untersten Reihe der Felder angekommen seid.

**DAS ERGEBNIS**
Die Zahl unter dem Feld, auf de
der möglicherweise in unserer M
kommunikationsfähigen Zivilis
Meinung über die Existenz von
von Leben. Darunter steht die w
unserem nächsten galaktischen

**1** Wie groß ist die Wahrscheinlichkeit, dass ein neugeborener Stern Planeten hat?

10%   100%

**2** Wenn es ein Planetensystem gibt, wie groß ist die Chance, einen erdähnlichen Planeten in der warmen „lebensfreundlichen Zone" um den Stern zu finden?

10%   100%

**3** Wenn es einen erdähnlichen Planeten gibt, wie wahrscheinlich ist es, dass sich Leben auf ihm entwickelt?

0,1%   1%   10%   100%

**R∗ ANZAHL DER ST**
Die Anzahl der in de
entstehenden Sterne
von Astronomen auf

*Stern wird „geboren"*

*Stern mit Planeten*

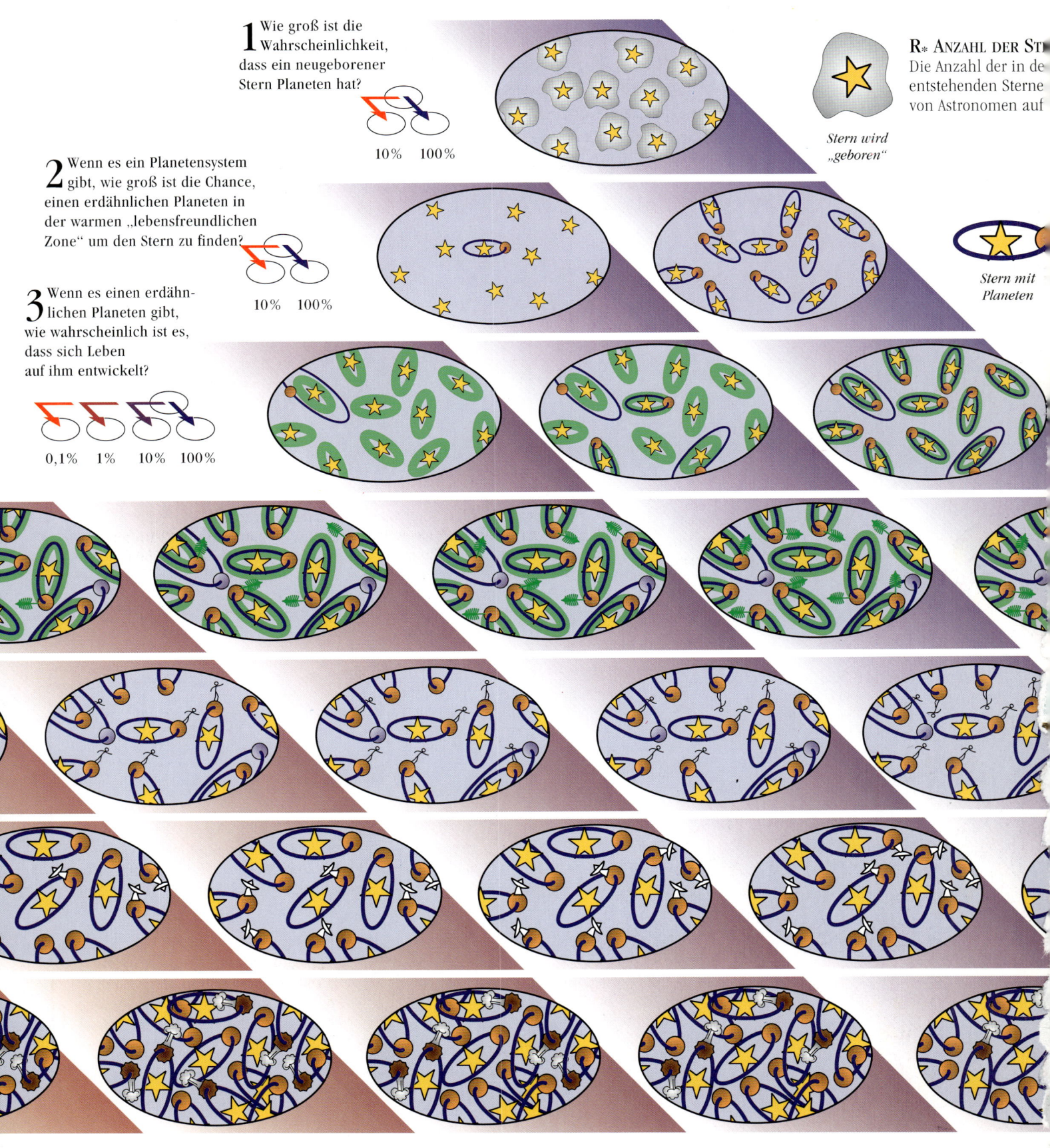

| 10 000 Zivilisationen | 100 000 Zivilisationen | 1 Million Zivilisationen | 10 Millionen Zivilisationen | 100 M |
|---|---|---|---|---|
| 1000 Lj entfernt | 460 Lj entfernt | 220 Lj entfernt | 100 Lj entfernt | |

# Haben sie uns besucht?

L EBEN IRGENDWO ANDERS IN UNSEREM SONNENSYSTEM — wenn es überhaupt existiert — wäre nur „grüner Schleim": jedenfalls nichts, mit dem wir Kontakt aufnehmen könnten. Doch was ist mit Sonnensystemen außerhalb des unseren — könnte es dort Leben geben? Viele glauben das. Manche meinen sogar, dass es Zivilisationen gibt, die so hoch entwickelt sind, dass sie Raumschiffe bauen können, um die Tiefen des Alls zu erobern, und dass diese außerirdischen Astronauten nicht nur die Erde besucht haben, sondern auch Beweise dafür hinterlassen haben. Auf dieser Doppelseite sind einige Beispiele für außerirdische Besuche gezeigt, von uralten Linien in den Wüsten Perus bis zu Ufo-Sichtungen. Doch bei näherer Untersuchung ist die Behauptung, dass es sich um Werke Außerirdischer handelt, nicht aufrecht zu halten.

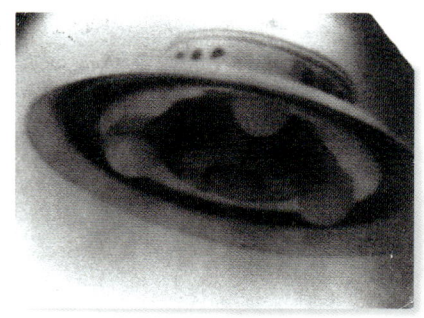

Der in Kalifornien lebende Mystiker George Adamski erregte in den 1950er Jahren Aufsehen, als er behauptete, er sei in einer fliegenden Untertasse zur Venus entführt worden. Bei näherem Hinsehen stellte sich heraus, dass das „Gefährt" aus Hühnerfutteranlagen und Flaschenkühlern bestand.

## Raumfahrer in der Geschichte

Viele, die an fremde Besucher aus dem All glauben, behaupten, es gäbe auch eine Menge archäologische und historische Beweise für ihre Ansicht, dass die Erde das Ziel zahlreicher extraterretrischer Landungen gewesen sei. Sie verweisen auf die ausgeklügelte Ausrichtung der Pyramiden in Ägypten und Mexiko sowie auf die eigenartigen, geheimnisvollen Linien in der peruanischen Wüste bei Nazca und auf die bloßen Ausmaße der Steinfiguren auf der Osterinsel — primitive Völker, so argumentieren sie, hätten solche gigantischen Bauten nicht schaffen können. Und sie durchforsten die Bibel nach Stellen, die als Sichtungen von Außerirdischen oder sogar als Nachwirkungen einer Atombombenexplosion gedeutet werden könnten. Doch für all diese merkwürdigen Phänomene gibt es ebenso überzeugende realitätsnahe Erklärungen.

Alte Felsmalereien bei Nazca in Peru zeigen menschenähnliche Wesen, die gern als Raumfahrer aus dem All gedeutet werden — allerdings gibt es auch eine große Ähnlichkeit mit traditionellen Trachten der Gegend.

In eine Höhlenwand in Italien ist eine Figur mit kuppelförmiger Kopfbedeckung geritzt. Dabei handelt es sich jedoch eher um eine alte Haartracht als, wie manche meinen, um einen Astronautenhelm.

### STATUEN AUS DEM ALL

Manche Menschen glauben, dass die Steinfiguren auf der Oster-insel so riesig und schwer sind, dass sie nur von Außerirdischen mit Hilfe einer hochentwickelten Technologie geschaffen und dann aufgerichtet worden sein können. Doch Thor Heyerdahl, ein norwegischer Anthropologe, vollzog ihre Fertigung mit Ortsansässigen und alten Steinwerkzeugen nach. Er kam zu dem Schluss, dass an jeder Statue etwa ein Jahr gebaut wurde — was durchaus menschen-möglich ist.

*Die Pyramiden von Giseh sind exakt von Norden nach Süden ausgerichtet und ihre Gänge weisen auf die Sterne des Orion. Doch dies ist eher ein Beweis für menschliche Intelligenz als für Besucher aus dem All.*

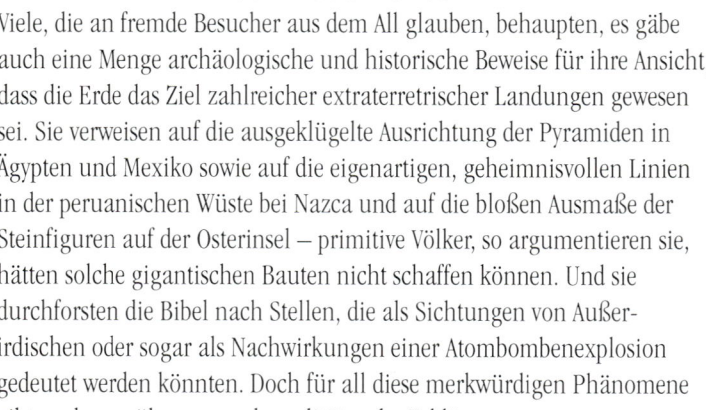

## Fliegende Untertassen

Im Sommer 1947 sah der amerikanische Pilot Kenneth Arnold zu seinem Erstaunen neun silbrige Scheiben mit einer Geschwindigkeit von fast 2000 km/h über das Kettengebirge im US-Bundesstaat Washington dahinrasen. Ein Reporter nannte sie „fliegende Untertassen". Seither hat es Tausende von Sichtungen solcher „unbekannten Flug-Objekte" (Ufos) gegeben. Doch trotz beträchtlicher Nachforschungen gibt bis heute noch keine plausible Erklärung dafür.

Mit großer Sicherheit sind die meisten Ufos Naturerscheinungen – Meteore oder auch Kugelblitze –, die falsch gedeutet wurden. Die Herkunft des metallen aussehenden Gegenstands, den Paul Trent 1950 über seiner Farm in Oregon fotografierte, ist zwar noch nicht aufgeklärt, es gibt jedoch keinen Beweis, dass er von einem anderen Planeten kam.

### KREISE IN KORNFELDERN

Jeden Sommer seit den späten 1980er Jahren waren plötzlich überall in Großbritannien auf Kornfeldern Kreise und andere geometrische Figuren zu sehen. Manch einer glaubt, diese seien Landeplätze fliegender Untertassen. Wie inzwischen nachgewiesen, handelt es sich um bewusste Täuschungsaktionen von junge Leuten.

Im Laufe der Jahre wurden die Kornkreise immer komplizierter – was vom Können ihrer irdischen Schöpfer zeugt!

### NAZCA-LINIEN

In den Boden der Nazca-Wüste im Süden Perus sind verwirrende Muster von Linien und geometrischen Formen geschart, die so groß sind, dass sie nur aus der Luft als Ganzes zu erkennen sind. Waren sie, wie manche glauben, Landebahnen für Ufos? Wahrscheinlich nicht: Ufos wären im weichen Sandboden eingesunken. Die Linien haben vermutlich einen religiösen Ursprung und wurden angelegt, damit die Götter im Himmel die Menschen unten sehen konnten. Bei den Nazca-Linien ist die obenauf liegende dunkle Geröllschicht entfernt worden, wodurch der hellere Untergrund zum Vorschein kam.

### AUSSERIRDISCHE IN DER BIBEL

Die vielen Berichte von Engelserscheinungen in der Bibel werden manchmal als Besuche aus dem All interpretiert. Selbst die Zerstörung von Sodom und Gomorrha soll durch eine Atombombe verursacht worden sein, die Lots Frau in eine Salzsäule verwandelte! Doch die am besten auf eine Ufo-Sichtung passende Beschreibung in der Bibel steht bei Hesekiel. Sein Ufo bestand vermutlich aus einer Reihe von Haloerscheinungen um die Sonne – hellleuchtende, von hohen Wolken reflektierte Sonnenbilder.

### ÄGYPTENS PYRAMIDEN

Die Ausmaße der Großen Pyramide von Giseh sind so gewaltig, dass manche glauben, sie sei das Werk fremder Besucher aus dem All. Doch die ägyptische Kultur hat ihre Anfänge um 5 000 v. Chr. Archäologen haben nachgewiesen, dass sich die Techniken des Pyramidenbaus über Jahrtausende weiterentwickelten und in den eindrucksvollen Beispielen gipfelten, die wir noch heute bewundern können.

*In der Bibel beschreibt Hesekiel eine feurige Himmelserscheinung mit wirbelnden Rädern, die zu ihm sprach.*

### PYRAMIDEN DER NEUEN WELT

Die Pyramiden von Mexiko und die Reliefbilder an ihren Wänden werden manchmal als das Werk einer außerirdischen Zivilisation gesehen. Die Reliefs werden mit Bildern von Astronauten in Raumschiffen verglichen und die Pyramiden als technische Wunderwerke gedeutet, die ihrer Zeit weit voraus waren. Doch die Reliefs sind einfach nur verschlüsselte religiöse Bilder und die Pyramiden kunstvolle Steinbauten für Götter oder Tote.

# Fremde Welten im All

DIE SUCHE NACH INTELLIGENTEM LEBEN führt aus unserem Sonnensystem hinaus. Insbesondere muss nach Planeten gespäht werden, die fremde Sonnen umkreisen: Orte im Weltraum, auf denen möglicherweise Leben existiert. Doch selbst die nächsten Sterne sind eine Million Mal weiter entfernt als unsere Sonne — und während Sterne groß und hell sind, sind Planeten nur klein und dunkel. So ist die Aufgabe vergleichbar mit der Suche nach Faltern, die um Straßenlaternen in New York gaukeln, aus einer Entfernung wie London. Doch in den letzten Jahren haben Astronomen verfeinerte Messgeräte entwickelt und sind sich sicher, dass sie mindestens ein Dutzend „extrasolarer" Planeten aufgespürt haben. Bislang sind nur sehr massereiche Planeten — so schwer wie Jupiter — ausgemacht worden; Planeten wie die Erde könnten dort auch vorhanden sein, doch sind sie zu leichtgewichtig, um mit der heutigen Mess-Technik entdeckt zu werden.

## Wie sehen sie aus?

Planetensysteme werden in einem wirbelnden Staub- und Gasnebel geboren. Astronomen nahmen einst an, dass alle unserem Sonnensystem gleichen — die kleinen Planeten in der Mitte und die größeren weiter außen. Die neu entdeckten Systeme sehen jedoch völlig anders aus.

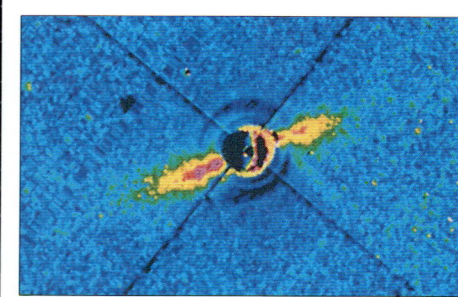

Beta Pictoris, mit seiner Staubscheibe, könnte für die Planetenbildung noch zu jung sein.

### NEUE WELTEN

Am 6. Oktober 1995 meldeten Michel Mayor und Didier Queloz vom Genfer Observatorium, dass sie einen Planeten entdeckt hätten, der den sonnenähnlichen Stern 51 Pegasi umkreist. Drei Monate später fanden Geoff Marcy und Paul Butler zwei weitere Sterne, 47 Ursae Majoris und 70 Virginis, um die Planeten rotieren.

Didier Queloz und Michel Mayor entdeckten als erste einen extrasolaren Planeten.

Die Anzahl der bisher bekannten Planeten ist zwar höher als die Anzahl der Planeten im Sonnensystem, doch noch hat sie niemand gesehen. Diese Welten sind aufgrund ihrer Anziehungskraft auf ihre Zentralgestirne aufgespürt worden — und die lässt sich nur feststellen, wenn die Planeten massereich sind.

Paul Butler und Geoff Marcy haben Beweise für die Existenz von mindestens acht extrasolaren Planeten.

## Der richtige Stoff

Bei dem sonnenähnlichen Stern 47 Ursae Majoris — 35 Lichtjahre entfernt im Sternbild des Großen Bären angesiedelt — entdeckten die amerikanischen Astronomen Geoff Marcy und Paul Butler einen Planeten mit der 2,3fachen Masse des Jupiter. Er ist von seinem Stern zweimal weiter entfernt als die Erde von der Sonne — und vielleicht noch warm genug, damit flüssiges Wasser vorhanden und die Entwicklung von Leben möglich ist. Wenn Riesenplaneten wie in unserem Sonnensystem von zahlreichen Monden umrundet werden, könnte das Leben auch auf einem von ihnen begonnen haben.

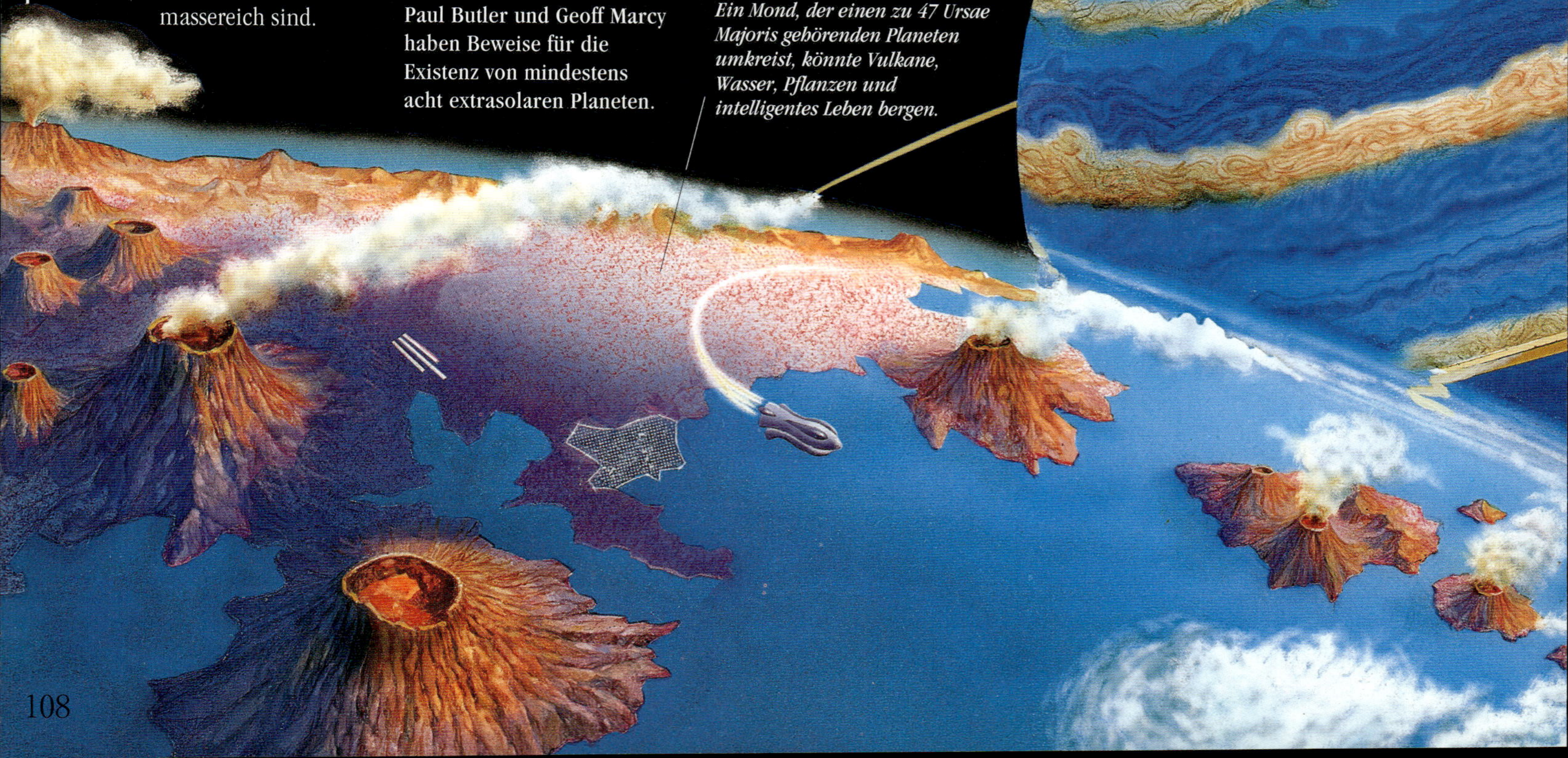

*Planet von 47 Ursae Majoris*

*Ein Mond, der einen zu 47 Ursae Majoris gehörenden Planeten umkreist, könnte Vulkane, Wasser, Pflanzen und intelligentes Leben bergen.*

Systeme wie 47 Ursae Majoris haben ähnlich unserem Sonnensystem einen Planeten, der „gerade richtig" ist – nicht zu heiß und nicht zu kalt.

Sonnensystem

Jupiter

Zentralgestirn

47-Ursae-Majoris-System

Erde

Lalande 21185-System

Ökosphäre (lebensfreundliche Zone)

16-Cygni-System

51-Pegasi-System

55-Cancri-System

Manche mögen's heiß: Manche Planetensysteme, wie z. B. 51 Pegasi, besitzen „heiße Jupiter", die so nahe dran sind, dass ihr „Jahr" nur Tage dauert. Diese Planeten könnten sich spiralförmig nach innen bewegt haben.

## LEBENSFREUNDLICHE ZONE

Planetensysteme bestehen aus Planeten sehr unterschiedlicher Größe und Entfernung vom Zentralgestirn. Die „Ökosphäre" ist die Zone, in der Bedingungen lebensfreundlich sein könnten.

Kalte ferne Planeten: Die äußeren Welten, die unsere Sonne und 55 Cancri umkreisen, und die Planeten von Lalande 21185 sind zu weit von ihrem Muttergestirn entfernt, als dass sich hier Leben entwickeln könnte.

## NOCH EINE SONNE

47 Ursae Majoris ist ein Zwilling unserer Sonne. Der Stern hat ungefähr die gleiche Masse und auch eine ähnliche Temperatur – weswegen Marcy und Butler vermuten, dass 47 Ursae Majoris wie die Sonne ein Planetensystem haben könnte.

47 Ursae Majoris

## GASGIGANT ODER SCHLEIMWELT?

Der 47 Ursae Majoris umkreisende Planet könnte ein Gasriese wie Jupiter sein und vielleicht riesige schwimmende Lebensformen (siehe Seite 101) besitzen. Oder unter seiner dichten Atmosphäre liegt eine feste Oberfläche, überzogen von Schleim, der unter dem Einfluss der großen Schwerkraft aus seinen Wolken getropft ist.

Der einzige bekannte Planet von 47 Ursae Majoris ist etwas weiter von seinem Stern als Mars von der Sonne entfernt. Kleinere, noch unentdeckte Planeten kreisen vielleicht weiter innen.

Streifen aus wirbelnden Gasen

Gewaltiger Wirbelsturm

Ringe um den Planeten sind die Überreste eines bei einem Kometeneinschlag zertrümmerten Mondes.

## Planetenjagd

Extrasolare Planeten sind zu dunkel, als dass man sie direkt sehen könnte, darum spüren Astronomen sie auf, indem sie Schlingerbewegungen des zentralen Sterns nachweisen. Sie werden durch die Anziehungskraft umlaufender Planeten hervorgerufen und sind mit zwei Techniken auszumachen.

Umlaufbahn des Sterns

Schwerkraftzentrum

Ein Stern und sein Planet kreisen um ihr gemeinsames Schwerkraftzentrum.

Umlaufbahn des Planeten

Ein schwingender Stern weist auf einen Planeten hin

## DEN STERN BEOBACHTEN

Mit leistungsfähigen Teleskopen können Astronomen einen Stern entdecken, der von Planeten, die nicht zu sehen sind, ins Schwingen versetzt wird. Am besten funktioniert die Methode bei äußeren Planeten.

Wellenlänge des Lichts

Spektrum des Sterns

Dunkle Linien nach Blau verschoben.

Dunkle Linien nach Rot verschoben.

## LICHT WIRD SICHTBAR

Astronomen zerlegen das Licht des Sterns in sein Spektrum. Wenn der Stern in unsere Richtung schwingt, werden seine Lichtwellen zusammengedrückt und die dunklen Linien im Spektrum zum Blau hin verschoben; schwingt der Stern von uns weg, schieben sich die dunklen Linien zum Rot hin.

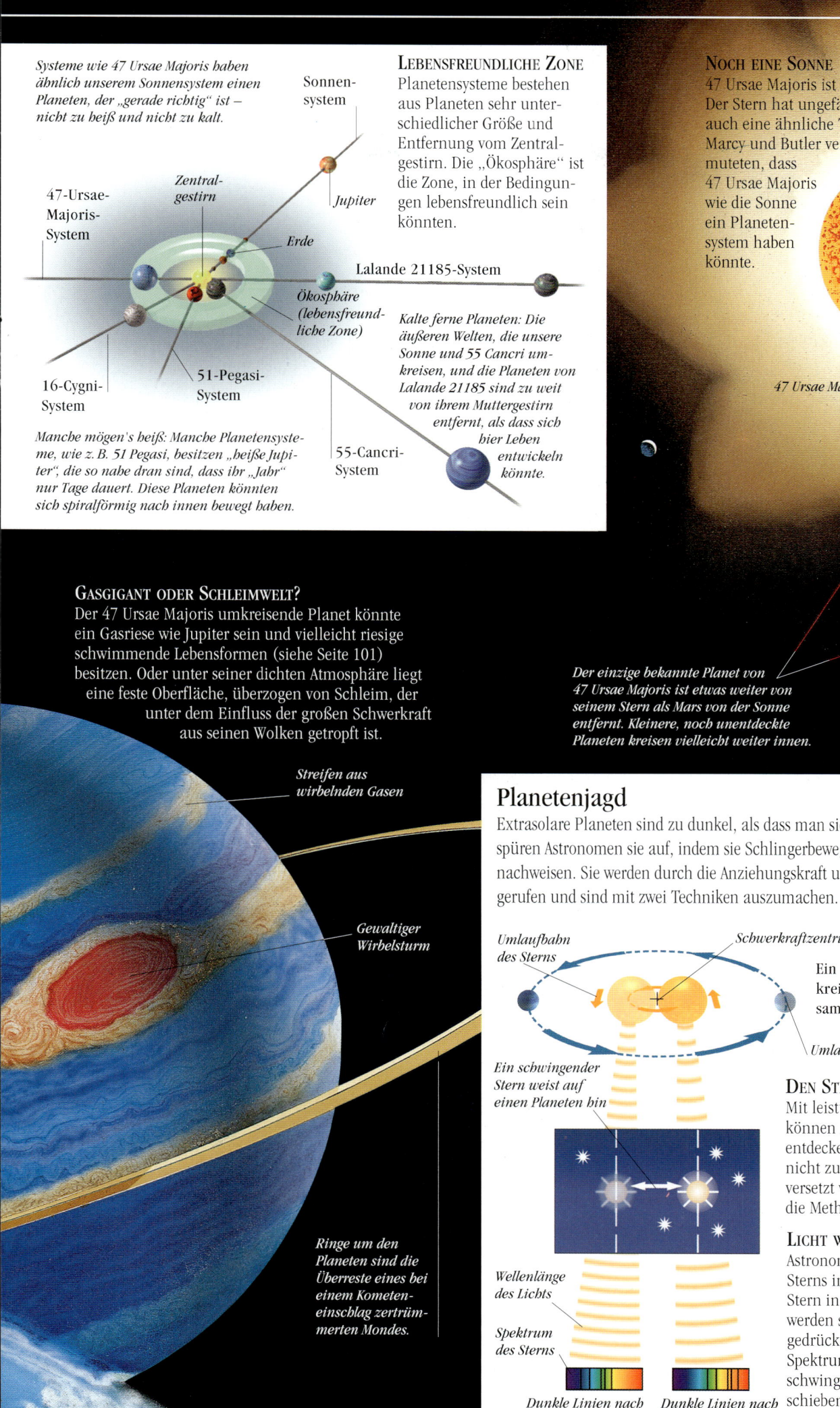

# Was 10 g Unterschied ausmachen

WER SICH AUF EINEM der neu entdeckten Planeten in unserer Galaxis tatsächlich Leben entwickelt hat, wie würde es aussehen? Alle Lebensformen, wie fremdartig sie auch sein mögen, hätten bestimmte Merkmale gemeinsam: Zum Beispiel Augen, Ohren, Münder und Fortpflanzungsorgane. Doch die Lage dieser Organe muss nicht unbedingt der beim Menschen ähneln. Auch die Umwelt spielt dabei eine Rolle. Kreaturen würden sich auf dem kleinen Planeten „Moo", wo die Schwerkraft nur ein Zehntel (0,1 g) der der Erde beträgt, und auf dem Riesenplaneten „Peg", wo die Schwerkraft 10 g beträgt, ganz unterschiedlich entwickeln.

### DER ALTERNATIVE MENSCH

Vielleicht hätten auch wir so ausgesehen! „Arnold" wurde von einem Wissenschaftler entworfen, der zeigen wollte, wie sich das Leben auf der Erde entwickelt haben könnte, wenn andere Tiere vor 570 Millionen Jahren (Seite 93) die Oberhand gewonnen hätten. Die Umwelt, die zu Arnold führte, entsprach den gleichen Bedingungen, die uns Menschen hervorbrachten.

Arnold hat drei Augen auf Stielen, drei Arme (einer davon ist ein dicker, aber empfindungsreicher Fühler) und drei Beine.

## Die Welt Moo

Moo ist ein Mond, der den Riesenplaneten Peg umkreist (beide Welten sind auf der vorhergehenden Seite gezeigt). Weil er klein ist, hat er eine geringe Schwerkraft. Außer bei Sternenaufgang und -untergang ist er außerdem kalt, weil sein Stern eine ganze Zeit hinter dem Riesen Peg verborgen ist. Doch die Lebensformen auf Peg haben sich an diese Bedingungen angepasst. Sie wachsen in die Höhe, rollen sich bei Kälte zusammen, haben große Augen, um in der Dunkelheit gut sehen können, und Möglichkeiten entwickelt, in dünner Luft zu atmen.

*Ein Moo-Mann steht mit entfalteten Kiemen und genießt die Wärme des Sternenaufgangs.*

*Moo-Kreaturen atmen durch riesige verzweigte Kiemen – die Luft ist so dünn, dass Atemgänge und Lungen nutzlos sind.*

*Eine Reihe großer Augen öffnet sich bei schummrigem Licht, während ein Ring von Facettenaugen bei hellem Licht einen Rundumblick ermöglicht.*

*Sie „sprechen" miteinander, indem sie sich mit den Tentakeln berühren. Ihre Münder befinden sich dicht über dem Boden bei den Pflanzen, von denen sie sich ernähren.*

*Eine Moo-Frau ringelt sich schützend um ihren Abkömmling, der aus einer ihrer Tentakel wächst. Ist er ausgereift, trennt er sich ab und lebt selbständig.*

*Moo-Wesen vermehren sich geschlechtlich, indem sie Spezialtentakeln miteinander verkoppeln.*

Sternenaufgang im System 47 Ursae Majoris. Der Stern wird bald hinter dem Planeten Peg vorbeiziehen. Dann wird es auf Moo kalt und dunkel.

## TÄGLICHE FINSTERNIS

Wegen der dünnen Luft sieht der Himmel über Moo immer dunkel aus. Leicht zu erkennen ist die schwach leuchtende Atmosphäre seines Zentralgestirns 47 Ursae Majoris. Bald nach Sternenaufgang wird der Stern hinter dem riesigen Planeten Peg verschwinden, und Moo wird lange in Dunkelheit gehüllt sein, bis der Stern kurz vor Sternenuntergang wieder hervorkommt.

Pflanzen sind auf Moo dunkelrot, weil sie bei der Photosynthese eine andere Art von Chlorophyll einsetzen.

Wasser ist auch auf Moo lebenswichtig. Die kurios aussehenden Moo-Geschöpfe bestehen aus Wasser – dem universellen Lösungsmittel – und organischen Verbindungen, die den Zutaten des irdischen Lebens sehr ähnlich sind.

Die wasserreichen Ozeane auf Moo würden uns vertraut sein.

## Der Planet Peg

Peg ist ein riesenhafter Planet mit einer hohen Schwerkraft und einer dichten Atmosphäre. Doch darunter ist seine schlammige Oberfläche von Millionen von Peg-Wesen bevölkert. Sie sehen ganz anders aus als die Bewohner von Moo. Die Schwerkraft von 10 g und der starke Druck platten sie ab. Sie haben keine Augen – sie wären im dicken Smog der Atmosphäre nutzlos. Stattdessen orientieren sich die Peg-Wesen mit Sonar, wie irdische Fledermäuse.

Um den Druck auszuhalten, sind die Peg-Wesen schwer gepanzert wie Tauchboote, die die tiefsten Stellen der Erdozeane erreichen.

Hornähnliche Öffnungen auf dem Rücken senden Sonarimpulse zur Orientierung aus.

Ein schlitzförmiger Mund schöpft den schlammigen Boden auf und filtert aus ihm Mikroorganismen als Nahrung.

Auf breiten, paddelähnlichen Beinen bewegt sich das Geschöpf über den schleimigen Boden.

Die Körpermerkmale ragen nur wenig heraus. Auch bewegen sich die Wesen nur sehr langsam, damit sie sich nicht überhitzen.

Die Fische auf Moo haben die bekannte Gestalt, weil ihre Körperform vom Auftrieb des Wassers und nicht von der Schwerkraft bestimmt wird.

# Alien-Sprache

AUSSERIRDISCHE SEHEN MIT SICHERHEIT anders als wir aus und denken auch anders. Und sie werden bestimmt nicht wie die Aliens in Filmen fließend Englisch oder eine andere unserer Sprachen sprechen – wie sollen wir uns also mit ihnen verständigen? Der amerikanische Physiker und Experte für außerirdisches Leben Phill Morrison glaubt, dass Aliens Codes benutzen würden, die leicht zu knacken sind. Hier zeigen wir einige unserer eigenen Versuche, einfach zu entschlüsselnde Botschaften von der Erde zu den Sternen zu schicken.

Die Arecibo-Botschaft aus 1679 Pulsen bildet, zu einem Rechteck von 23 mal 73 Punkten arrangiert, ein „Kosmogramm" mit Informationen über die irdische Zivilisation.

Wenn in 25 000 Jahren jemand in M13 die Arecibo-Botschaft empfängt, müssen wir wieder 25 000 Jahre auf die Antwort warten.

## Botschaft an M13

Im Jahre 1974 sandten Astronomen in Arecibo auf Puerto Rico eine Botschaft der Menschheit an die Sterne. Sie dauerte nur drei Minuten und war ein aus 1679 binären Pulsen bestehendes Signal, das in Richtung M13 gestrahlt wurde, einem kugelförmigen, dichten Haufen aus 1 Million Sternen in einer Entfernung von 25 000 Lichtjahren. Ein dort lebender intelligenter Außerirdischer würde bemerken, dass 1679 das Produkt von zwei Primzahlen, 23 und 73, ist. Zerlegt man die Impulse in ein Rechteck von 23 mal 73 Punkten, entsteht ein Bild mit Informationen über das Leben auf der Erde.

Die Wellenlinien stellen die Radiowellen dar, die das Funksignal von Arecibo in den Weltraum tragen. Die Wellenlänge zwischen Kämmen und Tälern beträgt 12,6 cm.

### ERSTE BOTSCHAFTEN

Die ersten Raumsonden, die unser Sonnensystem verließen, *Pioneer 10* und *11,* haben Plaketten an Bord, in die Informationen über ihre Absender eingraviert sind, – das kosmische Äquivalent zur Flaschenpost. Die Plaketten beschreiben die Standorte der Erde und des Sonnensystems im All sowie die Umrisse eines Mannes und einer Frau.

*Wasserstoff-Atome, das häufigste Element im Weltraum.*

*Position des Sonnensystems in der Milchstraße*

*Pioneers Route von der Erde aus*

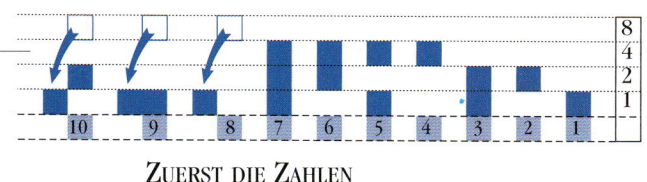

## ZUERST DIE ZAHLEN
Der erste Block zeigt, von rechts nach links, die Zahlen 1 bis 10 im Binärcode – wie vom Computer benutzt.

## Reise zu den Sternen
Auch die beiden zu den Sternen fliegenden *Voyager*-Sonden, die 1979 und 1981 Jupiter und Saturn erforschten, führen eine Nachricht mit sich. Es ist eine altmodische Bild-Ton-Platte, mit Abspielgerät, damit die Aliens sie auch hören können!

*Phosphor-15*

*Wasserstoff-1*

*Sauerstoff-8*

*Stickstoff-7*

*Kohlenstoff-6*

## ELEMENTE DES LEBENS
Dieser Block zeigt fünf Zahlen: Sie sind die Ordnungszahlen (Anzahl der Protonen im Atomkern) der für das Leben wichtigsten Elemente.

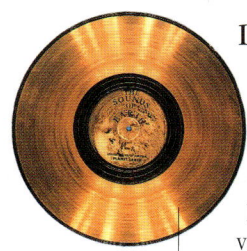

$C_5H_7O$          $C_5H_7O$

## MAGISCHE MOLEKÜLE
Diese Blöcke zeigen das Verhältnis der fünf Schlüsselelemente in bestimmten Molekülen – Zucker ($C_5H_7O$ grün kodiert), Phosphat (lila) und die Nukleotiden (orange) –, die die Struktur der DNS bilden.

## DER KLANG DER ERDE
Auf der *Voyager*-Platte sind Töne und Bilder von der Erde gespeichert. Darunter sind Grußbotschaften in 56 Sprachen (einschließlich die der Wale); Töne von Froschquaken bis Donnergrollen; 90 Minuten Musik von Stammesgesängen bis zu einem Streichquartett von Beethoven; sowie 118 verschlüsselte Bilder. Erst in 40 000 Jahren werden die *Voyager*-Sonden an ihren ersten nahen Sternen vorbeirasen – insgesamt wird die Platte eine Milliarde Jahre alt werden können.

*Die Bild-Ton-Platte besteht aus Kupfer, ist aber zum Schutz vergoldet.*

## DIE DOPPELHELIX
Die beiden verdrehten Stränge zeigen die „Doppelhelix", die Struktur der DNS, des großen Moleküls, das sich teilt und vervielfältigt, um die „Blaupause" des Lebens weiterzugeben.

## DAS BILD EINES MENSCHEN
Neben dem Schemabild eines Menschen – wahrscheinlich für Aliens am rätselhaftesten – steht die Weltbevölkerung (links) und die Größe eines Menschen (rechts).

*Höhe eines Menschen: 14 Wellenlängen des Signals.*

Entschlüsselt zeigt eines der Bilder den 200-Meter-Lauf auf der Münchener Olympiade von 1972. Ob die Aliens begreifen, dass damit das Konkurrenzdenken der Menschen dargestellt ist?

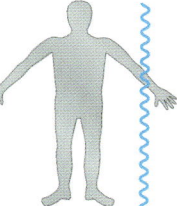

*Erde*          *Sonne*

Sonnensystem mit markiertem Standort der Sonne.

## SELBSTPORTRÄT DES ABSENDERS
Das letzte Bild zeigt die Umrisse des Radioteleskops von Arecibo sowie eine Skizze, wie die Wellen gesendet werden.

Postkarte von einem überbevölkerten Planeten: die NASA entschied, dass ein weiteres passendes Bild von der Erde den dichten Verkehr in Lahore, Pakistan, darstellen sollte.

*Sender und Empfänger befinden sich in einer im Zentrum des Teleskops aufgehängten Plattform.*

## ERDSTATION
Mit einem Durchmesser von 305 Metern ist das Radioteleskop von Arecibo das größte der Welt – eine Antennenschüssel aus feinem Maschendraht über einer natürlichen Kalksteinmulde auf Puerto Rico. Meist „lauscht" es und sendet nicht. Es sucht nach natürlichen Quellen von Radiowellen, wie zum Beispiel Gaswolken, Pulsare und ferne Galaxien.

## Mit Tieren sprechen
Die Menschen bewohnen die Erde mit mindestens zwei weiteren intelligenten Arten: Primaten (Affen und Halbaffen) und Waltiere (Wale und Delphine). Das Kommunizieren mit diesen Arten wäre eine gute Übung für die Verständigung mit Außerirdischen: Doch wie leicht ist das?

Delphine können verschiedene Objekte mit unterschiedlichen Tönen „benennen".

Schimpansen verständigen sich mit Menschen durch Zeichen.

## FREMDE AUF DER ERDE
Schimpansen und Delphine können Anweisungen wie „stelle roten Stein auf grünen" oder „schwimme durch Ring" befolgen. Delphine können ein Wort wie „durch" auf eine neue Situation übertragen – zum Beispiel „schwimme durch Rohr" – und Schimpansen können mit ganzen Sätzen um eine Banane bitten. Diese Arten können unsere Sprache verwenden, doch es gibt kaum Beweise, dass sie sie auch *verstehen*. Und wir verstehen ihre Sprache nicht.

# Die Suche beginnt

ALS SICH IN DEN 1950er Jahren die neue Wissenschaft der Radioastronomie entwickelte, begann auch die Suche nach außerirdischer Intelligenz (SETI). Schnell waren Wissenschaftler auf den Gedanken gekommen, dass Außerirdische Radiowellen für die interstellare Kontaktaufnahme benutzen könnten, so wie wir damit Radio- und Fernsehprogramme auf der Erde übertragen. Anders als teure und energiehungrige Raumschiffe sind Radiowellen billig, können die unendlichen Weiten des Weltraums mit Lichtgeschwindigkeit durcheilen und gezielt losgeschickt werden.

### KOMMUNIKATION MIT FEUER, SPIEGELN UND WÄLDERN

Der Versuch, mit Außerirdischen in Verbindung zu treten, ist nicht neu. Im 19. Jahrhundert entwarfen angesehene Wissenschaftler Pläne, mit denen sie auf unsere Existenz aufmerksam machen wollten, die heute sehr kurios erscheinen. Einer war dafür, riesige, geometrisch geformte Gräben in der Wüste Sahara auszugraben, sie mit Öl zu füllen und dann anzuzünden. Ein anderer schlug vor, in ganz Europa ein Netz von Spiegeln in der Form des Großen Bären aufzustellen und damit Sonnenlicht zum Mars zu strahlen. 1820 hatte der Mathematiker Karl Gauss die Idee, sibirische Wälder so roden zu lassen, dass nur große quadratische Baumfelder um ein großes Dreieck stehenblieben, womit der Lehrsatz des Pythagoras verdeutlicht werden sollte. Aus Geldmangel sind alle diese Pläne nicht verwirklicht worden.

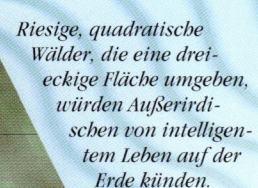

*Riesige, quadratische Wälder, die eine dreieckige Fläche umgeben, würden Außerirdischen von intelligentem Leben auf der Erde künden.*

*Zum Projekt Zyklop hätten 1500 dicht an dicht in einem Kreis von 16 km Durchmesser aufgestellte Radioteleskope gehört, die den Himmel nach Signalen fremder Wesen absuchen.*

### FRANK DRAKE — VATER VON SETI

In den 1950er Jahren, als der junge Amerikaner Frank Drake auf dem neuen Gebiet der Radioastronomie arbeitete, waren Außerirdische etwas, über die kein seriöser Wissenschaftler ein Wort verlor. Doch Drake sah das optimistisch. Radioantennen, so wusste er, konnten natürlich erzeugte Signale aus dem ganzen Universum empfangen. Umgekehrt konnten sie auch für das Senden von Signalen benutzt werden. Er fragte sich, ob es „da draußen" nicht andere intelligente Wesen gab, die mit Teleskopen Botschaften ausstrahlen, die seine Instrumente entdecken könnten.

Frank Drake stellte die „Drake-Gleichung" auf — eine Formel, mit der man die Anzahl der Zivilisationen abschätzt, die Radiosignale schicken könnten (Seite 102–105).

## Ein gigantisches Ziel

Anfang der 1970er Jahre hatte der Astronom Frank Drake eine begeisterte Schar von SETI-Forschern um sich versammelt. Sie entwickelten geniale Ideen, um Außerirdische zu belauschen — die grandioste war das Projekt Zyklop (benannt nach dem einäugigen Riesen aus der griechischen Mythologie). Das „Auge" hätte aus 1500 gewaltigen, in einem Rund aufgestellten Radioteleskopen bestanden. Doch mit veranschlagten Kosten von 50 Milliarden Dollar nach heutigem Kurs verließ das Projekt nie den Zeichentisch.

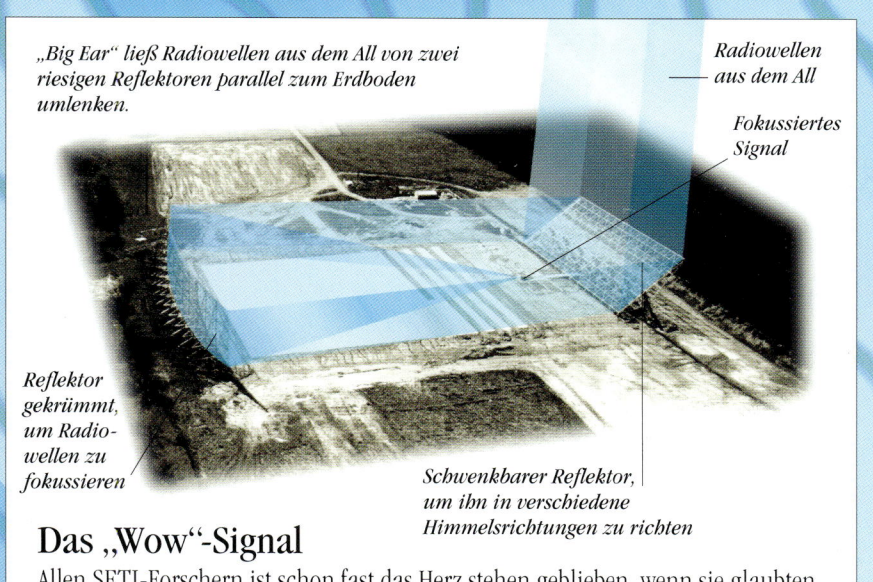

*„Big Ear" ließ Radiowellen aus dem All von zwei riesigen Reflektoren parallel zum Erdboden umlenken.*

*Radiowellen aus dem All*

*Fokussiertes Signal*

*Reflektor gekrümmt, um Radio- wellen zu fokussieren*

*Schwenkbarer Reflektor, um ihn in verschiedene Himmelsrichtungen zu richten*

## Das „Wow"-Signal

Allen SETI-Forschern ist schon fast das Herz stehen geblieben, wenn sie glaubten, ein künstliches Signal aus dem All empfangen zu haben. Der aufregendste Augenblick kam im August 1977, als das staatliche Radioteleskop der Ohio State University – „Big Ear" (Großes Ohr) genannt – das bisher stärkste Signal unbekannter Herkunft empfing. Als er die Stärke des Signals auf den Papier- streifen sah, der aus dem Schreiber im Kontrollraum kam, kritzelte einer der Forscher: „Wow!" auf den Rand. Es kam jedoch nie wieder; wie viele andere kurzlebige Signale, die man entdeckt hatte, war auch das „Wow"-Signal mit ziemlicher Sicherheit irdischer Herkunft – höchstwahrscheinlich stammte es von einem Militärsatelliten.

*Paul Horowitz mit META: Der Computer durchforstet so viel Radio-Interferenz, dass er ihn „die größte Mülltonne der Welt" nennt.*

### MEGA-DOLLAR FÜR ET

Nach dem Erfolg des Films *ET* im Jahre 1982 stellte der Regisseur Steven Spielberg SETI 100 000 Dollar für die Suche nach dem richtigen ET zur Verfügung. Mit dem Geld baute Paul Horowitz, Professor für Physik in Harvard, META – einen Supercomputer, den er an ein Teleskop anschließen und dann 8 Millionen extraterrestrische „Radiostationen" simultan überwachen kann. Zu META kam BETA hinzu – der Milliarden Frequenzkanäle erfassen kann. Es hat häufig falschen Alarm gegeben. Bis jetzt hat Horowitz noch kein eindeutiges außer- irdisches Signal entdeckt.

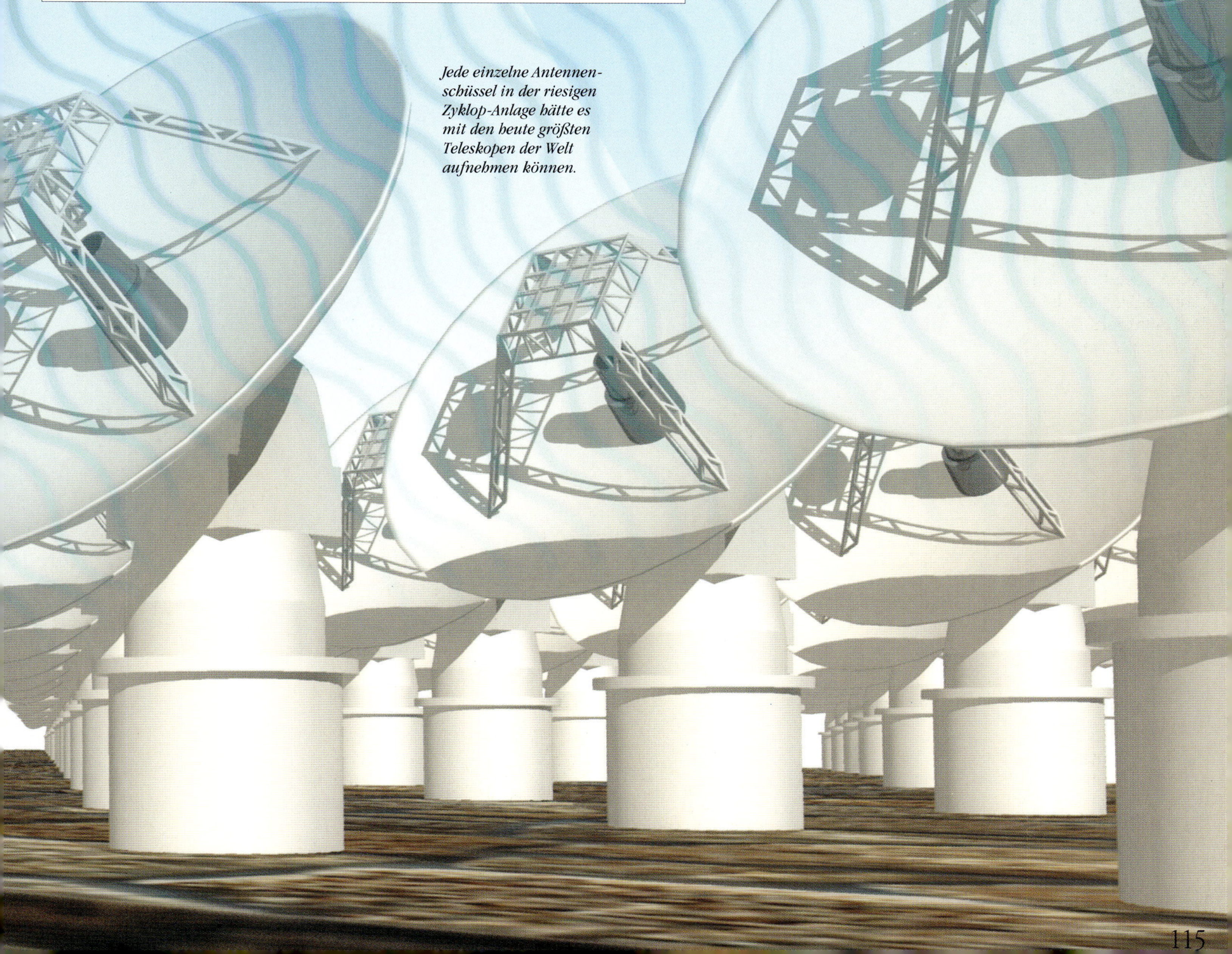

*Jede einzelne Antennen- schüssel in der riesigen Zyklop-Anlage hätte es mit den heute größten Teleskopen der Welt aufnehmen können.*

# ET: Bitte melden!

HEUTE GILT DIE SUCHE NACH außerirdischer Intelligenz (SETI) bei den meisten Wissenschaftlern als ernst zu nehmendes Forschungsgebiet. 1993 jedoch strich der US-Kongress die Mittel für ein 100 Millionen Dollar teures, von der amerikanischen Weltraumbehörde NASA gestartetes SETI-Projekt. Doch jetzt sind die Forscher mit dem Projekt Phoenix wieder in Aktion. Jede Minute an jedem Tag sucht irgendwer irgendwo auf der Erde nach Zeichen fremder Intelligenzen.

**OAK RIDGE**
Ein paar Kilometer außerhalb von Boston kann Paul Horowitz (S. 115) dieses 26-m-Teleskop für seine BETA- und META-Projekte einsetzen. Zuvor hatte es Frank Drake genutzt.

**GOLDSTONE**
Diese Schüssel in der Mojave-Wüste in Kalifornien wurde in dem gestrichenen SETI-Programm der NASA eingesetzt, um den ganzen Himmel abzusuchen.

## Alles abgedeckt

SETI arbeitet weltweit. Die Karte zeigt, wo überall Suchaktionen gestartet wurden, allerdings sind nicht mehr alle Stationen tätig. SETI-Forscher benutzen heute die verschiedenartigsten Instrumente.

### RADIOTELESKOP

Radioteleskope sind immer noch die leistungsfähigsten SETI-Geräte, denn Funkwellen – die sich fast ungehindert durch den Raum bewegen – bieten eine ideale Kommunikations-möglichkeit.

### OPTISCHES TELESKOP

Optische Teleskope (und andere Detektoren von kurzwelliger Strahlung, z. B. ultraviolette und infrarote) werden in der Suche nach ungewöhn-lichen Signalen oder fremden Strukturen eingesetzt.

**HAT CREEK**
Kalifornien

**LEUSCHNER**
Kalifornien

**MOUNT WILSON**
Kalifornien

**MOUNT LEMMON**
Arizona

**VERY LARGE ARRAY**
Neumexiko

**ALGONQUIN**
Ontario

**HAYSTACK**
Massachusetts

**FIVE COLLEGE**
Massachusetts

**GREENBANK**
West Virginia

**COLUMBUS**
Ohio

**ARECIBO**
Puerto Rico

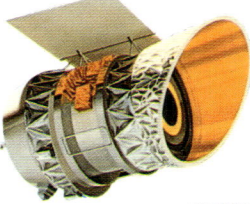

**SATELLIT IRAS**
1983 entdeckte dieser Satellit eine halbe Million neuer „lauwarmer" Objekte im Universum. Astronomen untersuchten sie, fanden aber keinerlei Anzeichen für künstliche Strukturen.

**JILL TARTER**
Jill Tarter, Direktorin des kalifornischen SETI-Instituts, ist vielleicht die erfahrendste SETI-Forscherin der Welt. Nach ihrem Studium des Maschinenbaus forschte sie auf dem Gebiet der Astrophysik und nutzte schließlich ihre beiden Fachgebiete, um SETI-Programme zu entwickeln. Zur Zeit leitet sie das Projekt Phoenix.

### KENT CULLERS

Kent Cullers, ebenfalls am SETI-Institut tätig, ist ein Computer-Genie. Obwohl blind von Geburt, entwickelt er die Software, mit der Forscher außerirdische Signale auch in einem Meer von Radiogeräuschen erkennen können.

**PARQUE PEREYRA IRAOLA**
Argentinische Astronomen benutzen BETA- und META-Programme auf diesem Radio-teleskop bei Buenos Aires.

**JODRELL BANK**
Das britische 76-m-Teleskop wurde von Paul Horowitz für ein mobiles SETI-Projekt eingesetzt und wird vielleicht im Projekt Phoenix ein Standort für „Murph" (siehe unten) sein.

**COPERNICUS**
Dieser Satellit – er hält nach natürlicher ultravioletter Strahlung von Himmelsobjekten Ausschau – wurde auch für die Suche nach künstlichen Lasersignalen eingesetzt.

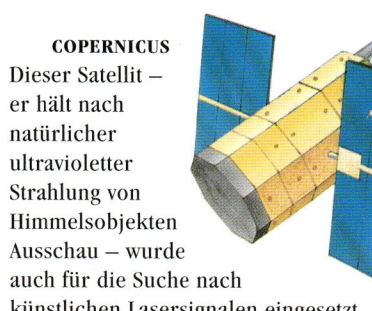

**ZELENCHUKSKAYA**
Astronomen suchen mit diesem 6-m-Teleskop der Russen nach Lasersignalen.

## DO-IT-YOURSELF-SETI
Du brauchst kein Wissenschaftler zu sein, um dich mit SETI zu beschäftigen. Die 500 Mitglieder der „SETI-Liga" sind Amateure, die ihre eigenen Radioantennen haben. Außerdem kann man auch bei der Verarbeitung der Radiosignale mitwirken. Ein geniales neues Programm heißt seti@home und füttert einen Teil der Signale des riesigen Arecibo-Radioteleskops in Tausende von Heimcomputern. Wenn der Computer nicht in Betrieb ist, analysiert ein Programm die Daten und sendet die Ergebnisse an die SETI-Forscher zurück.

Während das SETI-Programm läuft, erscheint ein „Bildschirmschoner", der die Himmelsregion, die analysiert wird – hier Orion –, zeigt und dann weitere interessante Details bringt.

MURMANSK Russland
WESTERBORK Niederlande
EFFELSBERG Deutschland
GORKY Russland
NANÇAY Frankreich
KAUKASUS Russland
PAMIR Tadschikistan
MEDICINA Italien
DEEP SPACE STATION Ukraine
KAMSCHATKA Russland

EUROPA ASIEN AFRIKA OZEANIEN

**MARS 2**
Die russische Raumsonde, die 1972 auf eine Umlaufbahn un den Roten Planeten gebracht wurde, trug auch einen Detektor, der pulsierende, künstliche Radiosignale aufspüren konnte.

**PROJEKT PHOENIX – WIEDERAUFERSTANDEN**
Forscher bemühten sich bei der NASA 30 Jahre lang um Mittel für ein SETI-Programm. Sie waren verzweifelt, als Senatoren die NASA zwangen, ein auf 10 Jahre angelegtes Projekt schon nach einem Jahr wieder aufzugeben. Sie ließen sich jedoch nicht entmutigen und trieben private Spenden auf. Mehrere Millionen Dollar kamen zusammen – genug, um Projekt und Personal für viele Jahre über Wasser zu halten. Projekt Phoenix wird heute von Jill Tarter vom SETI-Institut geleitet.

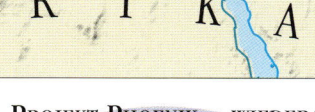

*Die mobile Forschungsstation („Murph") des Projekts Phoenix kann zu jedem Radioteleskop der Welt geflogen werden.*

*„Murph" ist ein mit elektronischem Gerät vollgepackter, fahrbarer Container. Hier können bis zu 28 Millionen Frequenzen auf einmal überwacht und analysiert werden.*

PERTH Westaustralien

TIDBINBILLA Australisches Hauptstadtterritorium

**PARKES**
1995 wurde das 64-m-Radioteleskop in Neusüdwales das Zentrum auf der südlichen Erdhalbkugel für das „Murph" des Phoenix-Projekts. Zwar wurden keine fremden Signale entdeckt, aber das Team konnte die Sensibilität der Messgeräte beträchtlich erhöhen.

# Kontakte zum Kosmos

NACH 40 JAHREN LAUSCHAKTIONEN haben wir immer noch nichts von ET gehört. Ist er der verschlossene, schweigsame Typ? Oder sind unsere Kommunikationsmethoden hoffnungslos veraltet? Je länger wir darauf warten, etwas zu hören, desto entschlossener werden die SETI-Forscher alle Möglichkeiten erforschen, um das so schwer zu entdeckende Signal zu finden. Und die vielversprechendste Möglichkeit für SETI, mit Erfolg ins All hineinzuhorchen, wird außerhalb des Planeten Erde liegen ...

## Uns weitaus überlegen

Als die ersten Radiostationen auf der Erde errichtet wurden, gab es noch Menschen, die sich mit Trommeln und Rauchsignalen verständigten und nicht die geringste Ahnung davon hatten, dass Radiowellen durch sie hindurchgehen. Bleibt das kosmische Geplauder von uns einfach nur unbemerkt? Schließlich sind die Sonne und ihre Planeten kaum halb so alt wie das Universum – so dass es sehr gut möglich ist, dass ET weit fortgeschrittener ist als wir.

## Die SETI-Mondbasis

Was Funksignale angeht, so wird die Zeit langsam knapp. Der elektromagnetische Lärm auf der Erde – erzeugt von Geräten wie Mobiltelefonen bis hin zu Mikrowellenherden – übertönt immer mehr ETs schwaches Geflüster. So denken manche SETI-Forscher daran, ihre Suche auf die Rückseite des Mondes zu verlagern, die vor irdischen Störungen abgeschirmt ist. Sie möchten sich den 100 km durchmessenden Saha-Krater schützen lassen und dort eine SETI-Anlage bauen.

Von der Erde sickern immer mehr elektrische Geräusche in den Weltraum. Auch ein SETI-Satellit hätte mit solchen Störungen zu kämpfen.

*Auf der Umlaufbahn um die Erde ist eine Seite des Mondes stets von der Erde abgewandt.*

*Der Saha-Krater auf der erdabgewandten Seite des Mondes hat eine Sicht in den Raum (die gelbe Zone), die auf der ganzen Umlaufbahn des Mondes nie die Erde erfasst.*

*Saha, fast am Mondäquator gelegen, ist von der Erde aus gesehen „gleich um die Ecke" und darum von Raumschiffen leicht zu erreichen.*

*SETI-Institut und Unterkünfte auf dem Mond*

*Auf dem zukünftigen SETI-Gelände steht ein Radio-Teleskop vom Typ Arecibo – bei der schwachen Schwerkraft des Mondes kann es sogar noch größer sein.*

## Darwin zeigt den Weg

Um das Ziel für die Kontaktaufnahme mit
Außerirdischen einzukreisen, fahnden
SETI-Forscher nach anderen vielsagenden
Zeichen von Planeten mit Leben. *Darwin*,
ein europäisches Weltraumteleskop, dessen
Start für 2015 geplant ist, soll nach
Leben auf Planeten Ausschau halten,
die um 300 nahegelegene sonnen-
ähnliche Sterne kreisen. Innerhalb dieser,
unserer näheren Umgebung im All werden
Infrarot-Detektoren auf *Darwin* nach
Anzeichen für Wasser und sogar Sauerstoff
(ein Abfallprodukt von Leben) auf Plane-
ten forschen, die so klein wie die Erde sind.

*Zu* Darwin
*werden sechs
50 m vonein-
ander entfernte
Spiegel gehören
– was einem
Teleskop
mit 100 m
Durchmesser
entspricht.*

*Auf einer
Bahn zwi-
schen Mars
und Jupiter
wird* Darwin
*sich außerhalb
des staubigen
inneren
Sonnensystems
befinden.*

### LICHTJAHRE VORAUS

Wie Außerirdische miteinander kommunizieren könnten, die uns um Millionen von
Jahren voraus sind, ist fast unmöglich vor-
herzusagen. Sie könnten untereinander
Lasersignale austauschen, deren Technik
auch wir beherrschen. Sie könnten aber
auch eine uns völlig unbekannte Nach-
richtentechnik anwenden, zum Beispiel
Ströme winziger subatomarer Teilchen,
Neutrinos genannt, aussenden, die Wolken
im Raum, Sterne und Planeten gleicher-
maßen leicht durchdringen. Oder sie könnten durch die gezielte Beeinflussung großer
Massen Schwerkraftwellen erzeugen, die sich
wie Kräuselwellen durch Millionen von
Lichtjahren Raum ausbreiten. Vielleicht aber
setzen sie auch andere Techniken ein, von
denen wir nichts ahnen.

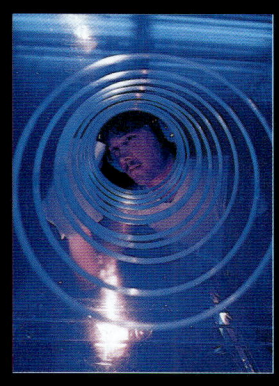

Kristall-Zylinder befinden
sich in der Mitte eines
„Neutrino-Teleskops".
Neutrinos könnten inter-
galaktische Verbindungen
im kosmischen Internet
herstellen.

Starke Laserstrahlen schießen vom Starfire Optical Range in Neumexiko
in den Himmel: Werden sie zukünftige interstellare Botschaften befördern?

*Große Teleskope am
Rand des Kraters fangen
Laserpulse und Infra-
rotemissionen aus
großen, künstlichen
Strukturen im Welt-
raum auf.*

*Hoher Mast,
von dem
aus Botschaften über
erdumkreisende
Satelliten zur Erde
geschickt werden.*

*Am Kraterrand aufgestellte
Sonnenkollektoren
erzeugen Energie für die
Basis.*

*Ein Neutrino-Teleskop,
das zum Schutz vor Ver-
schmutzung durch andere
Strahlungen eingegraben
ist, sucht nach Signalen
von hoch entwickelten
Aliens.*

*Laserstrahlen, die parallel zur Oberfläche
des Kraters laufen, würden Schwerkraftwellen registrieren, die entstehen, wenn
Aliens massereiche
Körper wie Schwarze
Löcher gezielt
beeinflussen.*

# Zivilisationen in der Galaxis

**Z**
**Y**
**X**
**W**
**V**
**U**
**T**
**S**

DIE ERSTE FREMDE BOTSCHAFT aus dem All, die wir entschlüsseln, wird wahrscheinlich von einer Zivilisation kommen, die höher entwickelt ist als unsere. Menschen sind schließlich die neuen Kids im kosmischen Viertel. Viele Sterne sind viel älter als die Sonne und könnten von Zivilisationen bewohnt sein, die uns weit voraus sind. Es ist einfach nicht möglich zu wissen, wie intelligente Lebensformen aussehen könnten, wenn sie Milliarden Jahre mehr an Evolution hinter sich haben. Doch glauben Wissenschaftler, dass sie ähnliche Wege bei der Nutzung von Energie und der Informationsübertragung gehen, große Bauten errichten und vielleicht auch ein intergalaktisches Kommunikationsnetz einrichten.

## Dyson-Sphäre

Wenn SETI-Forscher einen großen Stern aufspüren, der viel infrarote Wärme, aber wenig Licht ausstrahlt, könnten sie eine Dyson-Sphäre entdeckt haben. Die aus zertrümmerten Planeten entstandene Kugel umkreist den Stern, um all seine Energie aufzunehmen. Zivilisationen leben auf der Innenfläche der Sphäre und haben den Stern immer über sich, der eine saubere, unbegrenzte Energiequelle ist.

**R**
**Q**

## Information gegen Energie

Weitblickende Wissenschaftler haben ein System entwickelt, mit dem sie vergleichen können, wie weit eine außerirdische Zivilisation entwickelt ist, unabhängig davon, wie sie aussieht oder wie ihre Kultur geartet ist. Zum einen lässt sich ihr Fortschritt an ihrem Energieverbrauch ermessen; ein anderer Weg ist die Manipulation von Informationen. Die Grafik auf dieser Seite zeigt die zunehmende Energienutzung (von links nach rechts, von 0 bis 4,4) und Informationsübertragung (senkrecht nach oben, von A bis Z). Jedes der farbigen Rechtecke stellt eine andere Kombination von Information und Energie dar, die eine Zivilisation beherrscht. Wir können die Entwicklung auf der Erde bis heute darstellen (durchgezogene Linie) und damit rechnen, dass unser zukünftiger Fortschritt und der von uns überlegenen Zivilisationen auf einer schrägen Linie (gestrichelt) mit zunehmender Beherrschung von Energie und Information verläuft.

**P**
**O**
**N**
**M**
**L**
**K**

*Vergrößerung eines Querschnitts durch die Sphäre.*

*Bei 1,4 J verfügt eine Zivilisation über eine ausreichende Energie- und Informationsbeherrschung, um einen regelmäßigen Kontakt mit außerirdischen Kulturen aufzunehmen.*

*Bei 2,2 L kann eine Zivilisation sein Muttergestirn so verändern, dass es als Funkfeuer arbeitet.*

**J**
**I**

*Unsere Zivilisation bewegte sich seitwärts (von 0,1 bis 0,6), nachdem sie die Nutzung der Energie von Kohle, Erdöl und Atomkraft beherrschte (industrielle Revolution) und dann aufwärts (E bis H), nachdem sie lernte, Informationen mit Computern zu verarbeiten (Informationsrevolution).*

**H**
**G**

*Bei 0,6 H ist die Erde gerade erst beim Startpunkt der Energie-Informations-Kurve.*

**Informationsverarbeitung**

**Informationsrevolution**

**Industrielle Revolution**

**F**
**E**
**D**
**C**
**B**
**A**

### FREEMAN J. DYSON

Der britische Physiker Freeman J. Dyson schlug 1960 vor, dass fortgeschrittene Zivilisationen ihre Sterne vielleicht in künstlichen Habitaten – „Dyson-Sphären" – umkreisen, um Energie maximal zu nutzen. Seiner Zeit weit voraus, hält er es auch für möglich, dass Menschen unsere Körper durch genetische Veränderungen an ein Leben im Weltraum anpassen. Obwohl Astronomen nach den infraroten „Wärme-Energie"-Signalen aus Dyson-Sphären suchen, ist bislang noch keine gefunden worden.

*Dyson befasst sich auch mit Atom- und Teilchenphysik.*

Die Idee, Zivilisationen nach ihrem Energieverbrauch einzustufen, hatte der russische Wissenschaftler Nikolai Kardeschew 1964. Ein Jahrzehnt später schlug der amerikanische Astronom Carl Sagan vor, sie auch nach ihrer Fähigkeit zur Informationsverarbeitung einzustufen.

## Zivilisation Typ I
Kann die ganze Energie ihres Planeten nutzen.

**Energienutzung**

| 0 | 0,2 | 0,4 | 0,6 | 0,8 | 1,0 | 1,2 | 1,4 | 1,6 | 1,8 | 2,0 |

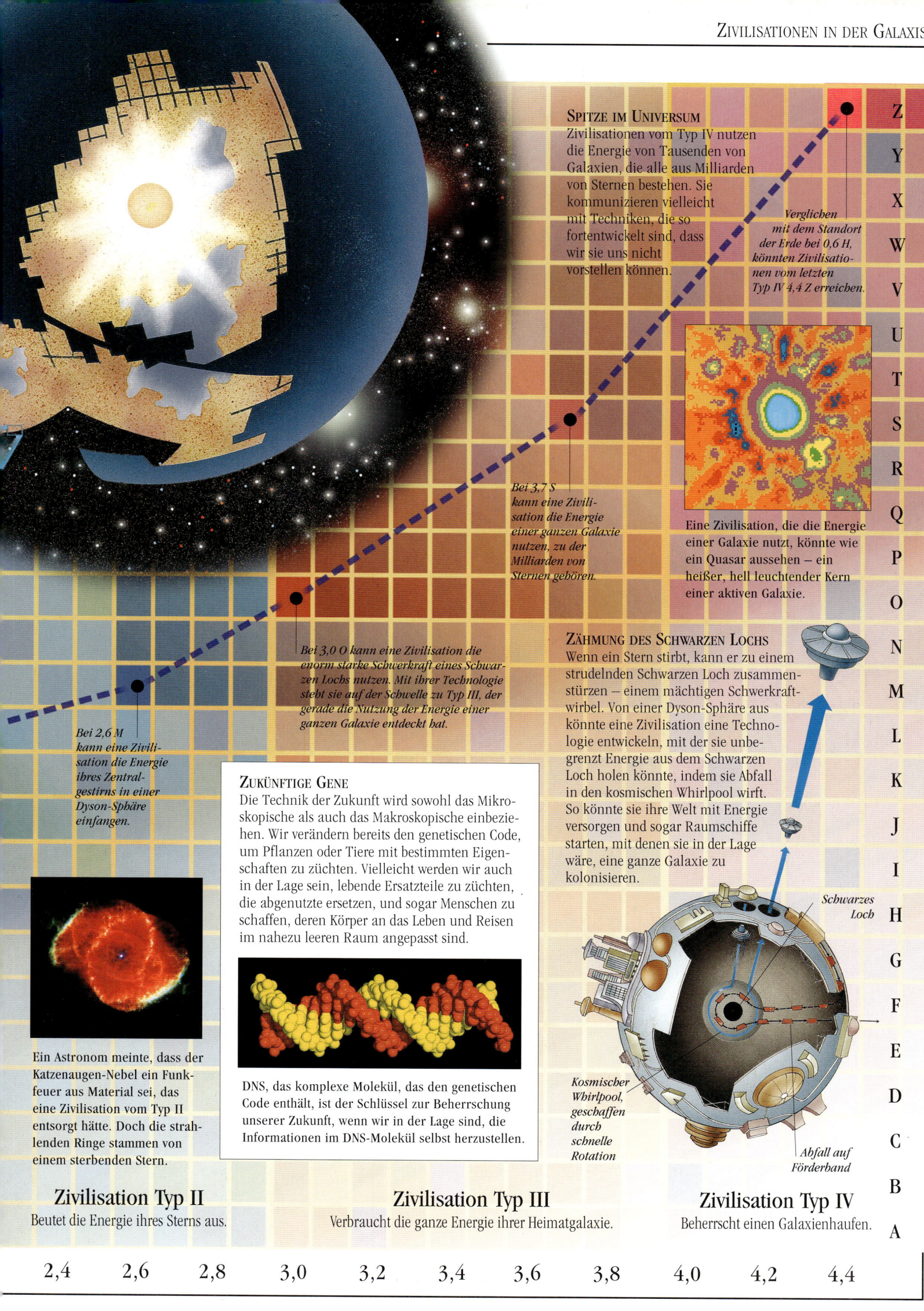

### SPITZE IM UNIVERSUM

Zivilisationen vom Typ IV nutzen die Energie von Tausenden von Galaxien, die alle aus Milliarden von Sternen bestehen. Sie kommunizieren vielleicht mit Techniken, die so fortentwickelt sind, dass wir sie uns nicht vorstellen können.

*Verglichen mit dem Standort der Erde bei 0,6 H, könnten Zivilisationen vom letzten Typ IV 4,4 Z erreichen.*

*Bei 3,7 S kann eine Zivilisation die Energie einer ganzen Galaxie nutzen, zu der Milliarden von Sternen gehören.*

Eine Zivilisation, die die Energie einer Galaxie nutzt, könnte wie ein Quasar aussehen – ein heißer, hell leuchtender Kern einer aktiven Galaxie.

*Bei 3,0 O kann eine Zivilisation die enorm starke Schwerkraft eines Schwarzen Lochs nutzen. Mit ihrer Technologie steht sie auf der Schwelle zu Typ III, der gerade die Nutzung der Energie einer ganzen Galaxie entdeckt hat.*

*Bei 2,6 M kann eine Zivilisation die Energie ihres Zentralgestirns in einer Dyson-Sphäre einfangen.*

### ZÄHMUNG DES SCHWARZEN LOCHS

Wenn ein Stern stirbt, kann er zu einem strudelnden Schwarzen Loch zusammenstürzen – einem mächtigen Schwerkraftwirbel. Von einer Dyson-Sphäre aus könnte eine Zivilisation eine Technologie entwickeln, mit der sie unbegrenzt Energie aus dem Schwarzen Loch holen könnte, indem sie Abfall in den kosmischen Whirlpool wirft. So könnte sie ihre Welt mit Energie versorgen und sogar Raumschiffe starten, mit denen sie in der Lage wäre, eine ganze Galaxie zu kolonisieren.

*Schwarzes Loch*

*Kosmischer Whirlpool, geschaffen durch schnelle Rotation*

*Abfall auf Förderband*

### ZUKÜNFTIGE GENE

Die Technik der Zukunft wird sowohl das Mikroskopische als auch das Makroskopische einbeziehen. Wir verändern bereits den genetischen Code, um Pflanzen oder Tiere mit bestimmten Eigenschaften zu züchten. Vielleicht werden wir auch in der Lage sein, lebende Ersatzteile zu züchten, die abgenutzte ersetzen, und sogar Menschen zu schaffen, deren Körper an das Leben und Reisen im nahezu leeren Raum angepasst sind.

DNS, das komplexe Molekül, das den genetischen Code enthält, ist der Schlüssel zur Beherrschung unserer Zukunft, wenn wir in der Lage sind, die Informationen im DNS-Molekül selbst herzustellen.

Ein Astronom meinte, dass der Katzenaugen-Nebel ein Funkfeuer aus Material sei, das eine Zivilisation vom Typ II entsorgt hätte. Doch die strahlenden Ringe stammen von einem sterbenden Stern.

## Zivilisation Typ II
Beutet die Energie ihres Sterns aus.

## Zivilisation Typ III
Verbraucht die ganze Energie ihrer Heimatgalaxie.

## Zivilisation Typ IV
Beherrscht einen Galaxienhaufen.

| 2,4 | 2,6 | 2,8 | 3,0 | 3,2 | 3,4 | 3,6 | 3,8 | 4,0 | 4,2 | 4,4 |

Z Y X W V U T S R Q P O N M L K J I H G F E D C B A

# Aliens - ganz anders

B EI UNSERER SUCHE NACH AUSSERIRDISCHER INTELLIGENZ
im Universum sind uns möglicherweise die richtigen
Zeichen entgangen. Vielleicht gleichen uns andere Lebensformen auch in keiner Weise und denken und verhalten sich
darum auch ganz anders. Es kann da draußen sogar Lebensformen von so fremdartiger oder so unvorstellbarer Art geben,
dass wir sie gar nicht als Leben erkennen würden. Aber was
verstehen wir eigentlich unter „Leben“: Wie definiert man
Leben? Und beim Begriff „Intelligenz“ stoßen wir auf das
gleiche Problem – vielleicht haben manche Außerirdische
eine Denkweise, die so anders ist als unsere, dass eine
Kommunikation mit ihnen völlig unmöglich sein würde.

*Die meisten
Spiralgalaxien
rotieren schneller als
erwartet.*

*Die dunkle Materie im
Innern und in der Umge-
bung einer Galaxie
erzeugt eine Schwerkraft,
die die rotierende
Galaxie zusammenhält.*

## Das Fremde erkennen

Wir können nur darüber spekulieren, auf welche Weise
sich außerirdisches Leben von dem unseren völlig
unterscheiden könnte. Jedes Bild auf dieser Seite ist eine
Art „Leben“, wie es irgendwann von einem renommierten
Wissenschaftler erdacht worden ist. Die einen Lebensformen haben vielleicht eine andere chemische Zusammensetzung, die besser an die extremen Bedingungen
angepasst ist. Andere sind vielleicht formlos und ohne
Gestalt oder vereinen alle auf unserem Planeten
heimischen Lebensformen zu einem einzigen riesigen
Lebewesen. Ein paar Wissenschaftler sind sogar der
Meinung, dass das Universum als Ganzes selbst lebt. Am
unheimlichsten jedoch ist die Vorstellung, dass manche
Außerirdische für uns auf ewig unsichtbar bleiben und
ständig schweigend durch uns hindurchgehen.

### GAIA

Nach der Gaia-Hypothese, benannt
nach der griechischen Göttin der
Erde, kann ein ganzer Planet ein
Lebewesen sein. Pflanzen, Tiere,
Atmosphäre und Meere zusammen
existieren in einem langfristig
gehaltenen Gleichgewicht. Jede
Art, die dieses Gleichgewicht zu
stören versucht – wie zum Beispiel
Menschen – riskiert ihre
Vernichtung.

### SILIZIUMWESEN

Das Element Silizium verbindet sich mit anderen
Elementen ähnlich wie Kohlenstoff, darum stellen
sich einige Wissenschaftler vor, dass es der Grundstoff
für Leben sein könnte. Das kristalline Leben auf
Silizium-Basis organisiert sich auf diesem luftlosen
Asteroiden zu einer intelligenten Gemeinschaft wie
eine Anhäufung von Silizium-Chips und kann im
Vakuum und in der zerstörerischen Strahlung des
Weltraums gedeihen.

## Die Bedeutung von Leben

Selbst Wissenschaftler sind sich nicht einig, was Leben eigentlich ist.
Einige sagen, dass ein Lebewesen Energie in geordneter Weise
verbraucht, eine Begrenzung hat und sich fortpflanzen kann. Doch
selbst auf der Erde hält diese Definition, wie unten gezeigt, Einwänden
nicht stand. Unter außerirdischen Bedingungen gäbe es vielleicht gar
keinen Unterschied zwischen Leben und Nichtleben.

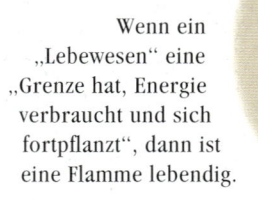

Wenn ein
„Lebewesen“ eine
„Grenze hat, Energie
verbraucht und sich
fortpflanzt“, dann ist
eine Flamme lebendig.

Wenn Fortpflanzung ein
Merkmal von Leben ist,
dann ist das Maultier –
eine unfruchtbare
Kreuzung zwischen
einem Esel und einem
Pferd – nicht lebendig.

## IST DAS UNIVERSUM LEBENDIG?

Einer kontroversen neuen Theorie zufolge kann ein ganzes Universum lebendig sein, wenn man davon ausgeht, dass zum Leben erfolgreiche Fortpflanzung gehört. Die Theorie besagt, dass Schwarze Löcher durch „Knospung" ganze Universen gebären können. Diejenigen, die Schwarze Löcher hervorbringen, vermehren sich erfolgreich; die anderen sind steril. Durch eine kuriose Laune der Physik schafft ein Universum, das Schwarze Löcher bildet, auch die richtigen Chemikalien für Leben wie unseres.

## UNSICHTBARES LEBEN?

Untersuchungen rotierender Galaxien haben ergeben, dass sie viel mehr Masse haben müssen, als man dort leuchten sieht. Die „Extra"-Masse – heute als „dunkle Materie" bekannt – ist unsichtbar und von unbekannter Natur. Dunkle Materie erfüllt die ganze Milchstraße und andere Galaxien und breitet sich in einem großen Halo aus, der einzelne Galaxien umgibt. Wenn dunkle Materie Lebensformen bilden könnte, wären sie unsichtbar und könnten sogar durch unseren Körper dringen, ohne dass wir etwas davon merken.

*Astronomen glauben, dass mehr als 90% des Univer-sums aus unsichtbarer, dunkler Materie besteht.*

*Interstellare Wolken sind schwarz, weil sie Staub enthalten – „Ruß" von sterbenden Sternen. Ist sie vom starken Licht eines Sterns angestrahlt, leuchtet die Wolke dunkelbraun.*

*Von einem Schwarzen Loch in unserem Universum trennt sich durch „Knospung" ein Baby-Universum ab. Es dehnt sich aus und kann, wenn es Schwarze Löcher enthält, sich selbst reproduzieren.*

## DUNKELWOLKEN

Sterne werden in dichten dunklen Wolken aus Staub und Mole-külen von Gasen wie Ammoniak und Kohlendioxid geboren, die Mikrowellen ausstrahlen. In seinem Roman *Die Schwarze Wolke* stellt sich der Astronom Fred Hoyle vor, dass eine solche Wolke intelligent sein könnte und ihre Moleküle durch Mikrowellen wie Nervenzellen in einem Gehirn kommunizieren. Doch die Wolke braucht Energie, um am „Leben zu bleiben", und das bedeutet, dass sie sich vom Licht eines nahen Sterns ernährt – in diesem Fall der Sonne. In dem Buch sind die Folgen für die Erde nicht sehr angenehm.

*Die Milchstraße enthält über 5000 dichte dunkle Wolken, von denen jede eine „intelligente Schwarze Wolke" sein könnte.*

## Raumschiffbauer

Bob Forward, der „Cheelas" erfand, ist ein Sciencefiction-Schriftsteller und war früher Raumfahrtingenieur bei der Hughes Aircraft Corpora-tion. Er hat futuristische Raumschiffe entworfen, die, würden sie gebaut, fast mit Lichtgeschwindigkeit zu den Sternen reisen könnten. Die Raum-schiffe würden riesige Maschendraht-Segel sein, so groß wie Texas, angetrieben von starken Laserstrahlen, und in einer Umlaufbahn um die Sonne bleiben.

*Bob Forwards phantasievolle Designs finden sich auch in seinen berühmten regen-bogenfarbenen Westen.*

## CHEELAS

Neben den Schwarzen Löchern haben Neutronensterne von allen Objekten im Universum die stärkste Schwer-kraft. Der Weltraumingenieur Bob Forward meint, dass abgeflachte Wesen – „Cheelas" – auf ihren glühend heißen Oberflächen leben könnten. Ihre Lebensvorgänge hängen nicht von Chemikalien, sondern von atomaren Reaktionen ab.

*Die auf der glühenden Oberfläche eines Neu-tronensterns lebenden Cheelas sehen alles von unten beleuchtet.*

# Erste Kontakte

**D**ER TAG, AN DEM WIR EIN SIGNAL von einer extraterrestrischen Intelligenz empfangen, wird ein Wendepunkt in der Menschheitsgeschichte sein. Wir werden dann endlich wissen, dass wir nicht allein sind. Die Schockwellen der Entdeckung werden noch weit über die Gemeinde der SETI-Wissenschaftler hinaus spürbar sein. Das Signal wird sich auf jeden auswirken, von Regierungshäuptern und Religionsgemeinschaften bis hin zu einfachen Menschen – und jeder wird unterschiedlich reagieren. Am Ende müssen zwei Entscheidungen getroffen werden. Sollen wir antworten? Und wenn ja, was sollen wir sagen?

## CARL SAGAN

Carl Sagan (1934–1996) war einer der einflussreichsten Befürworter von SETI. Er war in der Astronomie ebenso zu Hause wie in der Biologie und arbeitete bei den *Viking*-Missionen an Experimenten über Leben auf dem Mars, bevor er ein überzeugter und visionärer Anhänger von SETI wurde. Er entwarf unsere ersten Botschaften an die Sterne, die von *Pioneer*- und *Voyager*-Raumsonden mitgenommen wurden.

Sagans Roman *Contact* handelt davon, wie wir auf ein Signal aus dem All reagieren könnten.

## Entdeckt!

Das Geschehen beginnt im Jahre 2020 mit der Entdeckung eines offenkundig außerirdischen Signals durch Wissenschaftler des Projekts Phoenix in Greenbank, USA. Dem Signal – als „Trägerwelle" bezeichnet – kann zwar die Frequenz des fremden Funkverkehrs entnommen werden, es ist aber zu schwach, als dass man irgendeine Information entschlüsseln könnte.

*Unbekanntes Signal aus dem Sternbild Südlicher Fisch, das vom Radioteleskop in Greenbank empfangen wird.*

*Das Radioteleskop des Phoenix-Projekts in Greenbank*

## PROTOKOLL
Die SETI-Forscher halten sich an die „Grundsatzerklärung für das Vorgehen nach der Entdeckung von extraterretrischer Intelligenz" – Richtlinien, die 1990 international anerkannt wurden.

## RELIGIÖSE REAKTION
Religionen könnten in Schwierigkeiten geraten, wenn außerirdische Intelligenz entdeckt würde. Die meisten Christen würden sich fragen, ob Jesus auch auf diesen anderen Planten gelebt und gestorben ist. Dagegen glauben die Mormonen fest an andere bewohnte Welten.

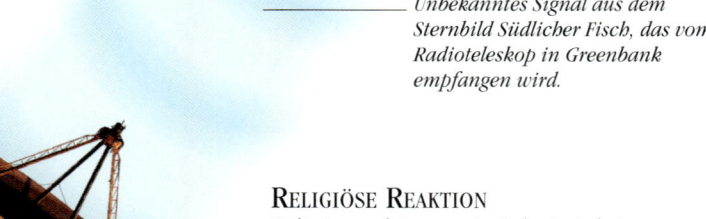

*Die Mormonenkirche wäre von einem außerirdischen Signal nicht überrascht.*

## POLITISCHE REAKTION
Im Weißen Haus bestätigt die amerikanische Präsidentin ihr Vertrauen in SETI. Zur Entschlüsselung des Signals wird eine riesige, hoch empfindsame Anlage mit Radioteleskopen gebraucht. Sie verspricht, die Mittel zur Verfügung zu stellen – so wie Präsident Clinton mehr Geld für die Marsforschung bereitstellte, nachdem 1996 möglicherweise Mikrofossilien vom Mars entdeckt wurden.

## ÜBERPRÜFUNG
Zu den in der Grundsatzerklärung genannten Bedingungen gehört es, dass das Signal von anderen Teams überprüft werden muss, bevor es der Weltöffentlichkeit bekannt gegeben wird. Mehrere Gruppen von Radioastronomen haben die Trägerwelle entdeckt. Doch noch kommt keine Botschaft aus dem schwachen Signal.

## DIE WELT ERFÄHRT DAVON
Die Entdecker haben die wichtigsten wissenschaftlichen Gremien und den Generalsekretär der Vereinten Nationen informiert und geben nun eine Pressekonferenz. Geheimhaltung ist verpönt: SETI-Wissenschaftler halten viel von Öffentlichkeit.

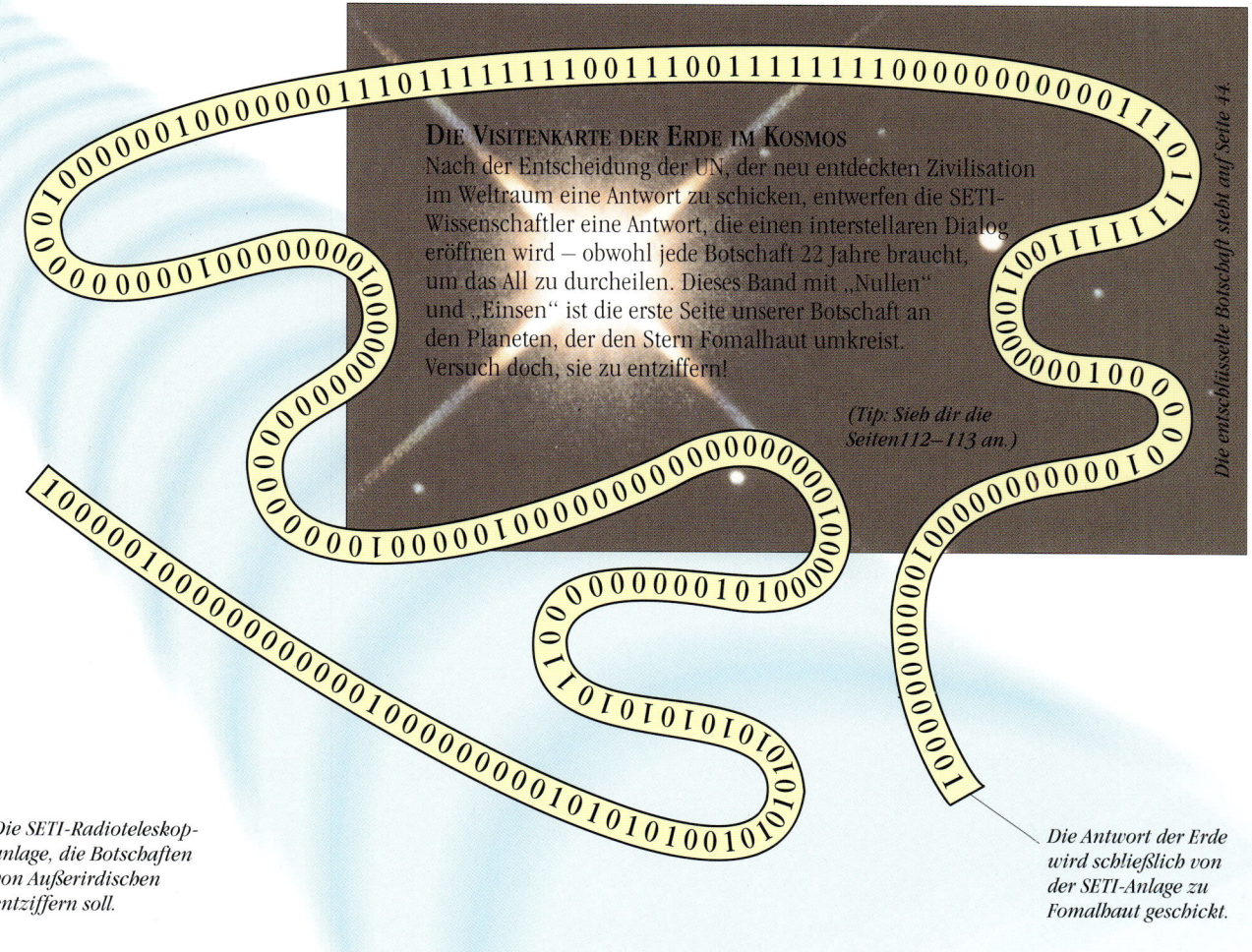

**DIE VISITENKARTE DER ERDE IM KOSMOS**
Nach der Entscheidung der UN, der neu entdeckten Zivilisation im Weltraum eine Antwort zu schicken, entwerfen die SETI-Wissenschaftler eine Antwort, die einen interstellaren Dialog eröffnen wird – obwohl jede Botschaft 22 Jahre braucht, um das All zu durcheilen. Dieses Band mit „Nullen" und „Einsen" ist die erste Seite unserer Botschaft an den Planeten, der den Stern Fomalhaut umkreist. Versuch doch, sie zu entziffern!

*(Tip: Sieb dir die Seiten112–113 an.)*

*Die entschlüsselte Botschaft stebt auf Seite 44.*

*Die SETI-Radioteleskop-anlage, die Botschaften von Außerirdischen entziffern soll.*

*Die Antwort der Erde wird schließlich von der SETI-Anlage zu Fomalhaut geschickt.*

## REAKTION DER ÖFFENTLICHKEIT
Die Öffentlichkeit reagiert höchst unterschiedlich auf die Nachricht. Manche Menschen sind euphorisch; andere fühlen sich bedroht. Die Presse, die das Thema zunächst ernsthaft abhandelt, geht schon bald zu Alien-Cartoons über, während das Fernsehen gar nicht genug Science-fictionfilme senden kann. Die Börsen reagieren mit großer Aufregung, weil wild spekuliert wird. Einige der extremeren religiösen Sekten begehen Massenselbstmord. Das Militär ist auf der Hut. Doch jeder hat sich verändert, seitdem klar ist, dass wir im All Gesellschaft haben.

*Börsen reagieren nervös auf die Nachricht von einem extraterrestrischen Signal.*

*Die seltsamste und auch wichtigste Debatte in der UNO überhaupt: Sollen wir auf eine Botschaft von Aliens antworten?*

## WAS ENTHÄLT DIE BOTSCHAFT?
Drei Jahre später ist die leistungsfähige SETI-Radioteleskopanlage fertiggestellt. Sie empfängt die Trägerwelle ohne Schwierigkeiten und ist stark genug, um in diesem Signal eine Fülle komplexer Details zu entdecken. Dies ist die lang ersehnte Botschaft. Experten arbeiten schon seit Monaten daran, können aber nur einen Teil entschlüsseln. Die Botschaft erklärt Sprache und Wissensstand der Bewohner eines Planeten, der den 22 Lichtjahre entfernten Stern Fomalhaut umkreist. Doch vieles bleibt unentzifferbar und Wissenschaftlern der Zukunft überlassen.

*Mit der SETI-Forschung werden plötzlich Stimmen gewonnen.*

## SOLLEN WIR ANTWORTEN?
Nun tragen die Vereinten Nationen an einer schweren Verantwortung: Sollen sie im Namen der irdischen Menschheit antworten? Einige Experten wenden sich vehement dagegen und argumentieren, dass „sie", wenn sie feindlich gesonnen sind, nach kosmischem Maßstab nahe genug sind, um die Erde zu zerstören. Doch die SETI-Leute überzeugen die UN, dass die Vorteile einer Kontaktaufnahme die Risiken überwiegen – und werden mit dem Entwurf einer Antwort beauftragt.

# Glossar

*Die Definitionen vieler der Teilchen und Kräfte im frühen Universum stehen auf den Seiten 20-21.*

**AKKRETIONSSCHEIBE** Scheibe aus extrem aufgeheizten Gasmassen, die spiralförmig in ein *Schwarzes Loch* gesogen werden.

**AKTIVE GALAXIE** Galaxie, in deren Zentrum heftige Ausbrüche stattfinden; siehe auch *Blasar, Quasar* und *Radiogalaxie.*

**ALIEN** Englisches Wort für *außerirdisch.*

**ALLGEMEINE RELATIVITÄT** Relativitätstheorie, die beschreibt, wie sich *Materie* in der Nähe starker Schwerkraftfelder verhält.

**AMINOSÄURE** Ein *organisches Molekül,* das die Bausteine für *Protein* bildet.

**ANORGANISCHES MOLEKÜL** Ein Molekül, das keinen Kohlenstoff enthält.

**ANTIMATERIE** Das genaue Gegenteil von *Materie.* Wenn Materie auf die winzige Menge von Antimaterie im Universum trifft, vernichten sie sich gegenseitig.

**ANTISCHWERKRAFT** Hypothetische Abstoßungskraft, die der Schwerkraft entspricht, aber entgegengesetzt gerichtet ist. Während die Schwerkraft zwei Körper anzieht, treibt die Antischwerkraft sie auseinander.

**ANTITEILCHEN** Teilchen, das genau die entgegengesetzten Eigenschaften eines Materieteilchens hat. Ein *Positron* zum Beispiel gleicht einem *Elektron*, hat aber eine positive Ladung

**ASTEROIDEN** Stein- und Eisentrümmer, die bei der Entstehung des *Sonnensystems* übrig geblieben sind und hauptsächlich zwischen Mars und Jupiter um die Sonne fliegen. Einige sind mit der Erde zusammengestoßen und haben *Massensterben* verursacht.

**ATMOSPHÄRE** Gashülle, die einen Planeten umgibt. Die Mischung der Gase in der Atmosphäre sowie ihre *Dichte* (sie muss dicht genug sein) sind entscheidend für die Entstehung von Leben.

**ATOM** Kleinstes Teilchen eines Elements, wie zum Beispiel *Wasserstoff*, Sauerstoff oder *Kohlenstoff*, das an einer chemischen Reaktion beteiligt sein kann. Es hat einen Kern aus *Protonen* und *Neutronen* und wird von *Elektronen* umkreist. Der größte Teil der *Masse* eines Atoms ist in seinem Kern konzentriert, der einen Durchmesser von einem Millionstel eines Millionstelzentimeters hat.

**AUSSERIRDISCH** Eine Lebensform, die nicht von der Erde kommt.

**BIG BANG** Englische Bezeichung für den „*Urknall*", mit dem unser Weltall vor etwa 15 Milliarden Jahren begann.

**BIG CRUNCH** Englische Bezeichnung für den „*Endknall*", mit dem das Universum wieder in sich zusammenfallen könnte.

**BINÄRCODE** Ein Zahlensystem mit nur zwei Zeichen – 0 und 1 –, das in Computern sowie bei der Ausstrahlung von Radiobotschaften an möglicherweise bewohnte Planeten verwendet wird.

**BLASAR** Eine *aktive Galaxie*, die so zur Erde geneigt ist, dass wir fast direkt auf ihre *Akkretionsscheibe* und ihre Düsenstrahlen blicken.

**BLAUVERSCHIEBUNG** Veränderung in der *Wellenlänge* des Lichts, das ein sich auf die Erde zu bewegender Stern aussendet. Sie wird vom *Dopplereffekt* verursacht. Die Doppler-Verschiebung drängt die Lichtwellen mehr zusammen, wodurch das Licht eine kürzere Wellenlänge zu haben scheint und blauer aussieht.

**BOTENTEILCHEN** Teilchen, das eine Kraft überträgt. Gravitonen sollen zum Beispiel die Schwerkraft übermitteln.

**DICHTE** Jeder Körper hat eine bestimmte Dichte: seine *Masse*, bezogen auf seinen Rauminhalt.

**DNS** (auch DNA) DNS oder Desoxyribonukleinsäure ist in allen *Zellen* vorhanden. Sie bildet Chromosomen und enthält das Erbgut. Die Eltern geben bei der Befruchtung die DNS an ihre Nachkommen weiter.

**DOPPELSTERNSYSTEM** Zwei Sterne, die nahe beieinander stehen und sich um einen gemeinsamen Schwerpunkt bewegen.

**DOPPLEREFFEKT** Änderung der Frequenz eines Tons oder einer Lichtwelle, wenn sich die Quelle der Wellen und der Beobachter relativ zueinander bewegen.

**DUNKLE MATERIE** Unsichtbare *Materie*, die sich durch ihre Schwerkraftwirkung bemerkbar macht. Obwohl sie wahrscheinlich mehr als 90% unseres Weltalls ausmacht, wissen Wissenschaftler noch nicht, woraus sie besteht. Sie könnte aus exotischen noch unbekannten Teilchen oder auch aus *Schwarzen Löchern* bestehen.

**EINSTEIN-ROSEN-BRÜCKE** „Schlund" eines Schwarzen Lochs in einem Universum, der spiegelbildlich mit einem in einem anderen Universum verbunden ist. Theoretisch ist er eine Brücke zwischen zwei Universen.

**ELEKTRISCHE LADUNG** Eine Eigenschaft von *Teilchen*, die sie durch elektrische Kräfte anziehen oder abstoßen lässt: Sie kann positiv oder negativ sein.

**ELEKTROMAGNETISCHE STRAHLUNG** Strahlung aus elektrischen und magnetischen Feldern, breitet sich mit Lichtgeschwindigkeit aus. Sie reicht von kurzwelligen Gammastrahlen bis zu langwelligen *Radiowellen* und dazwischen Röntgenstrahlen, *ultraviolette Strahlung*, Licht und infrarote Strahlung.

**ELEKTROMAGNETISCHE WELLEN** Strahlung aus magnetischen und elektrischen Feldern, die sich mit Lichtgeschwindigkeit fortbewegt. Sie reicht von Radiowellen (lange *Wellenlängen*) über sichtbares Licht bis zu *Gammastrahlen* (sehr kurze Wellenlängen).

**ELEKTROMAGNETISCHES RAUSCHEN** Ein Problem, das bei der Suche nach schwachen Signalen *elektromagnetischer Strahlung*, insbesondere *Radiowellen*, auftritt und das durch Interferenz von anderen, unerwünschten Signalen mit ähnlicher Wellenlänge verursacht wird.

**ELEKTRON** Winziges Teilchen mit negativer Ladung, das um den Kern eines *Atoms* kreist.

**ELEMENT** Ein Stoff, der mit chemischen Verfahren nicht in einfachere Stoffe zerlegt werden kann.

**ENDKNALL** Das Gegenteil des *Urknalls*: Der finale Kollaps, zu dem es kommen kann, wenn das Universum beginnt, sich zusammenzuziehen.

**ENERGIE** Die Fähigkeit, Arbeit zu leisten. Man kann auch sagen: Energie ist gespeicherte Arbeit.

**EREIGNISHORIZONT** Die „Grenze" eines Schwarzen Lochs: eine gedachte Oberfläche, wo die *Fluchtgeschwindigkeit* Lichtgeschwindigkeit erreicht. Er liegt am *Schwarzschild-Radius*.

**ERGOSPHÄRE** Ein um ein Schwarzes Loch wirbelnder Bereich zwischen der *statischen Grenze* und dem äußeren *Ereignishorizont*, in dem alles vom Strudel erfasst wird.

**EXTRASOLAR** Nicht zur Sonne gehörend; außerhalb des *Sonnensystems*.

**EXTRATERRESTRISCH** Von außerhalb der Erde kommend.

**FEUERWAND** Die Fläche, die das junge, heiße, undurchsichtige Universum von dem späteren, kühleren, durchsichtigen Universum trennt. Hier wird die *Mikrowellen-Hintergrundstrahlung* erzeugt.

**FILAMENT** Lange Kette von Galaxien, die *Leerräume* umschließt.

**FLIEGENDE UNTERTASSE** Populäre Bezeichnung für *Unbekanntes Flug-Objekt*.

**FLUCHTGESCHWINDIGKEIT** Geschwindigkeit, die ein Körper erreichen muss, um der Anziehungskraft an der Oberfläche eines Sterns oder Planeten zu entkommen. Die Fluchtgeschwindigkeit hängt von seiner Größe und seiner *Masse* ab; je kleiner das Objekt, desto größer die Fluchtgeschwindigkeit.

**G** Fallbeschleunigung, empfunden als Wirkung der Schwerkraft auf einen Körper. In der Nähe der Erdoberfläche beträgt sie rund $9{,}8\ \text{m/sec}^2$ – bezeichnet als 1g. Massereichere Planeten haben eine größere Schwerkraft und daher höhere g-Kräfte – ihre Lebensformen würden abgeflachter sein. Auf Planeten mit weniger Masse, wo die Schwerkraft schwächer ist und daher die g-Kräfte gering sind, wären schlanke, hohe Lebensformen denkbar.

**GAMMASTRAHLUNG** Die energiereichsten *elektromagnetischen Wellen* mit der kürzesten Wellenlänge. Theoretisch müssten sie ausgesandt werden, wenn Schwarze Minilöcher explodieren. Siehe *elektromagnetische Strahlung*.

**GESCHLOSSENES UNIVERSUM** Universum, das ausreichend *Materie* enthält, um wieder in sich zusammenzustürzen.

**GRAVITATION** oder Schwerkraft wirkt auf alle Körper und zieht sie an, so wie sich Erde und Mond gegenseitig anziehen.

**GRAVITATIONSLINSE** Verzerrung eines Bildes – oder die Erzeugung mehrerer Bilder – durch ein starkes Schwerefeld.

**GRAVITATIONSWELLEN** Kräuselwellen im Raum, die sich mit Lichtgeschwindigkeit fortpflanzen und von der Bewegung sehr schwerer Körper verursacht werden.

**GROSSE VEREINHEITLICHTE THEORIE (GUT)** Die Theorie, mit der versucht wird, die vier Naturkräfte des Universums – schwache und starke Kernkraft, elektromagnetische Kraft und Schwerkraft – in einer Superkraft zu vereinigen.

**HINTERGRUNDSTRAHLUNG** Siehe Mikrowellen-Hintergrundstrahlung.

**HUBBLESCHE KONSTANTE** Einheit, mit der die Expansion des Universums berechnet wird.

**INFLATION** Das plötzliche ruckartige Anschwellen des Universums, das Sekundenbruchteile nach dem *Urknall* stattfand.

**INFRAROTE STRAHLUNG** Wärmestrahlung, deren *Wellenlänge* zwischen Licht und Radiowellen liegt. Siehe *elektromagnetische Strahlung*.

**INSTABILITÄT** Die Neigung, von einem Zustand in einen weniger energiereichen überzugehen. Zum Beispiel zerfallen radioaktive *Elemente* in stabile Elemente; *Neutronen* zerfallen in stabilere *Protonen*.

**KERN** Zentrum eines Sterns, in dem die *Kernfusion* stattfindet; in einer Galaxie die innersten *Lichtjahre*.

**KERNFUSION** Atomare Reaktion, bei der eine Art von *Atom* (z.B. Wasserstoff) unter extremen Hitze- und Druckbedingungen sich zu einem anderen (z.B. Helium) vereint. Die dabei freiwerdende Energie lässt Sterne leuchten.

**KOHLENSTOFF** Eines der häufigsten *Elemente* im Universum. Kohlenstoff kann wie kein anderes Element Ringe und Ketten – mit sich selbst und mit anderen Atomen – bilden. Diese Kohlenstoffmoleküle sind die Grundbausteine des irdischen Lebens und werden auch *organische Moleküle* genannt.

**KOMET** Überrest aus der Entstehungszeit des *Sonnensystems*, der weitgehend aus Eis mit Gesteinsstaub besteht. Kometen haben die Erde in der Vergangenheit getroffen und *Massensterben* verursacht. Manche Astronomen glauben, dass Kometen auch den größten Teil des Wassers lieferten, das die Ozeane der Erde füllt.

**KOSMISCHE ZENSUR** Bezeichnung für die Vorstellung, dass *Singularitäten* von einem *Ereignishorizont* umgeben sein müssen.

**KRAFT** Etwas, das die Bewegung oder Form eines Körpers verändert.

**KUGELBLITZ** Blitz in Form einer leuchtenden Kugel, mit der manch *Unbekanntes Flug-Objekt* erklärt werden könnte.

**KUGELHAUFEN** Eine dichte Ansammlung mit etwa einer Million alten roten Sternen. Kugelhaufen umgeben in lockerer Anordnung Galaxien wie die unsere.

**LASERSTRAHL** Ein starker Lichtstrahl, der für die Kommunikation mit *Außerirdischen* weit außerhalb unserer Milchstraße verwendet werden könnte.

**LEBENSFREUNDLICHE ZONE** Das Gebiet in einem *Planetensystem*, das nicht zu wenig und nicht zu weit vom Muttergestirn entfernt ist und wo Leben existieren könnte, auch Ökosphäre genannt.

**LEERRAUM** Riesige, von Filamenten begrenzte Region des *Raums*, in der es keine Galaxien gibt (englischer Ausdruck: *void*).

**LETZTE STABILE UMLAUFBAHN** Die am dichtesten am *Schwarzen Loch* gelegene Umlaufbahn, auf der sich noch etwas bewegen kann, ohne hineinzustürzen.

**LICHT** Siehe *elektromagnetische Strahlung*.

**LICHTJAHR** Die Entfernung, die von einem Lichtstrahl mit 300 000 km/s in einem Jahr zurückgelegt wird. Das sind rund 9,5 Billionen km.

**MASSE** Menge der *Materie*, aus der ein Körper besteht. Auf der Erde entspricht die Masse eines Körpers seinem Gewicht.

---

## EXTREM HOHE ZAHLEN

Die Beschäftigung mit der Kosmologie ist die Beschäftigung mit Extremen. Das reicht über weite Gebiete und umfasst die Grenzen von Größe, Dichte, Energie, Geschwindigkeit und Entfernung. Die dabei verwendeten Zahlen spiegeln dies wider: Sie sprengen oft jedes Vorstellungsvermögen. In solchen Situationen ist eine Art Kurzschrift angebracht. In sehr großen Zahlenbereichen arbeiten Wissenschaftler oft mit einer Milliarde (tausend Millionen) oder einer Billion (1 Million mal 1 Million). Für sehr große und sehr kleine Maßzahlen benutzen sie oft Zehnerpotenzen. Diese schreibt man als $10^n$ und spricht es „zehn hoch n". „n" ist die Potenz: So oft wird 10 mit sich selbst multipliziert. Zum Beispiel:

$10^2$ ist 10 hoch 2 oder 10x10 oder hundert

$10^6$ ist 10 hoch 6 oder 10x10x10x10x10x10 oder 1 000 000

Manchmal ist der Index so groß, dass er selbst in dieser Form geschrieben werden muss: $10^{10^{77}}$. Kleine Zahlen haben negative Indices. So ist $10^{-1}$ 1/10 (0,1); 0,01 ist $10^{-2}$ (weil es 1/10x10 ist); ein Millionstel ist $10^{-6}$ – und so weiter. Ein Sonderfall ist $10^0$, mit dem Wert 1.

**MASSENSTERBEN** Ein Ereignis, bei dem die meisten Pflanzen- und Tierarten der Erde vernichtet wurden, wodurch der Verlauf der Lebensentwicklung beeinflusst wurde. Es hat mehrere Massensterben gegeben, vermutlich verursacht durch Einschläge von *Kometen* oder *Asteroiden* – wenn auch manche Wissenschaftler glauben, dass eher gewaltige Vulkanausbrüche daran Schuld waren.

**MATERIE** Alles, was *Masse* hat und Raum einnimmt. *Teilchen*, aus denen sich Materie zusammensetzt, haben exakt die entgegengesetzten Eigenschaften der Teilchen der Antimaterie.

**METEOR** Ein kleines Bruchstück eines *Asteroiden* oder *Kometen*, das in der oberen Atmosphäre der Erde verglüht und dabei eine Lichterscheinung verursacht. Einige sind fälschlich für *Unbekannte Flugobjekte* gehalten worden.

**METEORIT** Ein *Meteor*, der groß genug ist, um den Weg durch die Erdatmosphäre zu überstehen. Große Meteorite haben in der Vergangenheit der Erde *Massensterben* verursacht, können aber auch *organische Moleküle* auf unseren Planeten gebracht – und so zum Ursprung des Lebens geführt haben.

**MIKROWELLE** *Elektromagnetische Strahlung*, mit Wellenlängen zwischen Infrarot und Radio, die von Molekülen in schwarzen, interstellaren Dunkelwolken ausgesandt werden.

**MIKROWELLEN-HINTERGRUNDSTRAHLUNG** Das „Nachglühen" des *Urknalls*. Wärmestrahlung von der *Feuerwand*, die durch die Expansion des Universums abgekühlt ist.

**MILLIARDE** Tausend Millionen.

**NACKTE SINGULARITÄT** Eine nicht von einem *Ereignishorizont* umgebene *Singularität*.

**NEUTRINO** Winzige, elektrisch neutrale *Teilchen* mit wenig oder keiner *Masse*, die sich mit Lichtgeschwindigkeit bewegen.

**NEUTRON** Elektrisch neutrales *Teilchen*, das zum Kern eines *Atoms* gehört.

**NEUTRONENSTERN** Kollabierter Stern, der überwiegend aus *Neutronen* besteht. *Pulsare* sind junge, schnell rotierende Neutronensterne.

**OFFENES UNIVERSUM** Universum mit geringer *Dichte*, das sich ewig ausdehnen wird.

**ORDNUNGSZAHL** Die Anzahl von *Protonen* im Atomkern. Jedes *Element* hat eine andere Ordnungszahl.

**ORGANISCHES MOLEKÜL** Ein Molekül, das das *Element Kohlenstoff* enthält. Organische Moleküle wie *Proteine* und *DNS* sind die Bausteine des Lebens auf der Erde.

**OZONSCHICHT** Dünne Gasschicht in der oberen Atmosphäre der Erde. die aus Ozon besteht – drei miteinander verbundene Sauerstoffatome –, die die zerstörerische *ultraviolette Strahlung* der Sonne verschluckt. Der Planet Mars, der keinen Sauerstoff in seiner Atmosphäre hat, hat ein globales „Ozonloch" entwickelt, das tödliche Strahlen durchlässt.

**PERMAFROST** Wasser in einer Schicht direkt unter der Oberfläche des Bodens, der nie auftaut, wie dies in den Tundraregionen der Erde der Fall ist. Ein großer Teil des Wassers, das einst auf Mars floss, ist wahrscheinlich zu Permafrost geworden.

**PLANETENSYSTEM** Familie von Planeten, Monden und Trümmern um einen Stern.

**POSITRON** *Antiteilchen* eines *Elektrons*.

**PROTEIN** auch Eiweiß. Ein komplexes Molekül, das aus *Aminosäuren* besteht. Proteine bilden die meisten Strukturen in lebenden *Zellen* und bestimmen die Vorgänge in den Zellen.

**PROTON** *Teilchen* mit positiver elektrischer Ladung, das zum Kern eines *Atoms* gehört.

**PULSAR** Siehe *Neutronenstern*.

**QUASAR** Hell leuchtender *Kern* einer fernen, jungen *aktiven Galaxie*, von dem man annimmt, dass er von einem *Schwarzen Loch* beherrscht wird.

**RADIOGALAXIE** *Aktive Galaxie*, die ebensoviel Energie in Radiowellen wie in Lichtwellen aussendet. Die meiste Radiostrahlung stammt aus zwei riesigen, vom *Kern* der Galaxie in den Raum hinausgeschossenen Wolken.

**RADIOTELESKOP** Teleskop, mit dem von Objekten im Weltall ausgesandte *Radiowellen* aufgespürt werden.

**RADIOWELLEN** Siehe *elektromagnetische Strahlung*.

**RAUM** Der Bereich zwischen den Sternen, Planeten und Galaxien. Die Form des Raums – die Art, wie er sich krümmt – wird von der Schwerkraft der in ihm vorhandenen Objekte bestimmt.

**RAUM-ZEIT** Vierdimensionale Beschreibung des Universums, bei der Länge, Breite und Höhe drei Dimensionen sind und die Zeit als vierte hinzukommt.

**RELATIVITÄTSTHEORIE** Siehe *Allgemeine Relativitätstheorie* und *Spezielle Relativitätstheorie*.

**RÖNTGENQUELLE** Bereich mit extrem heißem Gas. Aus einem normalen Stern von einem *Schwarzen Loch* oder *Neutronenstern* entrissene Materie wird äußerst stark erhitzt und sendet Röntgenstrahlen aus.

**RÖNTGENSTRAHLEN** Siehe *elektromagnetische Strahlung*.

**ROTER RIESE** Alternder Stern, dessen äußere Schichten sich aufgebläht haben und abgekühlt sind.

**ROTVERSCHIEBUNG** Verschiebung der Linien eines *Spektrums* zu den längeren oder roten *Wellenlängen* hin, verursacht von einem Stern oder einer Galaxie, die sich entfernen.

**SCHWARZES LOCH** Sternrest, dessen Anziehungskraft so groß ist, dass alles – auch Licht – von ihr festgehalten wird. Solchen Sternrest kann man deshalb nicht sehen und nennt ihn schwarz; und er ist ein Loch, weil alles, was „hineinfällt", nie mehr herauskommt. Kollabierende Sterne bilden „normal" große Schwarze Löcher. Andere können supermassiv (mit dem Gewicht von Millionen Sonnen) oder „Mini" (so klein wie *Atome*) sein.

**SCHWARZES MINILOCH** Eines von vielen sehr kleinen Schwarzen Löchern mit der *Masse* eines Bergs, aber der Größe eines *Atoms*, von denen man annimmt, dass sie beim *Urknall* entstanden sind.

**SCHWARZSCHILD-RADIUS** Radius des *Ereignishorizonts*, der ein Schwarzes Loch umgibt.

**SCHWERKRAFTWELLE** Eine Welle im All, die sich mit Lichtgeschwindigkeit fortpflanzt und von der Bewegung sehr massereicher Körper mit hoher Schwerkraft, wie zum Beispiel *Schwarzen Löchern* verursacht wird.

**SETI** Englisch: *Search for Extraterrestrial Intelligence*; deutsch: Suche nach außerirdischer Intelligenz.

**SINGULARITÄT** Das Zentrum eines Schwarzen Lochs; ein Punkt (oder Ring) von unendlicher *Dichte*, der absolut keinen Raum einnimmt.

**SONNENMASSE** *Masse* der Sonne; ein „Standardgewicht", mit dem andere Objekte im Weltall verglichen werden können.

**SONNENSYSTEM** Die Sonne und ihre Planetenfamilie sowie alle Himmelskörper, die sich um einen Stern bewegen.

**SPAGHETTIFIZIERUNG** Streckung eines Körpers, der in ein *Schwarzes Loch* fällt, durch die Schwerkraft.

**SPEKTRUM** Ergibt sich durch die Zerlegung der *elektromagnetischen* Strahlung eines Objekts, so dass dessen *Wellenlängen* nebeneinander als Farbband erscheinen. Dunkle Linien, hervorgerufen von bestimmten Elementen, liegen im Spektrum bei den für sie typischen Wellenlängen und lassen dadurch auf die Zusammensetzung eines Objekts schließen.

**SPEZIELLE RELATIVITÄTSTHEORIE** Teil der *Relativitätstheorie*, der sich mit dem Verhalten von Objekten befasst, die sich fast mit Lichtgeschwindigkeit bewegen.

**STATISCHE GRENZE** Eine dicht am Schwarzen Loch gelegene Grenze, innerhalb derer nichts mehr entkommen kann.

**STAUB** Mikroskopisch kleine Staubkörnchen im *Raum*, die das Sternenlicht schlucken. Die Körnchen sind „Ruß", der von sterbenden Sternen übrigbleibt, und manchmal klumpen sie zu riesigen Dunkelwolken zusammen.

**STEADY-STATE-THEORIE** Heute verworfene Theorie, dass das Universum unveränderlich ist, ohne Anfang und ohne Ende. Es bleibt durch die kontinuierliche Erzeugung winziger Mengen von *Materie* im Gleichgewicht.

**STELLARES SCHWARZES LOCH** Durch die Explosion eines massereichen Sterns, eine Supernova, gebildetes Schwarzes Loch. Es kann mehr als 10 *Sonnenmassen* wiegen.

**STRAHLUNG** Eine Form der Energie, die aus Wellen oder Teilchen bestehen kann. Die häufigste Form ist *elektromagnetische* Strahlung.

**SUBATOMARE TEILCHEN** Die Bestandteile eines *Atoms*, wie *Elektronen*, *Protonen* und *Neutronen*.

**SUPERHAUFEN** Ein Haufen von Galaxienhaufen.

**SUPERKRAFT** Siehe *Große Vereinheitlichte Theorie*.

**SUPERNOVA** Explosion eines massereichen Sterns am Ende seines Lebens.

**SUPERSCHWERE SCHWARZE LÖCHER** Im Zentrum einer Galaxie gelegenes *Schwarzes Loch*. Diese aus Material, das in den *Kern* der Galaxie fällt, gebildeten Löcher können Milliarden *Sonnenmassen* wiegen.

**TEILCHEN** Ein winziger Bestandteil der *Materie*, mit einer bestimmten *Masse*, Spin und *elektrischer Ladung*.

**TEILCHENBESCHLEUNIGER** Anlage, in der Teilchen fast auf Lichtgeschwindigkeit beschleunigt werden, um herauszufinden, wie sich *Materie* bei sehr hohen Energien – wie zum Beispiel im *Urknall* – verhält.

**TRÄGERWELLE** Der Strom von *Radiowellen*, in dem eine Botschaft verschlüsselt ist. Auf der Erde werden Radiobotschaften auf einer Trägerwelle befördert, doch Radioapparate filtern sie heraus, damit das Signal hörbar wird, zum Beispiel als Musik.

**ULTRAVIOLETTE STRAHLUNG** Siehe *elektromagnetische Strahlung*.

**UNBEKANNTES FLUG-OBJEKT** Abgekürzt Ufo. Himmelserscheinung, die sich nicht leicht erklären lässt.

**URKNALL** Die gigantische Explosion, mit der das Universum begann und damit auch Raum und Zeit. Er fand vor rund 13 Milliarden Jahren statt. Seine englische Bezeichnung ist „Big Bang".

**VAKUUM** Raum, in dem wenig oder gar keine *Materie* ist.

**VIRTUELLE TEILCHEN** *Teilchen*, das für einen Sekundenbruchteil entsteht, bevor es wieder verschwindet, erschaffen durch aus dem umgebenden Raum „geborgte" *Energie*.

**WASSERSTOFF** Das einfachste *Element*, das leichteste Gas und zugleich ein sehr häufiger Bestandteil von vielen planetarischen *Atmosphären*.

**WEISSER ZWERG** Zusammengestürzter *Kern* eines normalen Sterns wie unsere Sonne, nachdem er seine äußeren Hüllen abgestoßen hat.

**WEISSES LOCH** Das genaue Gegenteil eines *Schwarzen Lochs*; ein Objekt, das *Materie* und *Energie* ausspeit.

**WELLENLÄNGE** Abstand zwischen zwei Wellenbergen bei allen *elektromagnetischen Wellen*. Kurzwellige Strahlen wie z.B. Röntgenstrahlen sind energiereicher als langwellige wie z.B. *Radiowellen*.

**WURMLOCH** Objekt mit zwei Ausgängen zu je einen anderen Bereich des Universums, die durch einen Tunnel miteinander verbunden sind und in denen in beiden Richtungen Verkehr möglich ist.

**ZEIT** Das, was zwischen zwei aufeinanderfolgenden Ereignissen vergeht. Sie wird auch als vierte Dimension betrachtet.

**ZELLE** Die kleinste Einheit eines Lebewesens. Jede Zelle enthält *Proteine* und *DNS*.

**ZERFALL** Der Vorgang, bei dem sich radioaktive *Elemente* und instabile Teilchen in stabilere Stoffe umwandeln. Auch die Art, wie *Schwarze Löcher* ihr Leben beenden.

**BOTSCHAFT VOM PLANETEN ERDE**

Die Botschaft auf Seite 125 enthält 247 Binärzahlen (0 oder 1), die in einem Piktogramm mit 19 Reihen und 13 Spalten angeordnet werden können, wobei 1 hier als weißes Quadrat und 0 als schwarzes Quadrat erscheint. An der ganzen rechten Seite ist das Sonnensystem dargestellt – die Sonne ist 6 Quadrate groß; die inneren Planeten (Merkur, Venus, die Erde mit ihrem Mond und Mars) sind einzelne Quadrate; die Riesenplaneten (Jupiter, Saturn, Uranus und Neptun) sind 2 oder 3 Quadrate groß; der kleine Pluto hat ein Quadrat. Die menschliche Figur zeigt zur Erde. Unter ihr stehen vier Zahlen (1, 6, 7, 8) im Binärcode (Seite 112): die Ordnungszahlen von Wasser-, Kohlen-, Stick- und Sauerstoff, die Elemente, aus denen der menschliche Körper hauptsächlich besteht.

# Register

# Nützliche Websites

http://www.gwdg.de/~unolte/StarChild/DOCS/
STARCH00/STARCH00.HTM
Die NASA Astronomie-Website „Star Child" auf
Deutsch, ein Ausbildungszentrum für junge
Astronomen.

http://www.astrocorner.de
Alles über das Sonnensystem, Sterne und Finster-
nisse sowie interessante Fotos.

http://www.geo.de/geolino/themen/
erde_weltraum/index.html
Informationen zur Sonnenfinsternis, dem
Universum und Meteoriten.

http://www.apolloprojekt.de
Webseite mit Informationen über das Apollo-
Projekt.

http://oposite.stsci.edu/pubinfo/pictures.html
Fotos vom Hubble-Weltraumteleskop.

http://www.space-odyssey.de
Bilder aus dem Weltraum: Sonnensystem, Galaxien
und Nebel, Weltraummissionen.

http://www.neunplaneten.de/nineplanets/
nineplanets.html
Eine Multimedia-Tour durch das Sonnensystem.

http://www.spacenews.de
Bilder zum Sonnensystem, zu den Planeten,
aus Raumfahrzeugen.

http://www.uni-hohenheim.de/dienste/
planeten/planeten.html
Fototour zu den Planeten.

http://www.avg-ev.de/lexikon/lexikon.html
Ein Lexikon der Astronomie.

http://www.astronomie-sonnensystem.de/
index.htm
Daten und Fotos zu den neun Planeten des
Sonnensystems, der Sonne und dem Mond.

http://www.raumfahrt.de
Eine Website mit Informationen über die Entwick-
lung der Raumfahrt und mit vielen Bildern von
Fluggeräten.

http://wwwiss.gekko.de/home/fs_home.html
Die Webseite des DLR (Deutsches Zentrum für Luft-
und Raumfahrt). Unter dem Link „Foto-Galery"
sind Fotos von internationalen Raumstationen,
Labormodulen und Transportsystemen zu finden.

http://www.spaceflight.nasa.gov/gallery/images/
mars/index.html
Hier könnt ihr Fotos, Videos und Animationen rund
um den Mars anschauen. Unter „Images" ein
Thema auswählen und auf „Go" klicken.

http://www.astroabel.de
Bilder von Sonne, Mond, Galaxien, galaktischem
Nebel, Sternhaufen und vielem mehr.

http://www.bbs-winsen.de/GoBlack/
Astronom.index.html
Ein Streifzug durch das Universum.

http://www.dlr.de/oeffentlichkeit/surf/galerie/
inh.htm
Hier findest du Fotos, die vom Weltraum aus aufgenommen wurden.

http://www.dustbunny.com/afk/index.html
Astronomie-Webseite für Kinder.

# Bildnachweis

Dorling Kindersley bedankt sich bei den
nachfolgend Genannten für die freundliche
Erlaubnis zum Abdruck ihres Bildmaterials:

o=oben; u=unten; m=Mitte; l=links; r=rechts;

American Institute of Physics: Emilio Segre
Visual Archives, Physics Today Collection 24ur;
Dorothy Davis Locanthu 34ul; Ancient Art &
Architecture Collection: 33mr; Bridgeman Art
Library: Bible Society 32ml; Louvre 32u;
California Institute of Technology: 56ur;
Bob Paz 83or; Camera Press: 124um, 125ur;
Erma 79ol; John Reader, ILN 30um; Bruce
Coleman Ltd: 113uro, 113um; Colorific: Steve
Smith 124or; Corbis UK: 107om, 119cl; Mary
Evans Picture Library: 33ol, 40cl, 90or;
Explorer 40mlu; Eye Ubiquitous: Barry Davies
124mru; „Face on Mars" Home Page: Internet
98mr; Fortean Picture Library: 107ml; Galaxy
Picture Library: 108or, 112ml; Getty Images:
106um, 106-107um; H. Hammel: MIT & NASA
95ul; Hencoup Enterprises: 79mr, 91ol, 110or,
114om, 115or, 116or, 117uol, 117um, 123ur;
NASA 99ul, 101om; NASA, SETI Institute 116om;
RAL 116muo; Images Colour Library: 106ml,
106mr, 107ur; Image Select: 62or; Instituto
Argentino de Radioastronomia: 116ur;
Jodrell Bank: University of Manchester 29ur;

Keystone, Zürich: 108ml; Kobal Collection: 90ml,
90ul, 90m, 90uml, 90umr, 90uru, 91ur, 91mr,
91mru, 91mlu, 91mlru, 91ul, 91umo; Lowell
Observatory: 96omr, 96mro; Massachusetts
Institute of Technology: Donna Coveney 18or;
Max-Planck-Institut Für Quantenoptik: 85or;
NASA: 20ml, 116uml; Natural History Museum:
43ul; Ohio State University Archives: 115ol;
Pictor International: 20ur; Planet Earth
Pictures: Space Frontiers Ltd 2-3; Faculty Files,
Princeton University Archives: (mit Erlaubnis
der Princeton University Library) 65um; Rex
Features: 124uru (Montage); Robert Harding
Picture Library: 33ur; Ronald Grant Archive:
90uro, 91mlo, 91mro, 91ulr; Castle Premier/
Interscope Communications/Soissons-Murphey
Productions/De Laurentis Film Partners
(„Bill & Ted's Excellent Adventure") 76or;
Royal Edinburgh Observatory: Anglo Australian
Telescope Board, David Malin 46ul;
San Francis-co State University: 108mlu;
Science Photo Library: 22ur, 43ur, 92ul, 119mr,
121ul; Dr. C. Alcock, MACHO Collaboration 84ur;
85um; Axel Bartel 125ml; Julian Baum 95mr,
99mr; Californian Association for Research in
Astronomy 95umo; CERN 35m; J. L. Charmet
60or; John Chumack 125or; Dr. Ray Clark &
Marwyn Goff 28or; T. Craddock 80or; Dr. Eli,
Brinks 37ur; Clive Freman, Royal Institution

19mu; Tony Hallas 19um; Harvard College
Observatory 41mr; Hencoup Enterprises 57ol;
A. Howarth 68ml; Lawrence Berkeley Laboratory
78ul; Los Alamos National Laboratory 21ur; Cern,
P. Loitez 16u; W. & D. McIntyre 69ol; Max-Planck-
Institut für Extraterrestrische Physik 58ml;
A. Morton, D. Millon 80ml; NASA 28ul, 56or,
60um, 60ur, 87mo, 98om, 98mr, 98ml, 112ur,
113oru; Novosti 117olu; Space Telescope Science
Institute 54ul, 82ul, 84ul; NRAO, AUI 52ul, 81mr,
81ur, 83ul; NRAO, F. Yusef-Zadeh 81ul; D. Parker
59ur; John Reader 92ur; Royal Observatory,
Edinburgh, ATTB 54or; Rev. R. Royer 62ml;
F. Sauze 66or; Francoise Sauze 20um; Dr. Rudolph
Schild 41or; Dr. K. Seddon & Dr. T. Evans, Queen's
University Belfast 120mu, 121um; Dr. Seth Shostak
112ur; Smithsonian Institution 57ml;
Space Telescope Science Institute, NASA 25ur,
31ol, 31ml; Starlight 20m; Starlight, Roger
Ressmeyer 27mr; US Geological Survey 96ml,
97or; X-Ray Astronomy Group, Leicester
University 121or; SETI Institute: Dr. Seth Shostack
116ul, 124mlo, 124ul; South American Pictures:
107mro; Telegraph Colour Library: 124uro
(Montage); Topham Picturepoint: 113mro;
United Nations, Wolf: 113mru; Universal
Pictorial Press & Agency: 94ul; Werner Forman
Archive: Liverpool Museum 33or; Zefa: 67ur,
69mlo.